高熱伝導樹脂の設計・開発

The Design and Development of High Thermal Conductivity Materials

《普及版／ Popular Edition》

監修　伊藤雄三

シーエムシー出版

はじめに

近年においては，スマートフォンやタブレットなどに代表される電子機器は小型軽量化されており，単体積当たりの発熱量は，ますます増大し，放熱の問題は喫緊の課題となっている。また，自動車の分野においても，その電子制御は増大し，電気自動車やハイブリッド車は言うに及ばず，パワー半導体やモーターなどの放熱の問題が大きな課題となっている。放熱のボトルネックになっているのは，熱伝導率の小さい絶縁材料であり，その主材料である高分子の熱伝導率の低さが最重要課題である。絶縁材料の熱伝導率を上げるためには，高分子に熱伝導率の比較的大きい無機フィラーを混ぜることがよく行われているが，高分子そのものの熱伝導率が小さいため，所望の熱伝導率を得るには，大量のフィラーを添加しなければならず，往々にして絶縁材料としての熱伝導率以外の優れた特徴を犠牲にしなければならない。高分子そのものの熱伝導率を上げることができれば，より少量のフィラーを添加することで高性能の絶縁材料を作製することができるが，高分子は非晶構造を含み，その熱伝導率を上げることは非常に難しい。

本書は，これら非常にチャレンジングな課題に対する最新の状況を第一線の研究者，技術者にご執筆いただいたものである。第Ⅰ編には，高分子の熱伝導現象の基礎と熱伝導率の測定装置に関して，第Ⅱ編では，高分子そのものの高熱伝導化を，第Ⅲ編では，フィラーの高熱伝導化を，第Ⅳ編では，フィラーを高分子に添加したコンポジット材料の高熱伝導化を，第Ⅴ編では，高熱伝導絶縁材料の応用分野での放熱設計技術をまとめていただいた。

構造が非晶であり，長い分子鎖を有する擬1次元系である高分子の高熱伝導化やその理論的予測は，アカデミックな分野でも非常に大きな課題であるが，高性能な高熱伝導絶縁材料を欲する産業上のニーズは非常に大きなものがあり，本書が，その開発や応用に少しでも資することができれば，著者たちの望外の喜びである。

2016年12月

工学院大学
伊藤雄三

普及版の刊行にあたって

本書は 2016 年に『高熱伝導樹脂の設計・開発』として刊行されました。普及版の刊行にあたり，内容は当時のままであり加筆・訂正などの手は加えておりませんので，ご了承ください。

2023 年 11 月

シーエムシー出版　編集部

執筆者一覧（執筆順）

伊藤　雄三　工学院大学　先進工学部　応用化学科　教授
上利　泰幸　(地独)大阪市立工業研究所　加工技術研究部　研究フェロー
池内　賢朗　アドバンス理工㈱　生産本部　試験2G
鴇崎　晋也　三菱電機㈱　先端技術総合研究所　マテリアル技術部　機能性材料グループ　主席研究員
原田　美由紀　関西大学　化学生命工学部　化学・物質工学科　准教授
長谷川　匡俊　東邦大学　理学部　化学科　教授
上谷　幸治郎　立教大学　理学部　化学科　助教
大山　秀子　立教大学　理学部　化学科　教授
田中　慎吾　㈱日立製作所　研究開発グループ　材料イノベーションセンタ　研究員
北條　房郎　㈱日立製作所　研究開発グループ　材料イノベーションセンタ　主任研究員
竹澤　由高　日立化成㈱　イノベーション推進本部　コア技術革新センタ　研究担当部長
武藤　兼紀　古河電子㈱　営業部　営業課　主務
橋詰　良樹　東洋アルミニウム㈱　先端技術本部　コアテクノロジーセンター　シニアスペシャリスト　コアテクノロジーセンター長
中村　将志　神島化学工業㈱　化成品技術グループ
坂本　健尚　神島化学工業㈱　生産技術グループ

冨永雄一	産業技術総合研究所　構造材料研究部門 無機複合プラスチックグループ　研究員
堀田裕司	産業技術総合研究所　構造材料研究部門 無機複合プラスチックグループ　研究グループ長
内田哲也	岡山大学　大学院自然科学研究科　応用化学専攻　准教授
正鋳夕哉	ユニチカ㈱　高分子事業本部　樹脂事業部　樹脂生産開発部 エンプラ開発グループ　部員
横井敦史	豊橋技術科学大学　総合教育院　研究員
小田進也	豊橋技術科学大学　総合教育院　研究員
武藤浩行	豊橋技術科学大学　総合教育院　教授
林　蓮貞	㈱KRI　ナノ構造制御研究部　シニア研究員
林　裕之	㈱KRI　ナノ構造制御研究部　シニア研究員
阿多誠介	産業技術総合研究所　技術研究組合 単層CNT融合新材料研究開発機構　研究員
福森健三	㈱豊田中央研究所　材料・プロセス２部　高分子成形・力学研究室 主席研究員
近藤　徹	阿波製紙㈱　研究開発部　事業創造課　チーフ
藤田哲也	㈱ジィーサス　技術統括部　統括部長
門田健次	デンカ㈱　先進技術研究所　主幹研究員／グループリーダー
安田丈夫	東芝ライテック㈱　技術・品質統括部　技監
蒲倉貴耶	東芝ライテック㈱　技術・品質統括部　信頼性評価センター　主務

執筆者の所属表記は、2016年当時のものを使用しております。

目　次

【第Ⅰ編　熱伝導理論と熱分析法】

第1章　高分子材料の熱伝導現象の基礎　伊藤雄三

第2章　高分子材料の高熱伝導化技術と最近のトレンド　上利泰幸

第3章　熱伝導率・熱拡散率測定装置の使用法と応用事例　池内賢朗

第4章　高分子材料の熱伝導率の分子シミュレーション技術　鴇崎晋也

【第Ⅱ編　高分子の高熱伝導化】

第1章　エポキシ樹脂の異方配向制御による高熱伝導化　原田美由紀

第2章　ベンゾオキサゾール基含有サーモトロピック液晶性ポリマー　長谷川匡俊

第3章　断熱材から伝熱材へ～ナノセルロースの挑戦～

上谷幸治郎，大山秀子

【第Ⅲ編　フィラーの高熱伝導化】

第1章　高熱伝導性と高耐水性を両立する AlN フィラー皮膜の設計

田中慎吾，北條房郎，竹澤由高

第2章　高熱伝導 AlN フィラーFAN-f シリーズ　**武藤兼紀**

第3章　Al／AlN フィラー（TOYAL TecFiller®）　橋詰良樹

第4章　熱伝導フィラー用マグネシウム化合物　中村将志，坂本健尚

第5章　高熱伝導性コンポジット用 h-BN 剥離フィラー　冨永雄一，堀田裕司

第6章　単層カーボンナノチューブの凝集構造制御と複合体への応用　内田哲也

【第Ⅳ編　コンポジット材料の高熱伝導化】

第1章　高放熱ナイロン6樹脂　正鋳夕哉

第2章　高熱伝導高分子複合材料設計のための微構造制御

横井敦史，小田進也，武藤浩行

第3章　セルロースナノファイバー／h-BN 複合絶縁性放熱材

林　蓮貞，林　裕之

第4章　単層カーボンナノチューブの複合化によるゴムの熱伝導性向上　　阿多誠介

第5章　CNT 分散構造制御による絶縁樹脂の高熱伝導化技術　　福森健三

第6章　CARMIX 熱拡散シート　　近藤　徹

【第Ⅴ編　応用別放熱設計】

第1章　パワーエレクトロニクス機器の放熱設計と樹脂材料　**藤田哲也**

第2章　次世代自動車のパワーモジュールにおける放熱設計と求められる樹脂材料　**門田健次**

第3章　LED 照明の放熱設計と求められる樹脂材料　**安田文夫，蒲倉貴耶**

第Ⅰ編

熱伝導理論と熱分析法

第1章　高分子材料の熱伝導現象の基礎

伊藤雄三*

1　緒言

近年においては，スマートフォンやタブレットなどに代表される電子機器はますます小型軽量化されており，放熱の問題は大きな課題となっている。放熱のボトルネックになっているのは，熱伝導率の小さい絶縁材料であり，その主材料である高分子の熱伝導率の低さが最重要課題である。絶縁材料の熱伝導率を上げるためには，高分子に熱伝導率の比較的大きい無機フィラーを混ぜることがよく行われているが，高分子そのものの熱伝導率が小さいため，所望の熱伝導率を得るには，大量のフィラーを添加しなければならず，往々にして絶縁材料としての熱伝導率以外の優れた特徴を犠牲にしなければならない。高分子そのものの熱伝導率を上げることができれば，高性能の絶縁材料を作製することができるが，高分子は非晶構造を含み，その熱伝導率を上げることは非常に難しい。

本稿においては，材料中の熱伝導の基礎をまず論じ，次いで，絶縁材料として最も汎用的に用いられる高分子における熱伝導の基礎，高熱伝導化の可能性に関して述べる。熱伝導現象を固体物理の観点から眺めると，熱伝導を担う固体中の励起状態である，電子およびフォノンによる熱エネルギーの伝導現象，それを妨げる熱抵抗となる，固体中の幾何学的構造不整による散乱（静的散乱），電子フォノン，フォノンフォノンの散乱（動的散乱）などの各種素励起の散乱過程の物理を論じることになる。まず，これら素励起による熱エネルギーの輸送過程を，簡単な運動力学的観点から述べ，次いで，Boltzmann の輸送方程式を用いた，より定量的な取り扱いについて述べる。最後に最も簡単な高分子であるポリエチレンの熱伝導率の理論限界について，厳密な Boltzmann の輸送方程式を用いた定量的解析による理論計算の観点から考察する。

2　熱伝導の基礎

2.1　熱伝導率の定義（Fourier の法則）

2.1.1　1次元[1)]

物質中に温度勾配があるときの物質中を流れる単位時間，単位面積当たりの熱エネルギーを熱流束（熱流密度：j_{th}/Wm^{-2}）と定義する。熱流束は以下の(1)式で表される（Fourier の法則）。

*　Yuzo Itoh　工学院大学　先進工学部　応用化学科　教授

$$j_{\mathrm{th}} = -K(\mathrm{d}T/\mathrm{d}x) \tag{1}$$

ここで，$K/\mathrm{Wm^{-1}K^{-1}}$は熱伝導率，T/Kは絶対温度，x/mは1次元方向の位置を表す。また，熱流束が両端の温度差ΔTではなく，温度勾配$\mathrm{d}T/\mathrm{d}x$に比例することから，熱伝導現象が拡散過程であることが分かる。熱拡散の観点からの定式化は次節で述べる。

2. 1. 2　3次元

ある一定の方向のみの熱伝導に着目している場合には，1次元の取り扱いで十分であるが，一般的には，材料中における熱伝導現象は3次元，即ちベクトル（1階のテンソル）およびテンソルによる定式化が必要である。熱流束ベクトルを$\mathbf{j}_{\mathrm{th}}$で表す。ここで，熱流束ベクトルの方向が熱伝導の方向，絶対値が熱流束の大きさを表す。以下，式において，ベクトルおよびテンソルはゴシック体で表す。

$$\mathbf{j}_{\mathrm{th}} = (j_{\mathrm{th}}^{x},\ j_{\mathrm{th}}^{y},\ j_{\mathrm{th}}^{z}) \tag{2}$$

ここで，j_{th}^{x}，j_{th}^{y}，j_{th}^{z}は，それぞれ，熱流束ベクトルのx成分，y成分，z成分を表す。(3)式に3次元での物質中での熱伝導率を表す式を示した。

$$\mathbf{j}_{\mathrm{th}} = -\mathbf{K}\nabla T \tag{3}$$

ここで，$\mathbf{K}$は熱伝導率テンソル，∇はナブラ演算子（(5)式）である。

$$\mathbf{K} = \begin{pmatrix} K_{xx}, & K_{xy}, & K_{xz} \\ K_{yx}, & K_{yy}, & K_{yz} \\ K_{zx}, & K_{zy}, & K_{zz} \end{pmatrix} \tag{4}$$

$$\nabla = (\partial/\partial x,\ \ \partial/\partial y,\ \ \partial/\partial z) \tag{5}$$

(3)式は熱流束のx，y，z成分で書き下すと以下の式となる。

$$\begin{aligned} j_{\mathrm{th}}^{x} &= -K_{xx}(\partial T/\partial x) - K_{xy}(\partial T/\partial y) - K_{xz}(\partial T/\partial z) \\ j_{\mathrm{th}}^{y} &= -K_{yx}(\partial T/\partial x) - K_{yy}(\partial T/\partial y) - K_{yz}(\partial T/\partial z) \\ j_{\mathrm{th}}^{z} &= -K_{zx}(\partial T/\partial x) - K_{zy}(\partial T/\partial y) - K_{zz}(\partial T/\partial z) \end{aligned} \tag{6}$$

2. 2　熱伝導率と物質定数との関係（Debyeの式）

物質中で熱エネルギーを輸送する担い手としては，電子および物質の熱振動を量子化したフォノンがあげられる。絶縁体では，電子は物質中を移動しないので，熱エネルギーの伝達にはフォノンのみが寄与し，導電体では，電子およびフォノンが熱伝導に寄与するが，銅や鉄などの良導体では，電子の寄与が圧倒的に大きい。本稿の目的は絶縁体である高分子中の熱伝導のメカニズムを明らかにすることであり，以下の議論では，熱エネルギー伝達の主なものとしてフォノンのみを扱い，電子は必要に応じて言及するにとどめる。

ここではまず，物質の熱伝導率 K が，いかなる物質定数によって決まるかを明らかにするため，物質定数と熱伝導率との関係を表した Debye の式を，簡単な運動力学的理論により，導出する[1,2]。今物質中を x 軸の正の方向に熱が伝導しているものとする。即ち $\mathrm{d}T/\mathrm{d}x$ は負である。物質中でのフォノンの平均密度を n/m^{-3}，フォノンの x 軸方向への平均速度を $\langle v_x\rangle/\mathrm{ms}^{-1}$ とすると，単位時間単位面積を通過するフォノン数（フォノン流束）は $n\langle v_x\rangle$ で表される。この物質中でフォノンが最初に散乱されてから次に散乱されるまでの微小距離 l_x（平均自由行程）進んだ時，絶対温度が ΔT 下がったとすると，この過程でフォノン１個から発生する熱量は $-c\Delta T=-cl_x(\mathrm{d}T/\mathrm{d}x)$ となる。ここで，c/JK^{-1} はフォノン１個当たりの定圧熱容量である。したがって，フォノン流束 $n\langle v_x\rangle$ が発生する熱量，即ち熱流束 j_{th} は以下の式で表される。

$$j_{\mathrm{th}}=-n\langle v_x\rangle cl_x(\mathrm{d}T/\mathrm{d}x) \tag{7}$$

ここで，フォノンが散乱されてから次に散乱されるまでの時間（緩和時間）を τ/s，３次元物質中の一般の方向を進むフォノンの平均速度を $\langle v\rangle/\mathrm{ms}^{-1}$ とし，簡単のため，この物質は等方性と仮定すると，以下の式が成り立つ。

$$l_x=\tau\langle v_x\rangle \tag{8}$$

$$\langle v\rangle^2=\langle v_x\rangle^2+\langle v_y\rangle^2+\langle v_z\rangle^2 =3\langle v_x\rangle^2 \tag{9}$$

(7)，(8)，(9)式より以下の(10)式が導かれる。

$$j_{\mathrm{th}}=-(1/3)C'\langle v\rangle l(\mathrm{d}T/\mathrm{d}x) \tag{10}$$

ここで，$C'=nc$ を用いた。(1)の熱伝導率の定義式と比較することにより以下の Debye の式が得られる。

$$K=(1/3)C'\langle v\rangle l \tag{11}$$

得られた Debye の式は，導出過程からも分かるように，３次元等方性固体を仮定した１次元の近似であり，一般の固体に適用するためには，異方性を考慮したテンソルを用いた表式が必要である。ただし，１次元近似の(11)式を用いても物理的本質の議論には差し支えないので，以後，(11)式で表される Debye の式を用いて，熱伝導率と物質定数との関係を議論していく。(11)式より熱伝導率 K は，物質の定圧体積熱容量 C'，フォノンの平均速度 $\langle v\rangle$，およびフォノンが散乱されてから次に散乱されるまで進む距離，即ち，平均自由行程 l によって決まることが分かる。詳細は 2.4 節以降で議論する。

2.3 電子による熱伝導とフォノンによる熱伝導

2.3.1 電子による熱伝導

本稿では，フォノンによる熱伝導を議論の対象にしているが，物質中の熱伝導現象の本質ともかかわるため，ここでは電子による熱伝導を概観する[1]。電子による熱伝導の場合でも⑾式のDebyeの式は成立する。ただし，定圧体積熱容量C'は，電子による定圧体積熱容量C_{el}'であり，$\langle v \rangle$は電子の平均速度であり，lは電子の平均自由行程である。電子による定圧体積熱容量C_{el}'は以下の式で表される[1,2]。

$$C_{el}' = (1/2)\,\pi^2 n k_B T/T_F \tag{12}$$

ここで，n/m^{-3}は電子密度，k_B/JK^{-1}はBoltzmann定数，m/kgは電子の質量，Fermi温度T_Fは$\varepsilon_F = k_B T_F$で定義される。ここでε_F，v_Fは，それぞれ，Fermi面近傍での電子のエネルギーおよび平均速度である。⑿式を⑾式に代入し，$T_F = \varepsilon_F/k_B$，$\varepsilon_F = (1/2)mv_F^2$，$l = v_F\tau$を用いれば，電子による熱伝導率$K_{el}$（⒀式）が求まる。ここで$\tau$/sは電子が散乱され，再び散乱されるまでの時間（緩和時間）である。

$$K_{el} = \pi^2 n k_B^2 T\tau/3m \tag{13}$$

また，自由電子モデルより求めた電気伝導度σ/AV^{-1}m^{-1}は以下の式で表される。ここで，Aはアンペア，Vはボルト，AV^{-1}はΩ^{-1}である。

$$\sigma = ne^2\tau/m \tag{14}$$

ここで，e/Cは電子の電荷である。

2.3.2 ヴィーデマン―フランツの法則（Wiedemann-Franz law）[1,2]

ここで電導体における，K_{el}/σの値を⒀，⒁式を用いて導くと，ヴィーデマン―フランツの法則（Wiedemann-Franz law）として知られる⒂式が得られる。

$$K_{el}/\sigma = (\pi^2/3)(k_B/e)^2 T \tag{15}$$

即ち，電子が熱伝導および電気伝導に主として寄与する電導体においては，熱伝導率Kと電気伝導率σの比は絶対温度Tに比例して一定値となり，電気伝導率が大きな材料は，熱伝導率も大きく，電気伝導率が小さい，即ち，絶縁体では，熱伝導率も必然的に小さくなる。したがって，電子による熱伝導では，熱伝導率の大きな絶縁体を作製することは不可能となる。⒂式のTの比例係数はローレンツ数（L）と呼ばれ，理論値は⒂式よりボルツマン定数および電子の電荷の値より計算され，2.45×10^{-8}/WΩK^{-2}となる。例えば，銀，鉛の0℃におけるLの実測値は，それぞれ，2.31×10^{-8}/WΩK^{-2}，2.47×10^{-8}/WΩK^{-2}となり[1]，（Fermi-Dirac統計を考慮した）自由電子モデルという簡単な近似にもかかわらず，理論値と実測値の一致は極めてよく，⒂式で表されるヴィーデマン―フランツの法則の信頼性は非常に高いものであるといえる。理論的な観点からは，ヴィーデマン—フランツの法則がよく成り立つということは，電子が熱エネルギーを輸送する時の緩和時間 τ ((13)式）と電子が電荷を輸送する時の緩和時間 τ ((14)式）が一致する，即ち熱抵抗および電気抵抗にかかわる物理的過程が同一の過程であるということを意味している。

2.3.3　様々な物質の熱伝導率

前節の議論より，高い熱伝導率を有する絶縁体は，熱エネルギーを輸送する媒体として，電子ではなくフォノンを用いなくてはならないことが分かる。ここで，フォノンが熱エネルギーを輸送する材料において，高い熱伝導率を達成することができるかどうかを確認するため，様々な材料の熱伝導率をその熱エネルギーを輸送する媒体とともに表1に示した。

表1を見て分かるように，電子を熱エネルギー輸送の媒体として用いる金属（銅）が，室温において非常に大きな熱伝導率を示し，これは我々の日常的な感覚と一致する。しかし，サファイアはフォノンが熱エネルギー輸送の媒体であるにもかかわらず，極低温（30 K）ではあるが，非常に大きな熱伝導率を示す。ここで着目すべきは，ダイヤモンドの熱伝導率であり，室温において 2,000 $Wm^{-1} K^{-1}$ の非常に大きな熱伝導率を示し，これは，熱伝導の媒体が電子であり大きな熱伝導率を示す代表的な金属である銅の値の5倍の値であり，ダイヤモンドは室温で最も大きな熱伝導率を示す物質である。実用的には，単結晶で非常に高価な宝石でもあるダイヤモンドを絶縁材料として用いることはできないが，フォノンを熱エネルギーの輸送媒体として用いる絶縁体においても，非常に大きな熱伝導率が達成可能であることが分かった。次節以降で，ダイヤモンドがなぜ室温においてこのような大きな熱伝導率を達成できたのかを解析し，高分子材料の高熱伝導化のメカニズムを考察する。

表1　様々な材料の熱伝導率

種　類	熱伝導の媒体	状　態	熱伝導率 /$Wm^{-1} K^{-1}$
金属	自由電子	結晶	400（銅）
セラミックス	フォノン	結晶	30（アルミナ）
高分子	フォノン	非晶	0.2（エポキシ高分子）
サファイア	フォノン	結晶	2×10^4　at 30 K
ダイヤモンド	フォノン	結晶	2×10^3　at 298 K

2.4　熱伝導率を決める因子，定圧体積比熱，フォノンの速度，平均自由行程

以下，熱エネルギーを輸送する媒体としてフォノンのみを考える。Debye の式(11)式より，熱伝導率 K を決めるには3つの因子，定圧体積熱容量 C'，フォノンの平均速度 $\langle v \rangle$，フォノンの平均自由行程 l があげられる。

まず，定圧体積熱容量 C' では，$C'=nc$（n：フォノンの密度，c：フォノン1個当たりの熱容量）であり，定圧体積熱容量 C' は絶対温度 T が増大するにつれて，フォノン密度 n が増大し，したがって，定圧体積熱容量 C' も増大する。ただし，室温においては，C' の値は物質間であまり大きく変化せず，1ケタ違うことはまれである。

次いで，フォノンの平均速度 $\langle v \rangle$ を考察する。固体結晶中のフォノンは，いわゆる音波と本質的に同等な音響フォノン（定圧比熱容量の Debye モデルに用いられる）と IR やラマン散乱で観測される光学フォノン（定圧比熱容量の Einstein モデルに用いられる）に分類される[1,2]。室温で励起されているフォノンは圧倒的に音響フォノンが多く，熱伝導を考察する時も，まず音響フォノンを考慮しなければならない。$\langle v \rangle$ の値としては，Brillouin 散乱で測定された，代表的な有機物質であるステアリン酸の縦波音響フォノンの値が，2.8×10^3/ms^{-1} であり[3]，無機結晶の場合は，代表的な値が，5×10^3/ms^{-1} であり[1]，物質間で大きな差はない。

次に，フォノンの平均自由行程 l を考察する。まず，結晶粒界や，転位，格子欠陥など構造不整，非連続性（フォノンにとっての非連続性，即ち，非連続的な，構成原子の質量の変化や原子間ポテンシャル（力の定数）の変化）がある場合，静的な（幾何学的な）フォノン散乱が発生し，平均自由行程 l が減少し，熱伝導率の低下につながる。また，フォノンの散乱には，フォノン同士による動的な散乱もあり，これも平均自由行程 l の低下をもたらし，熱伝導率の低下を引き起こす。この動的散乱であるフォノンフォノン散乱は，物質中における原子間ポテンシャルに非調和性（ポテンシャルエネルギーの位置の 3 次以上の項）がなければ存在せず，したがって，物質中の原子間ポテンシャルの非調和性が小さいほど，フォノンの動的散乱は小さくなり，熱伝導率の増大をもたらす。一般的に，分子間ポテンシャル（ファンデルワールス力）は非調和性が大きく，共有結合は非調和性が小さい。ここで，フォノンフォノン散乱による平均自由行程 l の温度変化を考察すると，フォノン密度の小さい極低温においては，フォノンフォノン散乱は極まれにしか起こらず，平均自由行程 l は十分大きく，したがって，熱伝導率も大きい。絶対温度 T が増大するにつれて，フォノンの密度は増大し，フォノンフォノン散乱が起こる確率も増大し，平均自由行程 l の低下をもたらし，したがって，熱伝導率も低下する。

上述したように，定圧体積熱容量 C' は，絶対温度 T の増大にしたがって増大し熱伝導率の増大をもたらし，平均自由行程 l は，絶対温度 T が増大するにつれて低下し熱伝導率の減少を引き起こす。したがって，絶対温度 T の増加に伴う熱伝導率の値の変化は，定圧体積熱容量 C' の増大による寄与と平均自由行程 l の低下による寄与の総和となり，ある温度で極大値を示すことが分かる。

石英の平均自由行程 l の室温における値は 4 nm であり，83 K での値は 54 nm である[1]。この一例からも分かるように，平均自由行程 l は，温度変化や物質の違いにより大きく変化し，室温における熱伝導率の大小を決定している因子は，定圧体積熱容量 C' やフォノンの平均速度 $\langle v \rangle$ ではなく，平均自由行程 l であることが分かる。即ち，高分子などの絶縁体の熱伝導率を大きくするには，「フォノンの平均自由行程 l をいかに大きくするか」であることが分かる。また，熱伝導率の極大値を室温付近に持ってくることも，実用的には重要である。

2.5　平均自由行程を決める因子，静的散乱と動的散乱[1,2,4,5]

2.5.1　フォノンの静的散乱

前節で述べたように，フォノンの静的な散乱は，固体中の幾何学的な構造不整（フォノンにとっての非連続性，即ち，非連続的な，構成原子の質量の変化や原子間ポテンシャル（力の定数）の変化）がある場合，引き起こされる散乱であり，幾何学的な構造不整を極力なくすことにより，平均自由行程 l の低下を防ぎ，熱伝導率の増大をもたらすことができる。

2.5.2　フォノンの動的散乱

フォノンの動的散乱に関しては，ここでもう少し詳細に議論することを要す。フォノンの動的散乱，フォノンフォノン散乱に関しては，以下に示す２つのプロセスに分類できる。１つは正常過程（N 過程：normal process）であり，他の１つは反転過程（U 過程：Umklapp process）である[1,2,4,5]。正常過程は何ら熱伝導に影響を及ぼさないが，反転過程は，室温における熱抵抗の最も大きな原因の一つである。この熱抵抗に関する U 過程の重要性に関しては Pierls により初めて指摘された[4]。これら２つのフォノン同士の散乱過程に関し，以下に詳述する。

(1)　正常過程（N 過程：normal process）

フォノンの波数ベクトル K を定義する。波数ベクトルの方向がフォノンの進行方向であり，その絶対値はフォノンの波長の逆数の大きさである。$(h/2\pi)\mathrm{K}$ は固体中では運動量のように振る舞い（擬運動量，結晶運動量），フォノンフォノンの散乱過程では運動量の保存則（波数ベクトルの保存則）が成り立つ。フォノン K_1 とフォノン K_2 が消滅し，フォノン K_3 が生じる，３フォノン散乱過程では，運動量の保存則から，次式が成り立つ。

$$\mathrm{K}_1+\mathrm{K}_2=\mathrm{K}_3 \tag{16}$$

図１に，フォノン K_1 とフォノン K_2 が消滅し，フォノン K_3 が生じる，３フォノン散乱過程の運動量保存則（(16)式）を模式的に示した。図中，縦軸と横軸は逆格子ベクトルの軸を表し，色つき

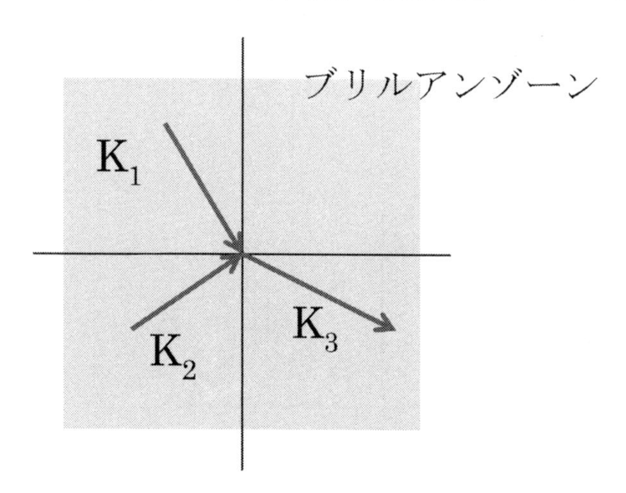

図１　３フォノン散乱，正常過程（N 過程）

の部分はブリルアンゾーンを表す。このような散乱過程がフォノンの集団中で発生しても，⒄式で表される運動量の保存則より，フォノン集団全体の運動量は変化せず，したがって，フォノン流束の速度，熱伝導率にも影響を及ぼさない。また，このような散乱過程では，フォノン集団は熱平衡に達しない。

⑵ 反転過程（U 過程：Umklapp process）

フォノン K_1 とフォノン K_2 が消滅し，フォノン K_3 が生じる，3フォノン散乱過程では，次式で表されるもう一つの過程が存在する[2,4,5]。

$$K_1 + K_2 = K_3 + G \tag{17}$$

ここで，G は結晶の逆格子ベクトルである。一般に，結晶中でのフォノンやフォトンなどの散乱では，⒄式で表されるように，逆格子ベクトル G を含んだ形で，運動量の保存則が成り立つ。例えば，$K_2 = 0$ で，K_1 が入射 x 線の波数ベクトル，K_3 が回折 x 線の波数ベクトルであれば，⒄式は，x 線の結晶によるブラッグ散乱を表す。⒄式で運動量の保存則が表されるような，3フォノンの散乱過程が反転過程（U 過程：Umklapp process）である。図2にこの反転過程の運動量の保存則を模式的に示した。ここで逆格子ベクトル G が作用しなければ，フォノン K_1，フォノン K_2 が消滅し，図中の破線のようなフォノンが生成し，正常過程となるが，逆格子ベクトル G が作用したことにより，逆向きの運動量をもったフォノン K_3 が生成した。この U 過程による3フォノンの散乱は，フォノンの運動量の総和の変化をもたらし，室温における熱抵抗の主要な要因となる。また，この過程の存在によりフォノン集団は熱平衡に達することができる。ここで，U 過程のフォノンフォノン散乱が生じるためには，図2の破線で示した $K_1 + K_2$ がブリルアンゾーンの外に出なければならず，したがって，少なくともフォノンの波数ベクトルが逆格子ベクトルの 1/2 より大きくなければならず，ある一定以上の温度において成立する過程である。

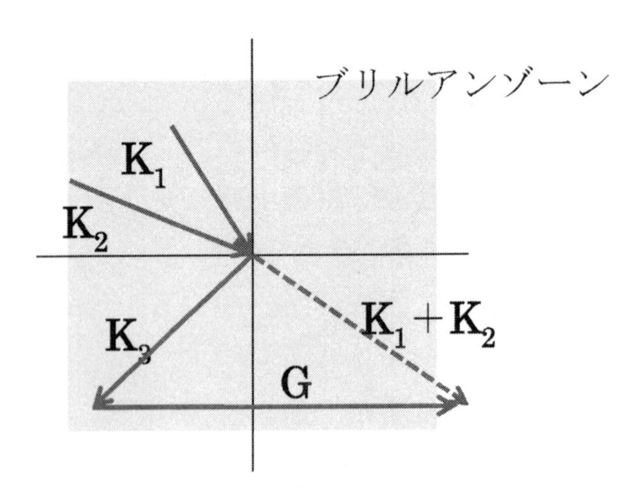

図2　3フォノン過程，反転過程（U 過程）

以上でフォノン散乱の基本理論を概観したが，ここで，フォノンが熱エネルギーの輸送媒体であるダイヤモンドが，なぜ室温において最大の熱伝導率を示すのかを考察する。すべての炭素原子が共有結合で結ばれているダイヤモンドは非常に硬く，フォノンの速度等も大きく熱伝導率の増大に寄与しているが，ダイヤモンドの大きな熱伝導率をもたらす最大の要因は，室温における平均自由行程が非常に大きいことである。平均自由行程の低下をもたらすのはフォノンの散乱であるが，まず，ダイヤモンドは非常に完全性の高い単結晶であり，結晶の欠陥や，粒界，転位等の静的フォノン散乱をもたらすものがほとんどなく，静的フォノン散乱による熱伝導率の低下はほとんどない。また，原子間の結合がすべて共有結合であることから，その非調和性は非常に小さく，室温においてより重要な動的フォノン散乱も非常に起こりにくく，熱伝導率の増大をもたらす。これらの諸点は，銅などの金属に比べて，熱伝導率の増大に関して有利な点である。

2.6　Boltzmannの輸送方程式によるフォノンフォノン散乱を考慮した熱伝導率の定量的解析[5)]

熱伝導などのエネルギー輸送の非平衡過程では，以下に示すBoltzmannの輸送方程式を解くことにより，熱伝導率などの値を理論的かつ定量的に求めることができる。

$$\partial f_k/\partial t+\mathbf{v}_k\cdot\nabla_r f_k+\alpha_k\cdot\nabla_v f_k=(\partial f_k/\partial t)_{col} \tag{18}$$

ここでf_kは時刻t，場所$\mathbf{r}$，波数ベクトル$\mathbf{k}$のフォノンの分布関数，$\mathbf{v}_k$，α_kは，それぞれ，フォノンの速度および加速度ベクトル，∇_r，∇_v，は$\mathbf{r}$および$\mathbf{v}$で微分したナブラ演算子である。フォノンの分布関数が時間変化しない定常状態では左辺の第1項は0となる。第2項は温度が場所により変化している場合の熱伝導にかかわるフォノンの拡散を表す。

$$\mathbf{v}_k\cdot\nabla_r f_k \simeq \mathbf{v}_k\cdot\partial f_k^0/\partial t \tag{19}$$

ここでf_k^0は，平衡状態でのフォノンの分布関数である。第3項は電場などにより粒子が加速される過程を表し，電気伝導率の計算では重要となるが，今考察している熱伝導のみを考える場合では0となる。右辺は，左辺で表される過程によりフォノンの分布関数が変化した場合，それが，フォノンフォノン散乱により平衡状態に戻る過程を表し，次式で表される。

$$(\partial f_k/\partial t)_{col}=\int\left\{(f_{k'}-f_{k'}^{\,0})-(f_k-f_{k'}^{\,0})\right\}Q_k^{k'}\mathbf{dk} \tag{20}$$

ここで，$Q_k^{k'}$はフォノンが$\mathbf{k}$状態から$\mathbf{k'}$状態へ遷移する遷移確率を表す。

(18)式の右辺に3フォノン散乱過程を適用し，変分原理を用いて熱伝導率Kを求めるため，(18)式を変形して次式を得る。

$$1/K=(1/2kT^2)\iiint\left\{\Phi_q+\Phi_{q'}-\Phi_{q''}\right\}2P_{qq'}^{\,q''}\mathbf{dq\,dq'dq''}\Big/\left|\int\mathbf{v}_q\Phi_q(\partial n_q^{\,0}/\partial T)\mathrm{d}q\right|^2 \tag{21}$$

ここで関数Φ_kは次式で定義され，フォノン分布関数の平衡からのずれを表す。$P_{qq'}^{\,q''}$は平衡状態の3フォノン遷移確率である。

$$f_k = f_k^0 - \Phi_k(\partial f_k^0/\partial E_k) \tag{22}$$

Φ_q に初期関数（q・u）を代入し，変分原理により右辺を最小化することにより，最も確からしい熱伝導率 K を得る。

3 高分子の熱伝導

3.1 高分子の熱伝導の特徴

固体高分子の熱伝導の特徴を議論する時，まず，考察しなければならないのは，その構造の複雑さである[6]。固体高分子においては，熱力学的準安定状態である非晶（アモルファス）と微小結晶（クリスタリット）が混在しており，また，様々な高次構造を有する場合も多い。非晶中においても，密度分布や分子鎖の配向分布なども，成型条件によっては生じる場合がある。その一次構造においても，分子量分布や組成分布を有し，分子鎖の分岐度が異なる場合もある。これらの固体高分子の構造上の特徴は，その熱伝導に大きな影響を及ぼす。

固体高分子の熱伝導を考察するには，2. 4，2. 5節で詳述したように，Debye の式中の，フォノンの平均自由行程，即ち，平均自由行程を決める，フォノンの静的および動的散乱が固体高分子中でどのようになるかを詳細に検討しなければならない。

まず，静的散乱に関しては，上述の固体高分子の構造上の特徴は，幾何学的な構造不整となる場合が多く，フォノンの静的散乱によって高分子の熱伝導の大きな低下をもたらす。完全な単結晶であり，フォノンの静的な散乱をほとんど起こさないダイヤモンドとは，正反対の特性である。静的なフォノン散乱を引き起こす，幾何学的な構造不整を極力少なくし，また，成型時に生じる密度分布や配向分布などを極力均一にすることにより，静的なフォノン散乱による熱伝導率の低下を少なくすることができる。

次に，動的なフォノン散乱である，フォノンフォノン散乱に関しては，高分子を構成する原子間，分子間のポテンシャルの非調和性により大きく影響される。主として共有結合で結ばれる主鎖方向は，結合の非調和性は小さく，動的なフォノン散乱は起こりにくい。一方，分子鎖間に関しては，分子間力（ファンデルワールス力）により結合されており，その非調和性は大きく，大きな動的フォノン散乱が引き起こされる。したがって，このフォノンフォノン散乱の影響により，主鎖方向の熱伝導率は大きく，分子鎖間の（主鎖に垂直な）方向は，熱伝導率が小さい。2. 6節で詳述したように，動的散乱の熱伝導に及ぼす定量的な厳密な議論は，結晶においては可能であり，フォノンフォノン散乱の U 過程を考慮し，ブロッホの輸送方程式を解くことにより行われる[2,4,5,7]。高分子結晶における熱伝導の理論的詳細の検討は，次節で述べる。

3.2　高分子の高次構造と熱伝導率

3.2.1　結晶性と熱伝導率

今までの議論から，高分子の結晶部と非晶部を比べると，結晶部の方が熱伝導率が大きいことが分かる。すなわち，高分子結晶においては，静的フォノン散乱をもたらす幾何学的構造不整が少なく，また，分子鎖方向においては，共有結合の非調和性が小さく動的散乱も少なくなり，したがって，平均自由行程の増大により，熱伝導率は大きくなる。一方，非晶部においては，密度や分子配向の不均一性が生じやすく，静的散乱は大きくなり，また，分子間ポテンシャルの寄与が大きく，その非調和性の大きさにより，動的散乱であるフォノンフォノン散乱が起きやすく，したがって，熱伝導率の大きな低下をもたらす。結晶化度が大きくなるにしたがって，熱拡散率が増大し，したがって，熱伝導率も増大する。

3.2.2　分子配向と熱伝導率

3.1節で述べたように，室温における熱伝導率低下の最大要因である動的なフォノン散乱，フォノンフォノン散乱は，分子鎖方向では極めて起こりにくく，したがって，分子鎖方向では，大きな熱伝導率が期待できる。巨視的には，高分子中で分子鎖の配向度を上げることにより，配向方向の熱伝導率の増大をもたらすことができる。また，同じ分子鎖方向であっても，分子構造の違いにより，その熱伝導率は大きく異なる。分子鎖方向のフォノンに関与するポテンシャルとしては，共有結合で結ばれた原子間の結合長の増減，結合角の変化，一重結合周りのトーション角の変化等があり，この順に，ポテンシャルの非調和性は大きくなる。したがって，トーション角の変化が存在しない剛直な分子構造をもった，ケブラー，全芳香族ポリエステル，PBOなどの超高弾性繊維などは，その配向度が非常に高いことにもより，配向方向の熱伝導率は，10 $Wm^{-1}K^{-1}$以上の非常に大きな値を示す。ただし，配向方向に垂直な方向の熱伝導率は，大きくない。

4　高熱伝導高分子

4.1　高分子の高熱伝導化のメカニズム

4.1.1　絶縁性と高熱伝導の両立

絶縁性と高熱伝導を両立するためには，フォノンによる熱伝導率をいかに大きくするかであり，室温においては，フォノンの平均自由行程をいかに大きくするかの問題に帰結される。平均自由行程を大きくするためには，この値を小さくする要因である，フォノンの静的散乱および動的散乱を極力少なくしなければならない。高分子において，静的散乱を小さくするためには，フォノンの静的散乱を引き起こす幾何学的不均一性，すなわち，非晶部における密度や，配向，分子量などの不均一を極力小さくし，微結晶（クリスタリット）と非晶部との界面での散乱を極力減らす工夫をしなければならない。フォノンの動的散乱を減らすには，熱伝導の方向，すなわち，フォノン伝搬の方向に，極力秩序性のある構造を導入し，分子鎖方向の熱伝導が寄与するように工夫する必要がある。ある方向のみの熱伝導率を大きくするためには，前節で述べたように，剛直な分子構造を有する高分子を特定の方向に高度に配向すればよく，容易であるが，全方向の熱伝導率を等方的に増大するのは容易ではない。上述の原則を考慮した詳細な分子設計が必要である。

4.1.2 高分子の熱伝導率の理論限界―ポリエチレン結晶の熱伝導率の理論解析―[7]

高分子におけるフォノンによる熱伝導率の理論限界を考察するため，C. L. Choy, S. P. Wongら[8]によるポリエチレン結晶の熱伝導率の理論計算の結果を紹介する。彼らは，ポリエチレン分子鎖を直線と仮定しポリエチレン結晶を構成し，分子間および分子内ポテンシャルに関しては，ポリエチレン結晶の熱膨張率等を再現するように，非調和性も含めて精密に策定したパラメータを用いている。熱伝導率の計算に関しては，2.6節で詳述したPeierls[4]やZiman[5]により提唱された，ボルツマンの輸送方程式を拡張したBoltzmann-Peierls equation[2,4,5]を用いた解析を厳密に行っている。ポリエチレン結晶の分子鎖方向（c軸）の熱伝導率の温度依存性の計算結果を図3に模式的に示した。図中の数字は，計算に用いた結晶界面での散乱によるフォノンの平均自由行程の値であり，結晶中には幾何学的構造不整は存在せず，フォノンの静的散乱は結晶界面でのみ起こると仮定している。また，図中のエラーバーで示したのは彼らのグループにより実測された熱伝導率の値であり，結晶界面での散乱によるフォノンの平均自由行程の値を50 nmとしたときに，計算値は最もよく実測値と一致しており，ポリエチレン微結晶（クリスタリット）の大

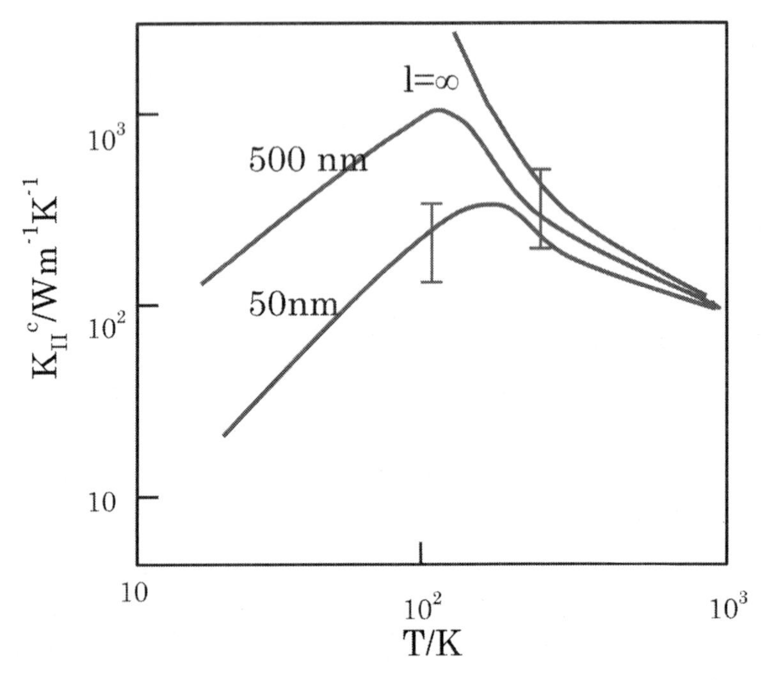

図3　ポリエチレン結晶の分子鎖方向の熱伝導率の計算値の温度依存性[7]

きさがほぼ50 nmであるという，一般的結果とも一致している。彼らの計算結果より，ポリエチレン結晶の分子鎖方向の熱伝導率は465 $Wm^{-1}K^{-1}$であり，分子鎖に垂直方向は0.16 $Wm^{-1}K^{-1}$である。分子鎖方向の熱伝導率は，直観的な予想よりはるかに大きな値を示しうることが，この理論計算により示された。また，彼らの計算によれば，熱エネルギーの80％は横波音響フォノンにより運ばれており，これも直観的には予測しがたい結果である。

文　　献

1）キッテル，「固体物理学入門第8版」，丸善（2005）
2）J. M. Ziman, "Principles of the Theory of Solids", Cambridge University Press (1972)
3）Y. Itoh & M. Kobayashi, *J. Phys. Chem.*, **95**, 1794 (1991)
4）R. E. Peierls, "Quantum Theory of Solids", Clarendon, Oxford (1955)
5）J. M. Ziman, "Electrons and Fonons", Oxford University, London (1960)
6）田所宏行，「高分子の構造」，化学同人（1976）
7）C. L. Choy *et al.*, *J. Polym. Sci. Polym. Phys. Ed.*, **23**, 1495 (1985)

第2章　高分子材料の高熱伝導化技術と最近のトレンド

上利泰幸*

1　高放熱性高分子材料への期待

高分子の熱伝導率は金属やセラミックに比べ，一般的に非常に低い（0.15～0.3 W/m・K）。そのため元来，高分子は気体を複合し，断熱材として種々の分野で利用されてきたが，20年ぐらい前から，エレクトロニクス分野を中心に放熱性を向上させるため，成形性に優れる高分子材料の高熱伝導化が望まれるようになった[1]。最近ではノート型パソコンや携帯電話のように，さらに高集積化し高出力になっている基板が，ますます小型化する機器に搭載され，放熱性の問題がさらにクローズアップされるようになってきた。そして，自動車のエレクトロニクス化が進む中，種々の高熱伝導性高分子材料は，まずECU付近や組み込みDVDの放熱を行うために用いられてきたが，次にLED照明周りの放熱にも用いられてきた。さらに，地球温暖化の原因である二酸化炭素削減をめざし，COP21が昨年の12月に採択された。そのため，2030年に2013年よりも26％の二酸化炭素の削減が望まれ，「エネルギー・環境イノベーション戦略」が2016年の3月に策定された。そこで，SiC基板のパワーデバイスが利用され始めているが，それを推進するために用いる高分子材料の高放熱化が望まれている。その中でも高熱伝導材料や高熱輻射材料は次世代自動車のモータや電池部の放熱への利用が注目されている。

そこで本解説では，高放熱性高分子材料の設計を効果的に行うために，まず，高分子自身の高熱伝導化の研究の現状を紹介する。そして，その熱伝導率への影響因子や熱伝導モデルを紹介した後，従来行われてきた放熱技術や最近改善された放熱技術について概説した。

2　高分子自身の高熱伝導化

高分子自身の熱伝導は，電子伝導とフォノン（音子）伝導がある。電子を伝播体として移動することを利用する電子伝導では，電気伝導性の大きな銅や銀などが熱伝導率も非常に大きい。そのため，電気伝導性高分子の高熱伝導性が期待される。しかし，ポリアセチレンも高い熱伝導率（7.5 W/m・K）を持つと報告されているが，研究はあまり進んでいない。しかしフォノン伝導では，熱が流れるとき移動するフォノンがあまり散乱しにくいと考えられる，電気絶縁性の液晶性高分子の開発が進んできた。そこで，高熱伝導な液晶性高分子の開発の現状について説明する。

＊　Yasuyuki Agari　(地独)大阪市立工業研究所　加工技術研究部　研究フェロー

種々の分子構造を持つ液晶高分子に磁場をかけて配向して測定した熱伝導率は，化学構造によって，多少異なるが，ほぼ同じような値となり，それよりも配向度の影響が非常に大きく，配向度1では，2.5 W/(m・K)までの熱伝導率を示すものもある[2]。

また，原田らは熱硬化性樹脂である液晶性エポキシ樹脂の系について，磁場下で配向した後に熱伝導率を測定し，磁場の強さは，2 T ぐらいで充分であると述べている[3]。さらに，ラビング配向によって高熱伝導率を得ている研究もある。液晶性アクリル樹脂系において，フィルムの重ね方を工夫し，種々な形で並べたときに，熱伝導率が大きく変動する。ここで，面方向にランダムに配向した場合でも 0.5 W/(m・K)付近の熱伝導率を持ち，液晶性高分子の効果が発現していた。

成形加工性に優れる熱可塑性液晶高分子の高熱伝導化についても，ベクトラなどこれまでの主鎖型液晶高分子以外についても研究がなされるようになった。吉原らは，スメクチック構造を持つが，流動方向と垂直な方向に配向する液晶生高分子を開発し，射出成形時に製品の厚み方向に大きな熱伝導率を得ることに成功している。

また，溶媒を用いる溶液キャスト法では，磁場下などで配向しやすくより高熱伝導性を発現させると述べる報告もあり，PBO をリン酸溶液中で配向し，高分子単独でも 2.5 W/(m・K)の伝導率を得ることに成功している[2]。

さらに，高熱伝導な液晶性高分子の研究は，通常，主鎖型タイプを用いている場合が多いが，長谷川らは，側鎖にベンズアゾール基を持つメタアクリレートを重合して得た側鎖型液晶性高分子を用いて，溶液キャスト法で作製したフィルムの熱伝導率は，フィルム厚み方向で大きくなり，主鎖型液晶性高分子フィルムの熱伝導率よりも大きくなったと報告している[4]。

竹澤らは，ビフェニル型およびツインメソゲン型エポキシ樹脂を硬化剤で硬化，熱伝導率を有する材料を作製し，異方性がなく高熱伝導であることを報告して注目を浴びた[5]。これは，生成したドメインが大きくなり，隣同士が連結しやすくなったためと考えられた。

3　高分子材料の複合化による熱伝導率の向上

3.1　複合材料の熱伝導率に与える影響因子とそれを踏まえた高熱伝導化方法

複合材料の熱伝導率に与える影響因子について表1（左欄）に示す。古くから考えられてきた影響因子は1～4までであり，複合状態が均一であれば同一であると仮定されていた。

また，これらの影響因子について検討することで，高熱伝導化に向けて研究され，5～8の影響因子も重要であることが見出されてきた。そして，この8つの影響因子に対応した高熱伝導化の方法を表1（右欄）に示す。このように7通りの高熱伝導化方法が検討されてきた。

表1　各種の影響因子に対応した高熱伝導化の方法

	影響因子	高熱伝導化の方法
1	高分子と充填材の熱伝導率	(a) 充填材の熱伝導率の増大 (b) 高分子の熱伝導率の増大
2	複合高分子材料中に占める充填材の容積率	(c) 充填材の超高充填化
3	充填材の形状およびサイズの効果	(d) 充填材の粒度分布の工夫 (e) ファイバー状および板状の充填材の使用
4	近接充填材間の温度分布の影響	
5	充填材の分散状態	(f) 充填材の接触量を増やし連続体形成の増大
6	高分子と充填材の界面の効果	(g) 充填材界面の改質
7	充填材の配向度	(h) ファイバー状および板状の充填材のせん断・磁場・電場による配向制御
8	充填材間の界面の効果	(i) 充填材の接触面を増大し，完全な連続相に (j) 充填材間に，他の高熱伝導性材料でつなぐ

3. 2　従来から行われている改善方法

3. 2. 1　ファイバー状および板状の充填材の使用

粒子形状も熱伝導率に大きく影響を与える。特に，ファイバー状の充填粒子を用いた場合（カーボンファイバー複合ポリエチレン），ファイバー径に対するファイバー長の割合（L/D）が大きくなるに従い熱伝導率が大きく増大した[6]。

また，充填材の熱伝導率に異方性があり，形状の効果と相乗的作用する場合も多い。例えば，黒鉛粉は板状であり，板面と平行方向の熱伝導率は面と垂直な方向に比べて，10倍以上であることが知られている。そのため，配向の影響を強く受け，球状黒鉛粉を用いたときのシート厚み方向の熱伝導率は平板状黒鉛粉の場合よりも2割ほど大きく，異方性の強い影響を受けることがわかる。そこで最近ではこの効果を利用し厚み方向の熱伝導率をさらに高めるため，電場や磁場，せん断力を利用し，導電系では樹脂の中で黒鉛粉を厚み方向に配向し40～90 W/(m・K)の熱伝導率を，電気絶縁系ではBN粉を厚み方向に配向し10～20 W/(m・K)の熱伝導率を得ている。

3. 2. 2　充填材の粒度分布の工夫[6]

実用的に利用される高熱伝導性高分子材料は，高充填化によって得た場合がほとんどである。複合高分子材料の複合形態は充填量の変化によって3つの領域に分類される。第1領域は充填粒子が試料の一端から他端までの連続体を形成し始める濃度（パーコレーション濃度，10～25 vol%）までの領域，第2領域は充填粒子が単独で空気中に存在したとき空気に占める割合に相当する濃度までの領域，第3領域はその濃度以後の領域で，充填粒子のパッキング性と深くかかわる。電気伝導率は第1領域でMaxwellの式に従い，第2領域になると，予測値より大きく外れることが知られているが，熱伝導率は電気伝導率ほど顕著に増大しない。そのため，高充填される場合が多いが，通常の充填材では空隙が大きいので充填量が増大しても熱伝導率が向上しない（図1の白丸と点線）。そこで，大粒子と小粒子を8対2で混合して石英粉を用いると

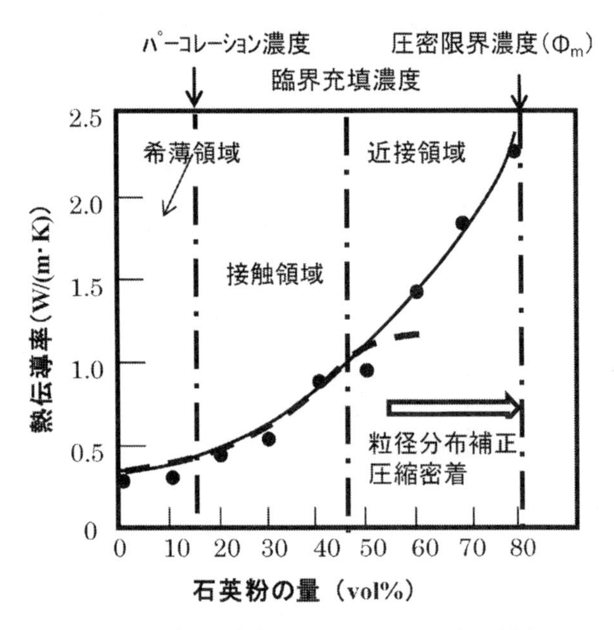

図1　石英粉を複合したポリエチレンの熱伝導率

表2　電気絶縁性で高熱伝導性な複合樹脂を得るために使用される充填材

材料	熱伝導率〈W/(m・K)〉	材料	熱伝導率〈W/(m・K)〉
非晶性シリカ（SiO_2）	1.4	窒化アルミ（AlN）	180
結晶性シリカ（SiO_2）	6.2	窒化ホウ素（BN；面方向）	150－200
アルミナ（Al_2O_3）	36	（BN；厚み方向）	1.5－3
酸化マグネシウム（MgO）	60	酸化亜鉛（ZnO）	54
窒化ケイ素（Si_3N_4）	20－28		

85 vol%まで高充填できる能力を持ち，さらに高熱伝導率を得ることができた（図1の黒丸と実線）。

実用的な高分子材料では電気絶縁性でかつ高熱伝導性である材料が求められ，アルミナ粉，窒化アルミ，窒化ホウ素などによる高充填化が行われている。最近では潮解しやすさを改良した酸化マグネシウムも用いられている。それらの熱伝導率を表2に示す。

3. 2. 3　充填材の連続体形成量の増大

粒子の分散状態は試料の作り方や充填粒子や高分子の性質によって大きく変動する。巨視的に見て異方性がなく，ランダムに粒子が分散している場合でも，試料の作り方や連続媒体の性質の違いによって粒子が種々の近距離秩序を持ち，異なった分散状態を示すことがある。そのため，理論計算では分散粒子のパーコレーション濃度が30 vol%付近であるにもかかわらず，電気伝導率測定から求めた，種々の粒子分散複合材料系におけるパーコレーション濃度は5 vol%から30 vol%まで多種多様の値を示すことが知られている。この分散状態の違いが有効熱伝導率にも

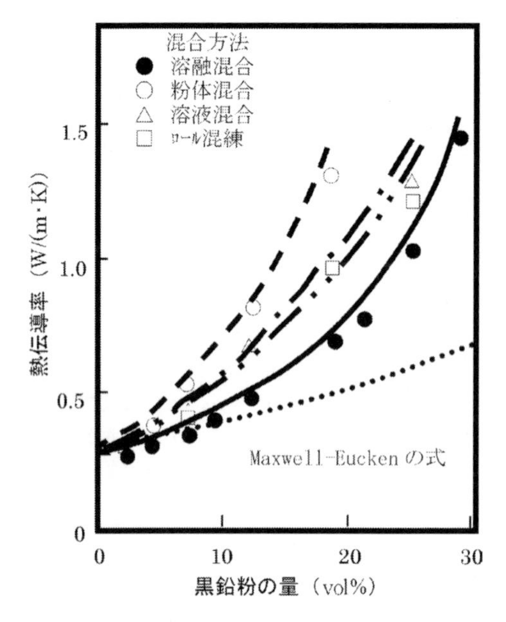

図2　種々の方法で黒鉛粉を充填したポリエチレンの熱伝導率

影響を与える。一方，通常の理論式では均一にまたは完全に分散した状態の熱伝導率であると仮定し分散状態についての影響因子を用意していない。そのため，同様な複合系であるのに大きく熱伝導率が異なる場合が多く，例えば，同一の組成の黒鉛（18 vol%）複合ポリエチレンであるのに，分散状態が変化し，パーコレーション濃度が元の値の1/3になると，熱伝導率は約2倍となった（図2）[6]。

3.3　最近開発された改善方法

3.3.1　充填材の連続体形成量をさらに増大するために充填材を連続相に

分散状態の違いによって粒子の連続体形成（パーコレーション）の状態に差が生まれ，有効熱伝導率を大きく改善できることが知られている。分散状態を改善し，パーコレーション濃度を小さくしても，高熱伝導化に限界があった。そこでBNナノ粒子／フェノール樹脂系複合高分子材料について，充填材を含む相における充填量をより大きくできるハニカム構造を形成させ，高熱伝導化を行った[7]。ハニカム構造が形成されている50 vol%以下の高充填領域では，通常分散系の2倍の熱伝導率を得ることができることがわかった（図3）。

3.3.2　充填材の接触面を増大し，完全な連続相に

高熱伝導性充填材を複合した高分子材料では，充填材同士の繋ぎをより強くすることを目的とした研究はこれまであまり行われてこなかった。そこで，低融点合金を用い，充填材を繋ぎ高熱伝導化を目指した（図4）。まず，高熱伝導性の充填材として，窒化ホウ素，黒鉛，銅，アルミを用い，PPSに高充填しても熱伝導率を測定したが，最高でも2.6 W/(m・K)であった。また，

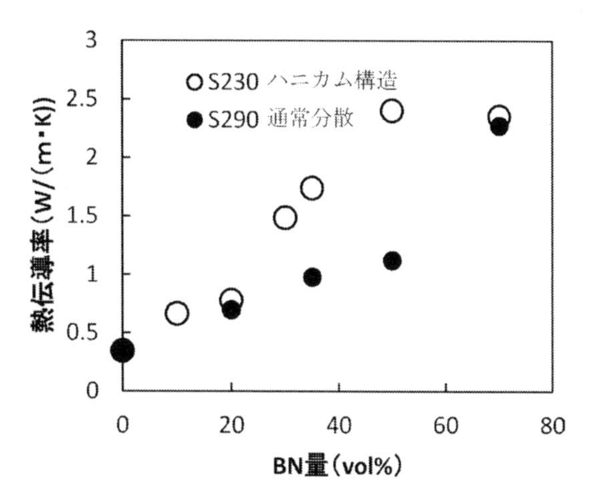

図3　BNナノ粒子を充填したフェノール樹脂の熱伝導率

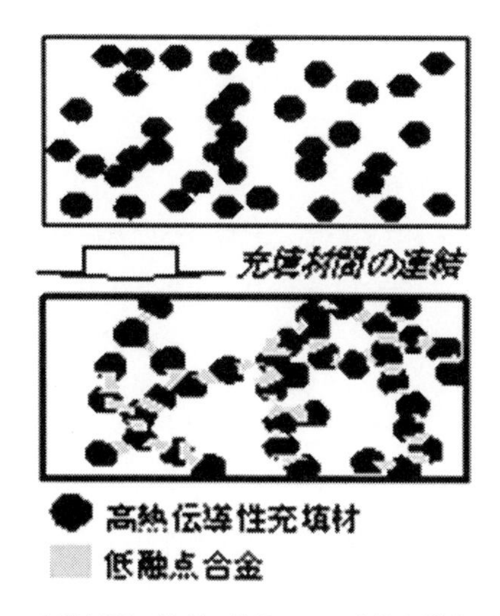

図4　充填材間の繋ぎの強化による高熱伝導化の概念

そのときの充填量は50 vol％であり，高粘度で射出成形に適さないと考えられる。しかし，1.5 W/(m・K)の組成Aに低融点合金を複合化すると，熱伝導率が13.9 W/(m・K)と高くなり，さらに低融点合金，熱伝導性充填材を増量すると，熱伝導率が28.5 W/(m・K)とさらに飛躍的に高くなることがわかった[8)]。

最近では充填材同士の接触を確実にするために，銀ナノ粒子の100～300℃での融着を利用した開発が数多く行われている。これは金属ナノ粒子表面の不完全性に起因する低融点化を利用した技術である。すなわち，銀ナノ粒子の融着によって，共連続構造となり，高熱伝導化が得られ，60 W/(m・K)以上の熱伝導率となる例もあり，導電系の複合高分子材料の最高値となっている。

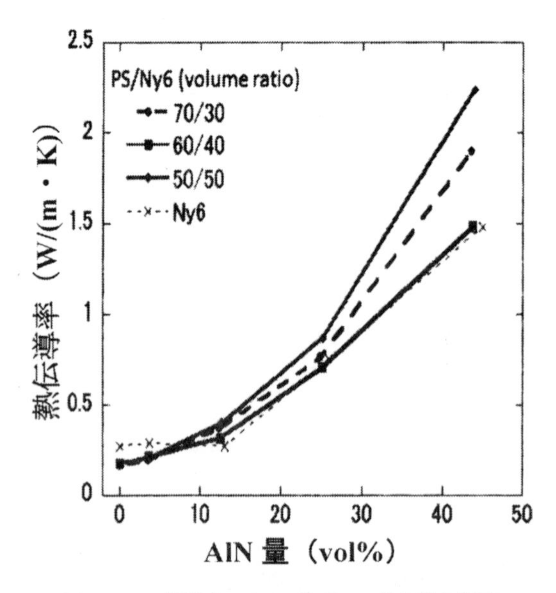

図5　AlN 粉複合 PS/Ny6 ブレンドの熱伝導率

3. 3. 3　ダブルパーコレーションの利用

2種類の高分子を用いたブレンドにおいて，どちらかに熱伝導性フィラーを偏析させ，ブレンド系を二重海島構造としたとき，パーコレーションを起こす熱伝導性フィラー量を小さくすることができる。これをダブルパーコレーションと呼ぶが，AlN 紛をポリアミドに偏析させたポリアミド／ポリエチレンブレンド（50／50）系で，その熱伝導率がポリアミド系の熱伝導率3割増になったと報告されている（図5）[9]。

3. 3. 4　多種の粒子の利用

最近，多種類の熱伝導性フィラーを用いた高熱伝導性高分子材料の開発が行われるようになった。カーボンファイバーか黒鉛粉を充填した系に，さらに0.5 wt%のカーボンナノチューブを用いた場合に，飛躍的に大きな熱伝導率を得る，大きな相乗効果も報告されている。例えば，黒鉛粉充填系に少量のカーボンナノファイバーをうまく配置することによって，35 vol%で2倍以上の熱伝導率を得ることができる（図6）。

3. 3. 5　複合液晶性高分子材料の熱伝導率

液晶性高分子自身の熱伝導率は高くても，1 W/(m・K)以下なので，最近では，高熱伝導性フィラーを複合化した液晶性高分子材料の熱伝導率の研究が，徐々に増えてきた。そこで，それらの現状と相乗効果について紹介する。

竹澤らは，複合樹脂中のアルミナ粒子に液晶性樹脂が配向することで，スメクチック液晶が成長し，複合エポキシ樹脂の熱伝導率が増大することを見出している[10]。そして，その配向現象はアルミナ表面では起こるが，窒化アルミ粒子表面では発現することを偏光顕微鏡観察によって確認している。これらが，相乗効果の最初の報告である。

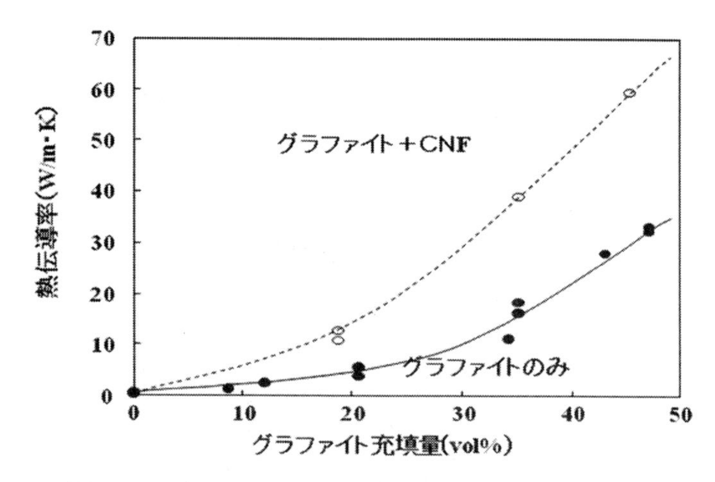

図6　カーボンナノファイバー（CNF）を少量配置した黒鉛粉（グラファイト）複合フェノール樹脂の熱伝導率

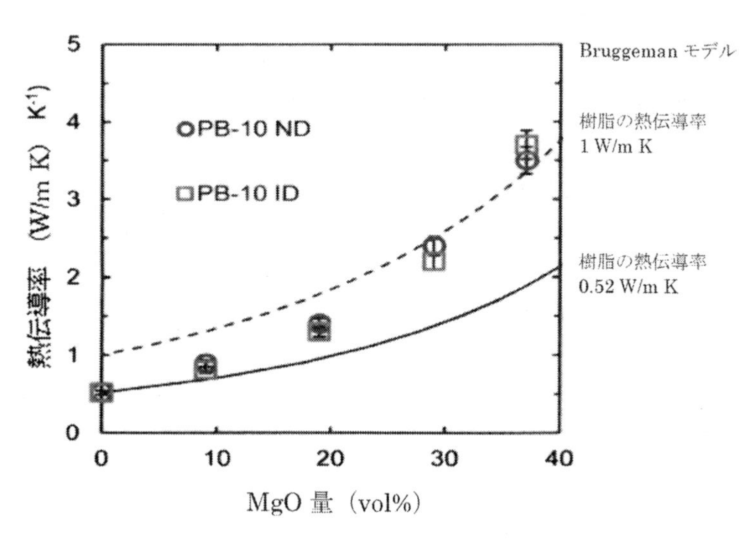

図7　MgO 粉複合液晶性高分子材料の熱伝導率（○：試料厚み方向，□：試料面方向）

一方，複合熱可塑性樹脂の熱伝導率は，フィラーの種類によらずBruggemanモデル[5]での予測値よりも増大し，高充填量の場合にその効果が大きいと報告されている[11]。ここで，30 vol%以上のデータを用いて，Bruggemanモデルを適用したときの液晶性高分子の熱伝導率は，真の熱伝導率の約2倍となり，相乗効果があると考えられた。これは，MgO粉間に存在する液晶相はMgO粉によって配向していないが，繋ぐ役目をしていることから，このため相乗効果が発現したとしている（図7）。

我々も，液晶性エポキシ樹脂にh-BN粒子を複合した系について検討した[12]。そして30 vol%以上についてその複合液晶性エポキシ樹脂の熱伝導率に，我々が提案した熱伝導モデルによい適

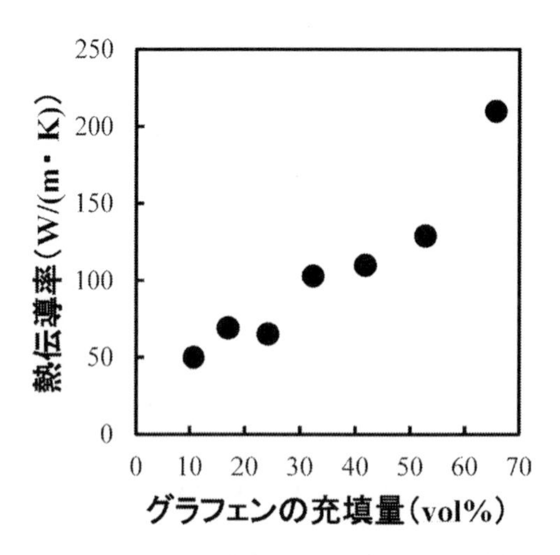

図8　グラフェン複合エポキシ樹脂の熱伝導率

用性を示し，特性係数を用いて算出した。0 vol％時の予測熱伝導率，すなわち液晶性エポキシ樹脂の“みかけの熱伝導率”がエポキシ樹脂自身の測定熱伝導率の3倍となり，大きな相乗効果を示した。

3.3.6　カーボン系フィラーの利用

導電性を持つ高熱伝導性高分子材料の場合には，古くからフィラーとしてカーボン系フィラーを用いる場合が多い。古くからは黒鉛粉，カーボンファイバー，最近ではカーボンナノチューブやグラフェンの利用が進んでいる。特に，グラフェンの複合化によって大きな高熱伝導率を得ることができることがわかっている（図8)。

4　応用分野と将来性

高熱伝導性高分子材料が適用可能と予想される分野は，ヒートシンク材，筐体，電材関係，電装部品関係，建材，熱交換部品等と，分野・用途も多枝にわたっており市場ニーズがある。高熱伝導性高分子材料は，導電性タイプだけでなく電気絶縁性タイプも，広い利用分野が期待される。

また，急激に発展してきた高熱伝導性高分子材料への期待に，高熱伝導化の技術はある程度，応えてはいるが，相反機能解消や低価格化に対応できていないのが現状である。そのため，さらにブレークスルーする方法が求められている。これからの開発のキーワードとしては，熱輻射や遮熱，断熱，蓄熱まで含めた総合的なサーマルマネージメント性の向上と評価を図ることである。

今後も，エレクトロニクスや自動車分野のニーズに引っ張られ，ますます高分子材料の高熱伝導化の技術が発展していくと期待される。

文　献

1）上利泰幸，高分子，**35**，889（2006）
2）岡本敏ほか，住友化学技報，**2011-1**，18（2011）
3）M. Harada *et al.*, *J. Polym. Sci., Part B: Polym. Phys.*, **41**, 1739（2003）
4）永井俊次郎ほか，第65回高分子学会年次大会，2781（2014）
5）M. Akatsuka & Y. Takezawa, *J. Appl. Polym. Sci.*, **89**, 2464（2003）
6）Y. Agari *et al.*, *J. Appl. Polym. Sci.*, **49**, 1625（1993）
7）上利泰幸ほか，ネットワークポリマー，**32**，10（2011）
8）上利泰幸，紙屋畑恒雄，日経エレクトロニクス，12月16日号，127（2002）
9）T. Kinoshita, *The 33th Jpn. Symp. Thermphys. Prop.*, 356（2012）
10）吉田優香ほか，第61回高分子学会年会，3406（2012）
11）S. Yoshihara *et al.*, *J. Appl. Polym. Sci.*, **131**, 39896（2014）
12）A. Okada *et al.*, IPC2014, 5P-G5-107a（2014）

第3章　熱伝導率・熱拡散率測定装置の使用法と応用事例

池内賢朗*

1　はじめに

材料の熱伝導性を評価するための方法は，数多く提唱されており，市販装置として販売されているものも多々ある。熱伝導率・熱拡散率の代表的測定手法として，定常法・フラッシュ法・温度波熱分析法・光交流法・2ω法などがある。バルク材料の熱伝導性を評価する手法としては，定常法・フラッシュ法・温度波熱分析法・光交流法であり，基板上のナノ・マイクロオーダの薄膜の熱伝導性を評価する手法としては，光交流法・2ω法である。材料の厚さ方向の評価は，定常法・フラッシュ法・温度波熱分析法・2ω法では可能であるが，材料の面内方向の評価は，光交流法で可能である。各々の方法において，適した材料で測定を行う必要がある。本稿では，バルク材料の各種測定方法の説明および基板上のナノ・マイクロオーダの薄膜の評価方法の紹介と測定結果を記載する。

2　バルク材料の測定方法

2.1　各測定方法の説明

定常法の一例を示した概略図を図1 a）に示す。図1 a）で示した方法は，高温ブロックと低温ブロックの間に試料を挟み，高温ブロックと低温ブロックの間に温度差をつける。試料の両面の温度が安定になった時に，試料両面の温度差 dT[K] と熱流計で計測した単位面積当たりの熱量 q[W m^{-2}] から試料の熱抵抗 R[m^2 K W^{-1}] を測定し，試料厚さ d[m] を考慮して熱伝導率 λ[W m^{-1} K^{-1}] を評価する方法である。上記の内容を以下の式(1)で表すことができる。

$$q = \frac{\mathrm{d}T}{R} = \lambda \frac{\mathrm{d}T}{d} \tag{1}$$

この方法はフーリエの法則に基づいて熱伝導率を測定するため，一般的に受け入れやすい方法である。定常法は，JIS A 1412-1,2[1,2]，や ASTM E 1530[3]で規格化されている。定常法の熱抵抗の測定範囲は，JIS A 1412-1,2 では 0.1[m^2 K W^{-1}] 以上が推奨されており，ASTM E 1530 では，0.001～0.04[m^2 K W^{-1}] が推奨されているため，高熱抵抗試料においての測定に適している。

低熱抵抗の試料を測定するために，非定常法による測定が行われている。非定常法では測定時

＊　Satoaki Ikeuchi　アドバンス理工㈱　生産本部　試験 2G

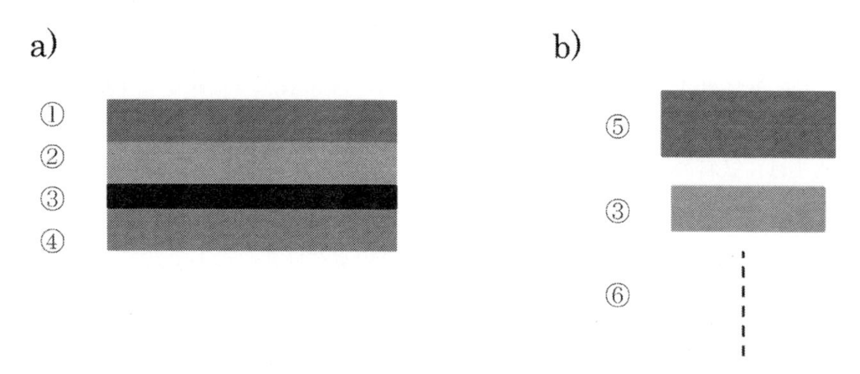

図1　a）定常法の一例を示した概略図，b）フラッシュ法の概略図
①高温ブロック，②試料，③熱流計，④低温ブロック，⑤光加熱，⑥放射温度計による温度検出

に試料の片面に一定の熱量を与え続けないので，熱量の時間依存性に起因した温度の時間依存性で評価しなければいけない。温度の時間依存性は熱の伝わる速度に関係するので，一般的には熱拡散率 α [$m^2\,s^{-1}$] で評価される。均質な試料であるならば，熱伝導率 λ [$W\,m^{-1}\,K^{-1}$] は熱拡散率 α [$m^2\,s^{-1}$] と比熱容量 C[$J\,kg^{-1}\,K^{-1}$] と密度 ρ [$kg\,m^{-3}$] から以下の式(2)で計算することができる。

$$\lambda = \alpha C \rho \tag{2}$$

非定常法は，試料の片面に瞬時加熱するフラッシュ法と周期的に加熱する周期加熱法がある。フラッシュ法の概略図を図1 b）に示す。この方法は，試料の片面に瞬時加熱を行い反対面の温度上昇の時間依存性を計測する。温度上昇の時間依存性を Parker らの理論式[4]に基づいた解析法（ハーフタイム法・カーブフィッティング法・対数法など）に基づいて，熱拡散率 [$m^2\,s^{-1}$] を評価することができる。フラッシュ法は，ISO 22007-4[5]，や JIS R 1611[6]など数多くの材料の測定方法として規格化されている。フラッシュ法で熱拡散率評価を行う場合は，光加熱と放射温度計検出の組み合わせで測定を行っている。光吸収と放射測温を効率よく行うため，試料の両面を黒化処理する必要がある。高分子材料の場合は，材料を光透過する可能性があるので，事前に透過防止膜として金属膜を試料に成膜することがある。また，試料の片面に瞬時加熱を行うため，熱伝導率が低い試料の場合は照射直後に温度上昇が非常に大きくなる可能性がある。高分子材料の場合は加熱面の熱変性を避けるために照射強度を低くして行う必要がある。フラッシュ法の測定範囲に関しては，熱拡散時間 τ [s] や，ハーフタイム $t_{1/2}$[s] で表される。熱拡散時間およびハーフタイムを熱拡散率 α [$m^2\,s^{-1}$] と試料厚さ d[m] を用いると以下の式(3)で表される。

$$\tau = \frac{t_{1/2}}{0.1388} = \frac{d^2}{\alpha} \tag{3}$$

一般的には，熱拡散時間 10[s] 程度（ハーフタイム 1.5[s] 程度）が長時間の限界になり，短時間の限界は，照射時間（パルスの半値幅）の 35 倍程度の熱拡散時間（5 倍程度のハーフタイム）である。例えば，照射時間が 0.1[ms] ならば，熱拡散時間 3.5[ms]（ハーフタイム 0.5[ms]）が限界である。この装置の場合，熱拡散率 1×10^{-6}[$m^2\,s^{-1}$] の試料は厚さ0.06[mm] 以上が測定可能である。熱拡散時間（ハーフタイム）が短くなると，黒化処理の影響を受ける可能性が出るので，薄い黒化膜を付けることが望まれる。

周期加熱法は，試料のある点で周期的に加熱し，その点から距離 d[mm] 離れたところにおいて，温度上昇の周期変調成分を検出する方法である。均一材料において距離 d[mm] の温度上昇の時間依存性 $T(x, t)$ は，一次元伝熱モデルを用いると以下の式(4)で表すことができる。

$$T(x, t) = \frac{qL}{\sqrt{2}C\rho\alpha}\exp\left(-\frac{x}{L}\right)\exp\left(i\left(\omega t - \frac{\pi}{4} - \frac{x}{L}\right)\right) \tag{4}$$

$$L = \frac{1}{k} = \sqrt{\frac{\alpha}{\pi f}}$$

q[$W\,m^{-2}$]：単位面積当たりの熱量，C[$J\,kg^{-1}\,K^{-1}$]：比熱容量，ρ[$kg\,m^{-3}$]：密度，α[$m^2\,s^{-1}$]：熱拡散率，L[m]：熱拡散長，k[m^{-1}]：熱拡散長の逆数，f[s^{-1}]：投入熱量の周波数である。

高周波数では振幅が e^{-1} 倍になる距離が短くなるので，周波数によって熱拡散長をコントロールしながら測定を行う必要がある。実験では，周波数もしくは距離を変えて測定を行い，各周波数・各距離の温度上昇の時間依存性からロックインアンプなどを通して振幅 A[K] と位相 θ[rad] を計測する。以下に式(4)に対応する振幅と位相を用いた式を示す。

$$T(x, t) = A\exp(i(\omega t + \theta)) \tag{5}$$

周期加熱法では，計測された振幅と位相を用いて周波数依存性もしくは距離依存性から熱物性値を評価する。

温度波熱分析法の概略図を図2a）に示す。この方法は試料の片面を周期的に加熱し反対面の温度上昇を計測する。試料の加熱位置と検出位置は面内方向で離れずに測定を行うために，厚さ方向の熱拡散を評価している。加熱位置と検出位置の距離は試料の厚さで決まるので，測定周波数を変えて測定を行う。実際には，位相の周波数依存性を測定することにより，式(4)と式(5)から試料の熱拡散率を評価する。温度波熱分析法は，ISO 22007-3[7]で規格化されている。温度波熱分析法に基づいた装置は，試料加熱に電気加熱可能な接触センサを用いている。したがって，投入熱量の周波数は電気加熱の周波数の2倍になる。温度検出には1kHz程度の周波数が検知可

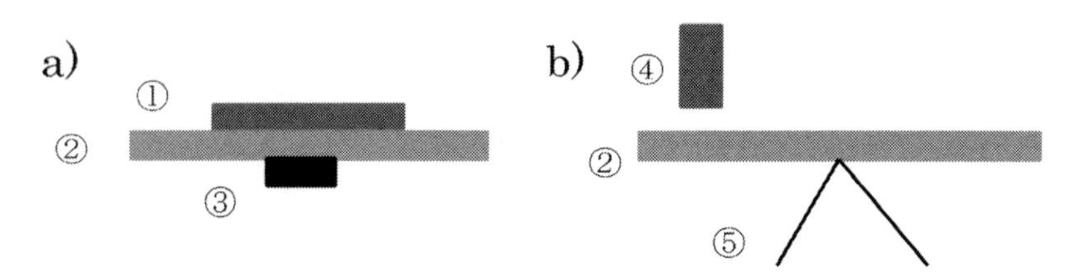

図2　a）温度波熱分析法の概略図，b）光交流法の概略図
①熱センサ，②試料，③検出センサ，④光加熱，⑤熱電対

能な接触センサを用いている。試料加熱と温度検出に接触センサを用いているため，試料に黒化処理は不要であることは利点であるが，センサと試料の熱抵抗を減らすために十分に圧力をかけて接触させる必要がある。また，試料が薄くなると低周波数において振幅が減衰しにくくなり，センサと試料の反射の影響が測定結果に出るので，式(4)が成り立たなくなる。振幅が十分に取れているならば，次式のように *kd* 値が1.5倍以上になる条件で評価を行うことをお勧めする。

$$1.5 \leq kd \tag{6}$$

例えば，熱拡散率 $1\times10^{-6}[\mathrm{m^2\,s^{-1}}]$，厚さ 0.06[mm] の試料ならば，投入熱量の周波数は 200 Hz 以上で行うことをお勧めする。

光交流法の概略図を図2 b）に示す。この方法は試料の片面を周期的に加熱し反対面の温度上昇を計測する。試料の加熱位置と検出位置は面内方向で離れて測定を行うことができる。実際には，試料の加熱位置と検出位置は面内方向の距離を変えながら周波数一定で測定を行っており，振幅と位相の面内方向の距離依存性を測定することにより，式(4)と式(5)およびオングストローム法[8]に基づいて試料の熱拡散率を評価する。光交流法に基づいた装置は，光加熱により試料加熱を行い，温度検出には熱電対を用いている。したがって，試料加熱には光吸収のためにカーボンスプレーによる表面黒化か金属膜の表面成膜が必要であり，温度検出のために熱電対を接触させる必要がある。光交流法は面内方向の熱拡散を評価しているので，試料の熱伝導が高い場合は，表面黒化・表面成膜の影響は受けにくいが，試料の熱伝導が低い場合は，表面黒化・表面成膜の影響は受けやすい。高分子フィルムにおいては，熱伝導率が低い 100[nm] 未満の Bi 膜の成膜が望ましい。また，試料の熱伝導が高い場合は，測定結果は大気中への熱損失の影響を受けにくいが，試料の熱伝導が低い場合は，測定結果は大気中への熱損失の影響を受けやすい。したがって，高分子フィルムのような材料では，0.02[Pa] 以下の真空中で測定することを推奨している。光交流法においては，面内方向の熱拡散率を評価するために，熱電対位置から面内方向に 1.5[mm] 以上離れた測定結果を基に解析を行うことを推奨している。加熱位置と検出位置が反対面にあるので，厚い試料になるにしたがい厚さ方向の寄与を含んだ熱拡散率になりやすい。等方性試料の場合は，0.3[mm] 以下の厚さであれば，面内方向の結果としてみなすことはできる。しかし，カーボンシートのような異方性試料の場合は，0.1[mm] 程度の厚さでも厚さ方向の寄与を受けていることが予想されるので，正確な値が必要な場合は厚さ方向の寄与を考慮する必要がある。

2.2　測定事例

室温で各厚さのポリイミドフィルムをフラッシュ法（アドバンス理工社製　TC-1200 RH，TD-1 HTV），温度波熱分析法（アドバンス理工社製　FTC-1），光交流法（アドバンス理工社製　Laser PIT）で測定結果を表1に示す。厚さ方向の測定結果は，方法や装置に関わらず同程度の値を示している。測定限界との兼ね合いで，厚さによっては測定できない装置も存在してい

表1　ポリイミドフィルムのフラッシュ法（アドバンス理工社製　TC-1200 RH，TD-1 HTV），温度波熱分析法（アドバンス理工社製　FTC-1），光交流法（アドバンス理工社製　Laser PIT）の熱拡散率の測定結果

	厚さ（μm）					
	7.5	12	25	50	75	125
フラッシュ法 TC-1200RH （厚さ方向）				1.9×10^{-7}	2.2×10^{-7}	2.0×10^{-7}
フラッシュ法 TD-1 HTV （厚さ方向）			1.4×10^{-7}	2.0×10^{-7}	2.1×10^{-7}	2.2×10^{-7}
温度波熱分析法 FTC-1 （厚さ方向）	0.9×10^{-7}	1.2×10^{-7}	1.5×10^{-7}	1.8×10^{-7}	2.1×10^{-7}	2.1×10^{-7}
光交流法 Laser PIT （面内方向）			7.1×10^{-7}	6.6×10^{-7}	6.0×10^{-7}	5.6×10^{-7}

る。光交流法で測定した面内方向の測定結果は，厚さ方向の測定結果と比べて大きい値になっている。これは，ポリイミドフィルムの異方性によるものと考えられる。

3　基板上の薄膜材料の測定方法

基板上の薄膜材料の厚さ方向の熱物性評価については，薄膜の厚さが数十［μm］以上であるならば，条件次第ではバルク材料の測定方法を用いて基板の寄与を差し引くことで評価が可能である。しかし，マイクロメートルからナノメートルオーダになるとバルク材料と同じ方法で評価することができない。本稿では，ナノメートルオーダに適用可能な測定方法について記載する。

面内方向の熱拡散を評価する光交流法では，以下の条件が成り立つならば，薄膜の熱伝導率評価が可能である。

・　基板の熱伝導率に比べて，薄膜の熱伝導率が十分に大きい。

・　基板の厚さが非常に薄い。

・　光吸収用の膜に Bi 膜を使用する。

過去に，30［μm］のガラス基板上の AlN 100［nm］薄膜の薄膜熱伝導率の結果[9]や，7.5［μm］のポリイミドフィルム上の 30～238［nm］の Pt 薄膜の薄膜熱伝導率の結果[10]が報告されている。高分子材料においては，面内方向の熱伝導率が低く薄い基板の上に熱伝導性の高い薄膜であるならば，光交流法で適応できる可能性がある。

一方，厚さ方向の薄膜の熱物性値は 2ω法により評価可能である。2ω法の概略図を図 3 に示す。この方法は薄膜の表面に成膜した金属膜に周期的に電気加熱し金属膜表面の温度変化を計測する。金属膜の幅が十分に広いため，1 次元伝熱モデルに基づいて厚さ方向の熱拡散を評価できる。

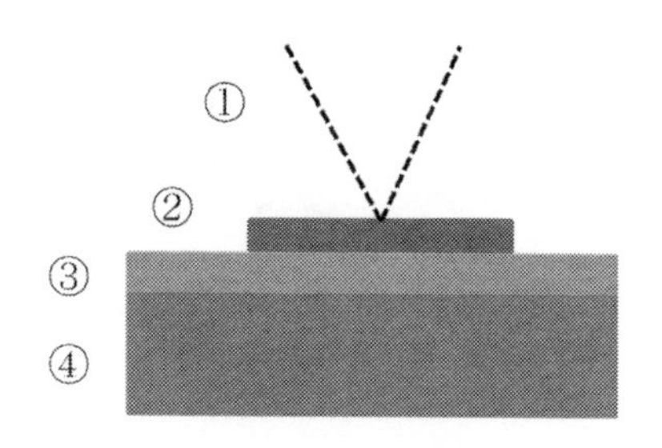

図3　2ω法の概略図
①反射による温度変化の検出，②金属膜，③薄膜，④基板

振幅 A と位相 θ の周波数依存性を測定し，In-phase amplitude（$A\cos\theta$）の周波数依存性に基づいて薄膜の熱物性を評価する[11]。2ω法に基づいた装置は，金属膜に電気加熱することにより試料加熱を行い，金属膜表面の温度変化は光の反射率の温度依存性に基づいたサーモリフレクタンス技術[12]を用いている。薄膜表面には加熱と検出のために金属膜の表面成膜が必要である。通常は，金属膜には金膜（1.7[mm]×7[mm]以上×100[nm]）が用いられている。また，温度検出に光の反射を用いているため，乱反射を防止する意味で鏡面基板の上に薄膜を成膜する必要がある。測定中は，金属膜上に連続的に通電を行う。金属膜の温度上昇を抑えるために，基板は高熱伝導率であることが望ましい。鏡面かつ高熱伝導率であることを考慮すると，Si基板を用いて測定を行うことが適している。

Si基板上の1[μm]厚のポリイミド薄膜を2ω法（アドバンス理工社製　TCN-2ω）で測定した結果を図4に示す。縦軸はIn-phase amplitude（$A\cos\theta$）で，横軸は（$(2\pi f)^{-0.5}$）である。f[s^{-1}]は投入熱量の周波数とする。$(2\pi f)^{-0.5}$が0.005以下で急激にIn-phase amplitudeは小さくなっている。この周波数領域では，ポリイミド薄膜の厚さと熱拡散長が同程度であるので，測定結果はポリイミド基板とSi基板の境界の影響を強く受けている。低周波数側の領域では，ポリイミド薄膜の熱拡散長が厚さに比べて長くなるので，測定結果はポリイミド基板とSi基板の境界の影響は少なくなっている。測定結果を基板の熱物性値を考慮してフィッティングすると，ポリイミド薄膜の熱伝導率を評価すると0.23[$W\,m^{-1}\,K^{-1}$]になり，ポリイミドフィルムの文献値と同程度である。図4の低周波数領域に相当する部分では，直線近似を行うことが可能であり，基板の熱物性値を考慮すると薄膜の熱伝導率を評価できる[11]。この方法を用いてナノメートルオーダの薄膜を評価している例が報告[13~16]されている。今後，ナノメートルオーダの有機薄膜の熱伝導率評価についても応用されることが期待できる。

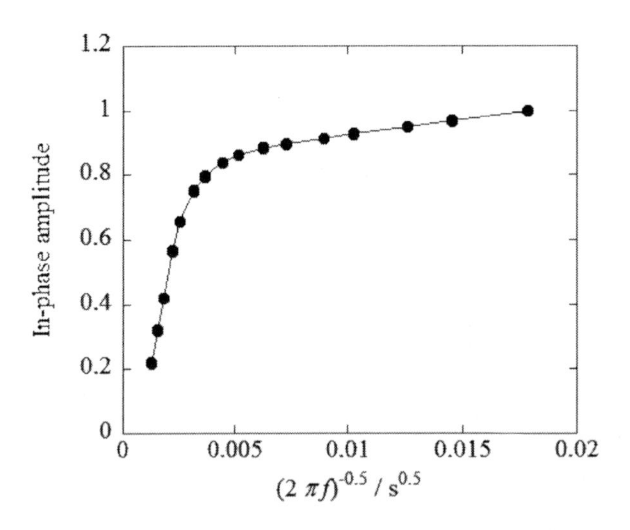

図4　Si 基板上の 1 [μm] 厚のポリイミド薄膜を 2ω法で測定した結果

4　おわりに

各手法によって，測定によって得られる熱物性量の違いだけでなく，試料サイズや得意としている材料の特徴も異なっている。近年，不均質材料に関しては，測定方法によって熱伝導率（熱拡散率）が異なることが報告[17,18]されている。各測定手法の熱物性値については，均質材料においては理論的に一致するということしか示されていない。不均質材料においては，均質材料と熱伝播が同じではないので理論解が成り立つとは限らない。様々な材料の熱物性評価については，測定方法の特徴を理解した上で，測定結果を吟味していくことが重要である。

文　　献

1)　JIS A 1412-1 熱絶縁材の熱抵抗及び熱伝導率の測定方法－ 第 1 部：保護熱板法（GHP 法）
2)　JIS A 1412-2 熱絶縁材の熱抵抗及び熱伝導率の測定方法－ 第 2 部：熱流計法（HFM 法）
3)　ASTM E 1530 Standard Test Method for Evaluating the Resistance to Thermal Transmission of Materials by the Guarded Heat Flow Meter Technique
4)　W. J. Parker *et al.*, *J. Appl. Phys.*, **32**, 1679 (1961)
5)　ISO 22007-4 Plastics -- Determination of thermal conductivity and thermal diffusivity -- Part 4 : Laser flash method
6)　JIS R 1611 ファインセラミックスのフラッシュ法による熱拡散率・比熱容量・熱伝導率の測定方法
7)　ISO 22007-3 Plastics -- Determination of thermal conductivity and thermal diffusivity --

Part 3：Temperature wave analysis method

8) A. J. Ångstrom, *Ann. Phys. Lpz.*, **114**, 513 (1861)
9) R. Kato *et al.*, *Int. J. Thermophys.*, **22**, 617 (2001)
10) 高橋文明ほか，第 26 回日本熱物性シンポジウム講演要旨集 A310 (2005)
11) 池内賢朗ほか，熱測定，**41**, 60 (2014)
12) A. Rosencwaing *et al.*, *Appl. Phys. Lett.*, **46**, 1013 (1985)
13) N. Uchida *et al.*, *J. Appl. Phys.*, **114**, 134311 (2013)
14) N. Uchida *et al.*, *Appl. Phys. Lett.*, **107**, 232105 (2015)
15) Y. Nakamura *et al.*, *Nano Energy*, **12**, 845 (2015)
16) S. Yamasaka *et al.*, *Sci. Rep.*, **5**, 14490 (2015)
17) 荒木信幸ほか，第 18 回日本熱物性シンポジウム講演要旨集 B231 (1997)
18) 上利泰幸ほか，第 33 回日本熱物性シンポジウム講演要旨集 B209 (2012)

第4章　高分子材料の熱伝導率の分子シミュレーション技術

鴇崎晋也*

1　はじめに

近年，様々な電子機器の小型化，高性能化，利用範囲の拡大に伴い，機器内部での発熱量が増大することにより電子機器の性能や寿命の低下などを招くため，電子機器からの発熱を逃がす放熱性が大きな問題になっている。高分子材料は，電気的な絶縁性に優れることから電子機器の絶縁材料として使用される。また，高分子材料は，成形性にも優れており，金属やセラミックに比べて軽量化や低コスト化も可能であるため，電子機器の絶縁材料として重要な位置付けを占める。

実用的な絶縁材料では，電子機器が要求する絶縁性や熱伝導性を含む複数の物性のバランスをとるため，高分子材料へセラミックを充填した複合材料の形態で多用される。このような複合材料では，高分子材料が主に成形性を担い，セラミックが主に高熱伝導性を担うため，セラミックの高充填化により高熱伝導化できる。しかしながら，高分子材料とセラミックの複合材料では，低熱伝導な高分子材料が複合材料における熱伝導のボトルネックとなり，また，セラミックの高充填化により複合材料としての成形性の低下も招くことから，高分子材料とセラミックとの複合化による高熱伝導化には実用上限界がある。

そのため，絶縁材料の高熱伝導化のために，高分子材料の高熱伝導化が注目されている。高分子材料の熱伝導性は，原子の熱振動が担っており，高分子材料の高熱伝導化のためには，高分子構造と熱振動の関係を原子・分子レベルから理解することが重要である。そこで，我々は，絶縁性高分子の熱伝導率を評価解析できる分子シミュレーション技術の開発に取り組んだ。本稿では，開発した熱伝導率の分子シミュレーション技術とその適用結果の一部を紹介する。

2　各種材料の熱伝導性

固体材料の熱伝導は，電子的機構と原子的機構に大別できる。電子的機構の代表例は金属であり，自由電子が電気だけでなく熱も伝える。原子的機構の代表例は，自由電子を殆ど持たないセラミックや高分子材料であり，電気的には絶縁性を有し，原子の熱振動が熱を伝える。

---

* Shin-ya Tokizaki　三菱電機㈱　先端技術総合研究所　マテリアル技術部
機能性材料グループ　主席研究員

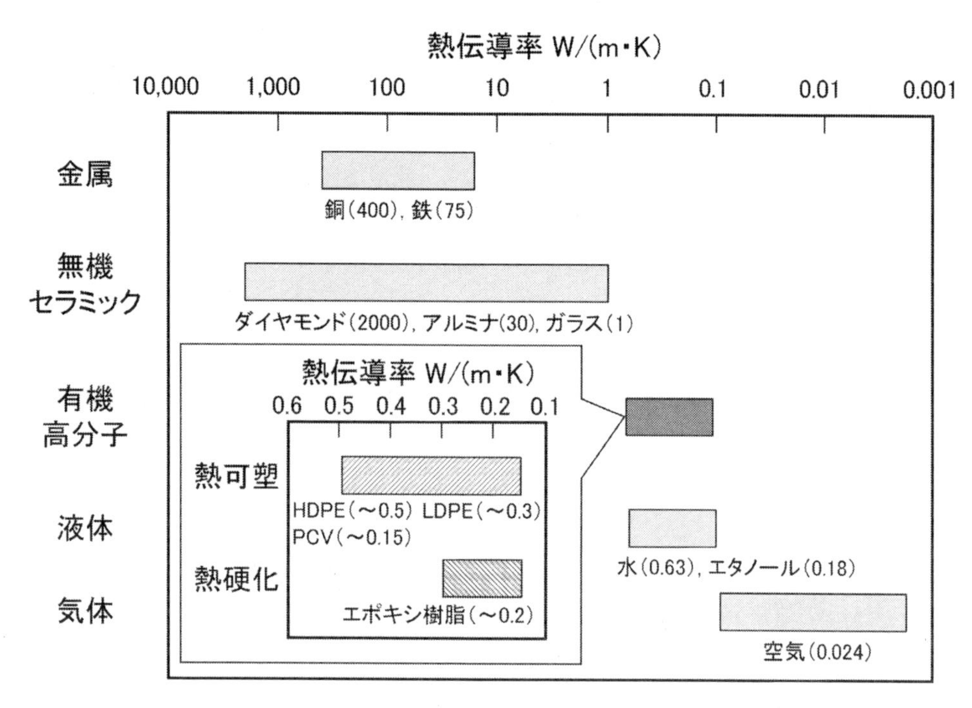

図1　各種材料の熱伝導率

図1は，代表的な材料の熱伝導率を俯瞰した図である。金属の熱伝導性は，概ね 10^1～10^2 W/(m・K) オーダであり，例えば，良電気伝導体の銅では，400 W/(m・K) 程度の熱伝導率である。絶縁性材料であるセラミックは，概ね 10^0～10^3 W/(m・K) オーダであり，例えば，ダイヤモンドの熱伝導率は，約2,000 W/(m・K) の高熱伝導率である。高分子材料は，結晶性が低いため，良好な成形性を有する反面，熱伝導率がセラミックのような結晶性材料と比べて低く，1.0 W/(m・K) 以下である。高分子材料の中において，熱可塑性樹脂のポリエチレンでは，結晶性の低い低密度ポリエチレンの熱伝導率が0.3 W/(m・K) 程度，結晶性の高い高密度ポリエチレンが0.5 W/(m・K) 程度の熱伝導率である。三次元網目状の非晶性構造を有する熱硬化性樹脂に至っては，熱伝導率が0.2 W/(m・K) 程度に留まり，液体の熱伝導率とほぼ同等である。このように，絶縁性高分子の熱伝導性は，その多様な分子構造にあまり依存せず，殆ど0.2～0.5 W/(m・K) の狭い範囲に分布する。

3　結晶のデバイ理論

絶縁性結晶の熱伝導は，格子振動の理論で理解され，格子振動（フォノン）を単純化したデバイモデルで説明される。デバイモデルにより熱伝導率は，密度×比熱×音速×平均自由行程（デバイの関係式）で表される。デバイモデルに近い振る舞いを示す実際の例がダイヤモンドである。

一方，通常の絶縁性高分子は，非晶性構造であり，格子の並進性がないことから，熱振動は狭義にはフォノンでなく，デバイモデルの適用には問題がある。ただし，ダイヤモンドと高分子における熱伝導率差（約 10^4 オーダ）を，デバイモデルで強引に比較した場合，熱伝導率の差は，主に平均自由行程の差異約 10^3 に起因する[1)]。すなわち，絶縁性高分子はセラミックに比べて熱を伝える原子的機構において，散乱が桁違いに大きいと解釈される。原子的機構における散乱要因は，結晶では主にフォノン間散乱である。一方，高分子材料のような非晶質構造では，実用上の温度域において，主に欠陥に基づく散乱に支配されると考えられている[2)]。したがって，絶縁性高分子の高熱伝導化のためには，高分子材料の分子構造において熱伝導を妨げる欠陥とは何かを見極める必要がある。そこで，我々は，絶縁性高分子の分子構造と熱伝導率の関係を直接的に評価解析できる分子シミュレーション技術に着目した。

4　熱伝導率の分子シミュレーション技術

高分子の熱伝導性は，原子の熱振動が担うため，熱伝導率の予測には，高分子を構成する多数の原子の動きを計算できる分子動力学法が用いられる。熱伝導率の分子動力学法によるアプローチは，平衡分子動力学法と非平衡分子動力学法に大別できる。平衡分子動力学法による熱伝導率シミュレーションは熱平衡状態で生じる熱流束の揺らぎの減衰を評価し，揺動散逸定理に基づき熱伝導率を算出する。非平衡分子動力学法による熱伝導率シミュレーションは，計算モデルに対して温度勾配（非平衡状態）を与えた条件で熱流束を評価し，温度勾配との比から熱伝導率を算出する。

平衡分子動力学法による熱伝導率シミュレーションは，計算モデルに三次元の周期的境界条件を課すことができるため，非平衡分子動力学法における境界の問題などがなく，原理的にマクロな熱伝導率を算出可能である。しかしながら，実際の平衡分子動力学法の場合，熱流束の揺らぎは複雑な時間依存性を示すため，熱伝導率が一定値に収束し難い問題がある。この問題に対して，例えば，Goddard らは，熱流束の揺らぎの解析のために簡単な緩和過程モデルを導入し，ダイヤモンド結晶の定量的熱伝導率シミュレーションを実現している[3)]。しかし，複雑で柔軟な高分子では，緩和過程が複雑なため，このような緩和過程モデルでは，定量的に熱伝導率を解析することが困難である。

我々は，原理的にマクロな熱伝導率を算出できる平衡分子動力学法が高分子の熱伝導率の評価に適すると考え，本方法の問題を克服できる熱伝導率シミュレーション技術の開発を行った。熱伝導率 λ は，分子動力学法から得られる熱流束の時間発展 $\boldsymbol{J}(\tau)$ から求めた自己相関関数 $\langle \boldsymbol{J}(\tau)\cdot\boldsymbol{J}(0)\rangle$ を用いて式(1)により算出される。

$$\lambda = \lim_{\omega\to 0}\frac{1}{3k_{\mathrm{B}}VT^2}\int_0^\infty d\tau\,\langle \boldsymbol{J}(\tau)\cdot\boldsymbol{J}(0)\rangle e^{i\omega\tau} \qquad (1)$$

ここで，τ は時間，ω は周波数，k_{B} はボルツマン定数，V は体積，T は温度である。式(1)より，熱伝導率λは$\langle J(t)\cdot J(0)\rangle$の時間積分値の低周波数極限に相当していることが容易に理解される。実際の分子動力学計算では，時間積分が有限でしか取り扱えないため，熱伝導率が一定値に収束し難い原因の一つとなっている。

式(1)右辺は，熱流束$J(t)$の自己相関関数の周波数スペクトルを与える。原子の熱振動は，材料の種類や構造によって様々な周波数特性を持つが，熱伝導を担う熱振動は，基本的に低周波極限の振動（音響振動）である。これに対して高周波の振動（光学振動）は，高エネルギー励起が必要であることから，基本的に熱伝導に寄与しない。従来の熱伝導率シミュレーション手法では，結晶の音響振動と光学振動を比較的容易に分離できた。しかし，高分子は，柔軟で複雑な構造のため，両者を定量的に分離できない点が問題となる。

我々の開発した手法では，音響振動と光学振動が各々，低周波数と高周波数の振動を持つことから，ある特定の周波数への応答性が異なる特性を利用して，音響振動と光学振動を区別し，分離する考え方である。我々は，この考えを具現化するために，式(1)の代わりに周波数応答関数$f_{\omega_c}(\tau)$を導入した式(2)を定式化した。

$$\Pi(\omega,\omega_c)=\int_0^{\infty}d\tau e^{i\omega\tau}f_{\omega_c}(\tau)\langle J(\tau)\cdot J(0)\rangle \tag{2}$$

ここで，周波数応答関数$f_{\omega_c}(\tau)$は，今回，スペクトル解析に用いられる周波数パスフィルタ関数を採用した。周波数パスフィルタ関数を導入することにより，自己相関関数の統計平均$\langle J(\tau)\cdot J(0)\rangle$の評価において，カットオフ周波数$\omega_c$以下の周波数応答成分を抽出する。次に，式(2)の$\Pi(\omega,\omega_c)$から熱伝導率$\lambda$の算出式(3)と式(4)を導出した。

$$S(\omega_c)=-\int_0^{\infty}\frac{d\omega}{\pi}\mathrm{Im}\frac{\Pi(\omega,\omega_c)}{\omega} \tag{3}$$

$$\lambda=\lim_{\omega_c\to 0}S(\omega_c) \tag{4}$$

本方法では，$\Pi(\omega,\omega_c)$のカットオフ周波数ω_cの低周波数極限として，熱伝導率を算出する。また，本方法は，従来法で分離が不十分な低周波領域の混在振動状態についても，式(3)の$S(\omega_c)$を外挿することにより，音響振動だけを選択的に抽出できるため，熱伝導率の定量評価が可能となる。さらに，本方法は従来法と異なり，周波数ωの低周波数極限を直接評価しないので，平衡分子動力学法の計算時間（計算ステップ数）の長大化を回避できる利点も有する。なお，マクロ極限の熱伝導率は，さらに計算セル体積の外挿値から算出する。

5　解析事例

開発したシミュレーション技術を熱可塑性樹脂の代表例としてポリエチレン結晶およびポリエチレン非晶質，および熱硬化性樹脂の代表例としてビスフェノールA型エポキシとジアミン系硬化剤（ジアミノジフェニルメタン）を化学量論比組成において架橋率100％で熱硬化したエポキシ樹脂へ適用した。

各計算モデルは，周期的境界条件を課した計算セルを用いた。ポリエチレン結晶の分子構造は実験結果[4]を元に作製し，ポリエチレン非晶質の分子構造はTheodorou-Suter法[5]により作製し，これらを分子力場法による構造最適化シミュレーションを行い，計算モデルとした。エポキシ樹脂の分子構造は，Varshneyらの手法[6]を改良した熱硬化シミュレーションから三次元網目状の架橋構造を求め，これを分子力場法による構造最適化シミュレーションを行い，計算モデルとした。

平衡分子動力学計算では，原子数，体積，温度を一定とした統計集団において，数値積分の時間刻みを1.0 fs，300 Kの目的温度で5×10^3ステップのアイドリング計算を実行し，以後，熱平衡状態として3×10^5ステップ計算を行った。力場は，AllingerらのMM3[7]を用いた。

図2は，検討したポリエチレンの結晶と非晶質，およびエポキシ樹脂の計算モデルの一例として，300 Kにおける計算モデルの最適化構造と熱伝導率の計算値である。ポリエチレン結晶では，主軸方向（x軸方向）の熱伝導率が鎖間方向に比べて1桁程度大きく，熱伝導は，主にポリエチレン鎖の主軸方向に起因することを確認できた。一方，ポリエチレン非晶質では，熱伝導率の異方性が殆どなく，また結晶に比べて熱伝導率が極めて低いことを確認した。エポキシ樹脂では，ポリエチレン非晶質よりもさらに熱伝導率が低いことを確認した。

図3は，熱伝導率の温度依存性の計算結果である。図3の熱伝導率は，周期的境界条件を課した計算セルのx，y，z方向に対する熱伝導率を平均した値である。計算した温度は，古典論に基づく本手法が適用できる領域より高温側（実用上も興味ある温度領域）で評価した。また，各計算モデルの熱伝導率は，異なるサイズの計算セルを準備し，個々の計算モデルに対して熱伝導率

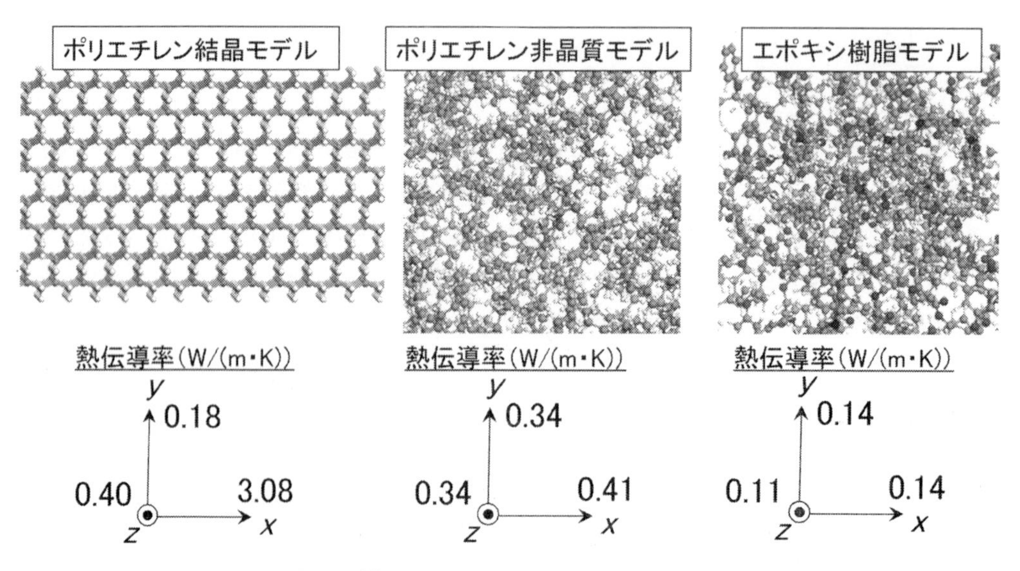

図2　計算モデル（一例）と熱伝導率の計算値

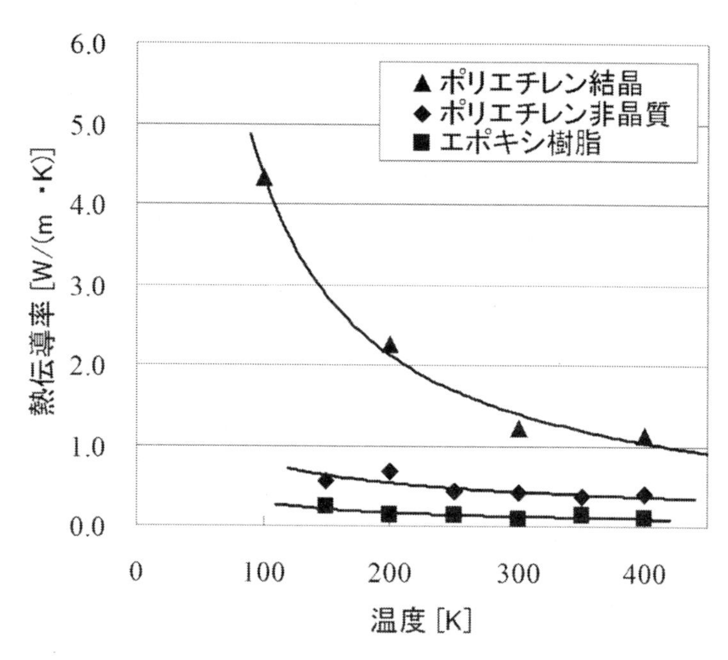

図3　熱伝導率の温度依存性

を求めた上，計算セルサイズ無限大の外挿値から算出した。一次元鎖の熱伝導率の計算値は，非晶質と比べて鎖方向の計算セルサイズ依存性が大きい。ただし，本稿では，一次元鎖のサイズ依存性に関する熱伝導率の理論的な問題[8,9]があるため，ポリエチレン結晶の計算結果は有限サイズ（繰り返し単位32）の熱伝導率を用いた。

熱伝導率の温度依存性は，ポリエチレン結晶では温度に反比例する関係が得られ，フォノン間散乱に起因した熱伝導率の特徴を良く再現する結果を得た。一方，ポリエチレン非晶質とエポキシ樹脂では，熱伝導性の温度依存性が小さく，欠陥に基づく熱伝導率の温度依存性の特徴を良く再現した。これらの結果から，開発した平衡分子動力学法により高分子材料の熱伝導率が予測可能であることが分かった。

高度な耐熱性を要求する電子機器では，絶縁材料として熱硬化性樹脂が使用される。熱硬化性樹脂では，絶縁性高分子材料の中でも著しく低い熱伝導率であるため，高熱伝導化が望まれている。熱硬化性樹脂の高熱伝導化では，竹澤らによるツインメソゲン型エポキシ樹脂の報告[10]が有名である。ツインメソゲン型エポキシでは，樹脂内部に配向構造を有し，これが高熱伝導化の要点と考えられている。

そこで，幾つかのビスフェノールタイプの汎用エポキシ主剤とツインメソゲン型エポキシ主剤の熱伝導率を比較した。前記ビスフェノールA型エポキシ主剤DEGBAに加え，ビスフェノールF型エポキシ主剤4,4'-DGEBFとDGEB(2-M)F，およびツインメソゲン型エポキシTME，これらのエポキシ主剤を硬化剤ジアミノジフェニルメタンDDMにより熱硬化したエポキシ樹脂を計算対象とした。

図4は，本稿で取り上げるエポキシ主剤と硬化剤の分子構造である。熱硬化したエポキシ樹脂の非晶質は，エポキシ主剤と硬化剤を化学量論比の組成で混合し，100％架橋率に達するまで熱硬化シミュレーションを行い，計算モデルを作製した。TME樹脂内部の配向構造は，非晶質とは異なる方法で作製した。図5がTME配向モデルの分子モデルある。本TME配向モデルは，実験的に示唆されるスメクチック型の配向構造において，架橋結合の繋がり方を仮定した一次元的な結晶モデルである。全ての計算モデルは，分子力場法で構造最適化を行った。熱伝導率計算のための平衡分子動力学法は，前記と同条件で行い，温度は300Kとした。

表1が，各エポキシ樹脂モデルにおける熱伝導率の計算結果である。表1において，x，y，zは計算セルの軸方向である。非晶質モデルの計算セルは単純立方格子であり，周期的境界条件の

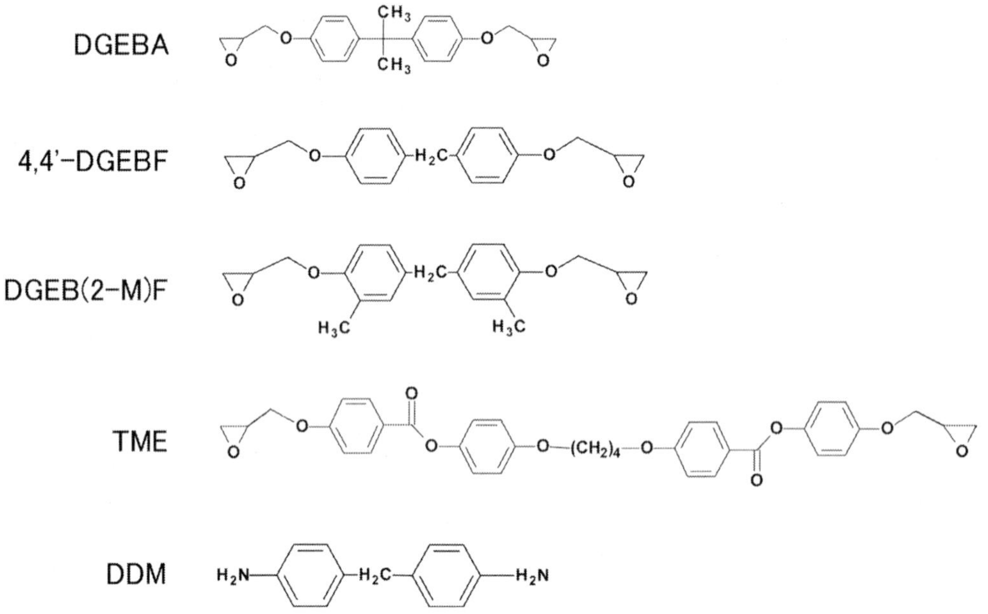

DGEBA

4,4'-DGEBF

DGEB(2-M)F

TME

DDM

図4　エポキシ主剤と硬化剤の分子構造

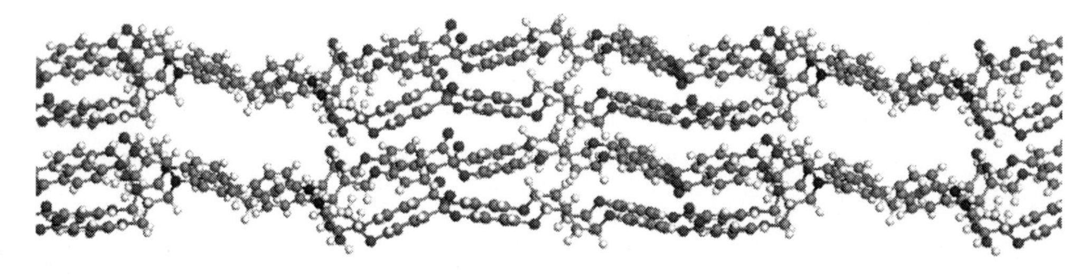

図5　TEMの配向モデル

表1　汎用エポキシ樹脂とツインメソゲン型エポキシ樹脂の計算結果

エポキシ主剤	構　造	熱伝導率　W/(m・K)		
		x	y	z
DEGBA	非晶質モデル	0.14	0.14	0.11
4,4'-DGEBF	非晶質モデル	0.11	0.15	0.22
DGEB(2-M)F	非晶質モデル	0.15	0.12	0.13
TME	非晶質モデル	0.11	0.14	0.10
TME	配向モデル	12.9	0.07	0.04

表2　非晶質モデルにおける熱伝導率の計算セルサイズ無限大の外挿値

エポキシ主剤	熱伝導率 W/(m・K)
DEGBA	0.14
4,4'-DGEBF	0.22
DGEB(2-M)F	0.13
TME	0.11

セル長は，DGEBA が 35.7 Å，4,4'-DGEBF が 36.7 Å，DGEB(2-M)F が 38.0 Å，および TME が 43.8 Å である。TME 配向モデルの計算セルは，276.0×15.0×12.0 Å であり，TME 分子の配向方向を x 軸とした。非晶質モデルでは，熱伝導率の異方性が殆どなく，TME を含めたエポキシ主剤種に依らず全て低い熱伝導（0.2 W/(m・K) 程度）であった。一方，TME 配向モデルの計算結果では，配向方向へ著しい高熱伝導を示した。TME は，前記ポリエチレンと同様に，一次構造の分子構造が同じであっても，非晶性と結晶性（配向性）の違いにより熱伝導率が大きく異なった。

表2は，非晶質モデルにおいて，異なるサイズの計算セルに対して熱伝導率の空間平均値を求め，計算セルサイズ無限大の外挿値から算出した熱伝導率である。エポキシ樹脂の非晶質において，主剤分子の一次構造の違いは，熱伝導率へ殆ど影響しないことが示唆される。汎用的なエポキシ樹脂において，非晶質であれば，熱伝導率が概ね 0.2 W/(m・K) を中心に高くもなく，低くもない，実験的傾向と一致する。

本稿で計算した TME 主剤に対応する熱伝導率の実験値は 0.96 W/(m・K) であり，配向モデルの計算値よりも低く，また非晶質モデルの計算値よりは高い。実際の TME エポキシ樹脂では，低熱伝導な非晶性ドメインと高熱伝導な配向性ドメインによる高次構造を有する。高分子材料とセラミックの複合材料と同様に，TME 樹脂全体の熱伝導率は，配向モデルと非晶質モデルの複合材料として考えられる。そこで，TME 樹脂全体の熱伝導率を，複合材料に対する熱伝導の合成モデルによる解釈を試みた。

TME 配向性ドメインの熱伝導率は，配向方向の等方性を仮定し，表1における空間平均値 4.34 W/(m・K) を用いた。TME 非晶性ドメインの熱伝導率は，表2の 0.11 W/(m・K) を用い

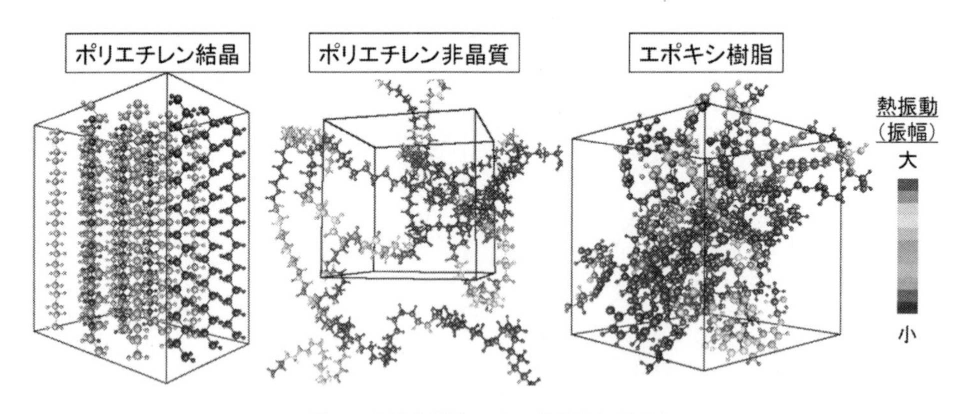

図6　分子力場法による振動解析結果

た。熱伝導率の合成モデルは多数提案されており，モデルの前提となる分散状態などの違いで合成結果は変わる。本稿では，概算の観点で，最も単純なブルックマン式を用いた。その結果，TME 樹脂全体の熱伝導率 0.96 W/(m・K) は，配向性ドメインの体積分率が 61％と解釈される。本結果は，合成モデルの選択を精査してない概算ではあるが，高分子材料とセラミックの複合材料と同様に，TME 樹脂全体の熱伝導率が低熱伝導な非晶質ドメインに律速されることを示唆する。

次に，熱伝導を担う熱振動の微視的なイメージを観察するために，分子力場法による振動解析を行った。図 6 は，熱伝導に寄与する低周波数振動において，一例として最低次の振動モードを可視化した図である。主軸方向に高熱伝導を発現するポリエチレン結晶では，振動モードは高分子鎖全体で均一に振動する様子がわかり，主軸方向への格子振動（フォノン）の描像でポリエチレン結晶の熱伝導性が説明できることがわかる。一方，ポリエチレン非晶質では，高分子鎖の末端部や屈曲部に振動が局在化し，また，末端部と屈曲部で局在化には大きな差異がみられない。エポキシ樹脂の例では，硬化剤の屈曲部に局在化し易い。そのため，非晶質構造では，熱振動が屈曲構造部に局在化し熱振動の伝搬が阻害される。このような原子・分子レベルの屈曲構造部分が熱振動の伝搬にとって欠陥として振る舞う。また，少々大袈裟な言い方になるが，熱伝導性の観点では，屈曲構造部は“共有結合がない状態”と見なして良いと考えられる。したがって，屈曲構造を多数内在するポリエチレン非晶質やエポキシ樹脂に代表される通常の絶縁性高分子では，固体材料の中で材料の一次構造にあまり依存せずに低い熱伝導性を示し，その熱伝導率が分子間に共有結合を持たない液体と桁レベルで大差ない原因であると考えられる。

6　おわりに

開発した熱伝導率の分子シミュレーション技術と代表的な絶縁性高分子への適用結果の一例を紹介した。また，絶縁性高分子において熱伝導を妨げる要因は原子・分子レベルでの屈曲構造や末端構造であることをシミュレーションの立場から示した。熱伝導の散乱要因の低下，すなわち，高熱伝導化のためには，高分子の延伸，結晶化，末端構造の減少などの策が有効であると考えられる。しかし，高分子の利点である成形性は，高分子の微視的構造が柔軟に変化できることに起因するので，熱伝導性の向上と成形性の維持は基本的には相反関係となる。今後，本分子シミュレーション技術が，高分子材料の高熱伝導化への糸口になるべく，技術の高度化を進めていきたい。

文　　献

1) M. Pietralla, *J. Comput. Aided Mater. Des.*, **3**, 273 (1996)
2) 和田八三久，応用物理，**35**，908 (1966)
3) J. Che *et al.*, *J. Chem. Phys.*, **113**, 6888 (2000)
4) S. Kavesh & J. M. Schultz, *J. Polym. Sci.*, A-2, **8**, 243 (1970)
5) D. N. Theodorou & U. W. Suter, *Macromolecules*, **19**, 139 (1986)
6) V. Varshney *et al.*, *Macromolecules*, **41**, 6837 (2008)
7) J. -H. Lii & N. L. Allinger, *J. Comput. Chem.*, **12**, 186 (1991)
8) O. Narayan & S. Ramaswamy, *Phys. Rev. Lett.*, **89**, 200601 (2002)
9) R. Livi & S. Lepri, *Nature*, **421**, 327 (2003)
10) 竹澤由高，ネットワークポリマー，**31**，134 (2010)

第Ⅱ編

高分子の高熱伝導化

第1章　エポキシ樹脂の異方配向制御による高熱伝導化

原田美由紀*

1　はじめに

代表的なネットワークポリマーの一つであるエポキシ樹脂は，硬化反応によって形成される三次元網目構造が硬化物性に非常に大きく影響する[1)]。接着性や耐熱性，電気絶縁性などの諸特性のバランスの良さから工業的に広く用いられてきたが，近年では特に電子部品用途で多く用いられており，様々な要求性能への取り組みが必要である。

その中でも熱伝導性は必須の要求特性であり，多くは熱伝導フィラーを多量に充填することで達成される。しかしながら，最近ではマトリックス側の熱伝導性を底上げすることによって改善しようとする試みも多く見られる。中でもメソゲン骨格エポキシ樹脂を用いた硬化物の立体構造制御に関する研究では，ある程度の高熱伝導化が達成されており[2~5)]，ここではその一部を紹介することとする。

2　メソゲン骨格エポキシ樹脂の特徴と局所配列構造を持つエポキシ樹脂の熱伝導性

液晶を形成する最小の化学構造単位はメソゲン基であり，分子内にこの構造を持つものをメソゲン骨格エポキシ樹脂という（表1）[2~6)]。平板状の立体構造であることが多く，共役構造であるメソゲン基同士が$\pi-\pi$スタッキングすることによって自己組織化し，スメクチックやネマチック液晶などの液晶性を示すものが多い。しかしながら，その規則性の高さゆえに高結晶性であり，融点が高くなる傾向がある。

このメソゲン骨格エポキシ樹脂は多くの場合，硬化物中においても液晶相を形成する。図1にテレフタリリデン型液晶性エポキシ樹脂（表1，3段目の構造）／ジアミノジフェニルメタン（DDM）系の硬化過程における偏光顕微鏡写真を示す[7)]。硬化剤の添加によって配列性が多少阻害されるため，エポキシモノマーの液晶温度範囲であっても溶融直後は両硬化温度ともに一旦は等方性液体となる。その後，190℃硬化系では激しい熱運動のため，メソゲン基が無秩序な等方相として硬化が完了するが，165℃硬化系では反応進行に伴う分子量の増大によってメソゲン基のスタッキングが促進され，ミクロオーダーでの配列領域を有するポリドメイン液晶の硬化物が

＊　Miyuki Harada　関西大学　化学生命工学部　化学・物質工学科　准教授

表１　メソゲン骨格エポキシ樹脂の構造と転移温度

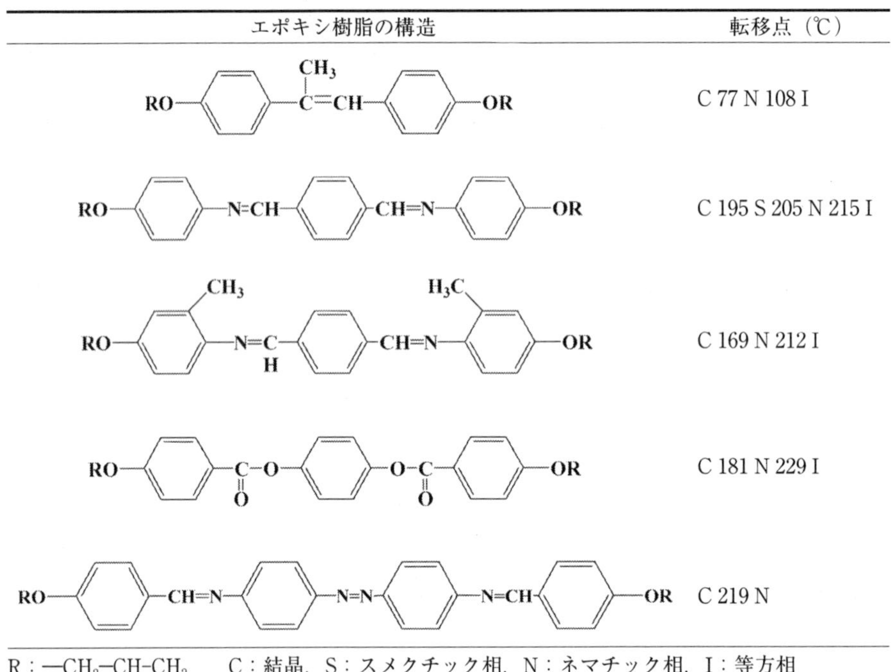

エポキシ樹脂の構造	転移点（℃）
RO–C₆H₄–C(CH₃)=CH–C₆H₄–OR	C 77 N 108 I
RO–C₆H₄–N=CH–C₆H₄–CH=N–C₆H₄–OR	C 195 S 205 N 215 I
RO–C₆H₃(CH₃)–N=CH–C₆H₄–CH=N–C₆H₃(CH₃)–OR	C 169 N 212 I
RO–C₆H₄–C(=O)–O–C₆H₄–O–C(=O)–C₆H₄–OR	C 181 N 229 I
RO–C₆H₄–CH=N–C₆H₄–N=N–C₆H₄–N=CH–C₆H₄–OR	C 219 N

R：—CH_2–CH–CH_2（–O–）　C：結晶，S：スメクチック相，N：ネマチック相，I：等方相

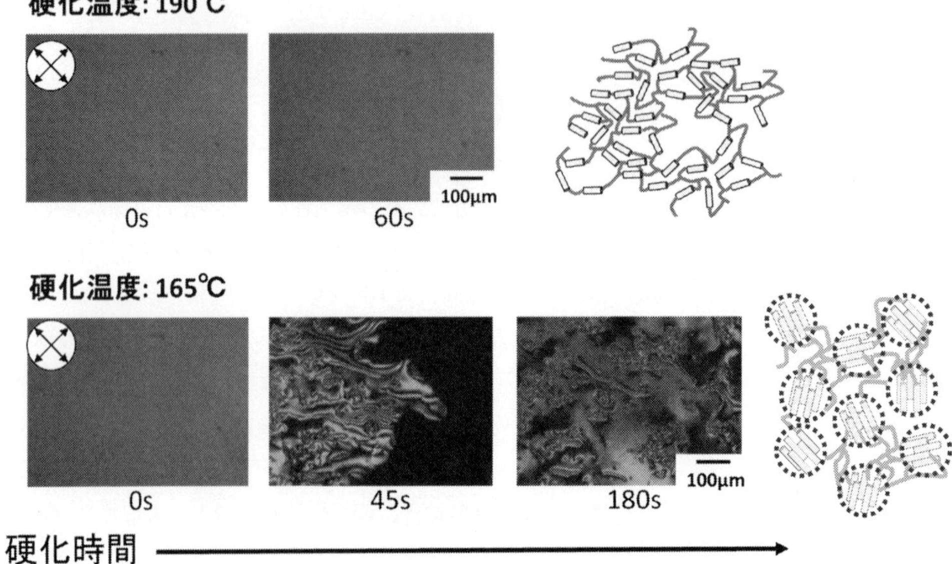

図１　液晶性エポキシ樹脂の硬化反応過程の偏光顕微鏡観察

得られる。このように硬化反応時の温度条件を変えることによって，メソゲン基がランダムな等方性硬化物や局所配列したポリドメイン液晶相（ネマチック，スメクチック）硬化物など，三次元ネットワークの配列を制御できる。

先にも述べたように，メソゲン骨格エポキシ樹脂の多くは硬化条件や硬化剤の最適化によってネットワーク内に配列構造を形成でき，配列性の違いが諸物性に大きく影響する[7,8]。特に，ポリドメイン液晶相硬化物は等方相硬化物に比べ，優れた力学特性を示すことがよく知られている[7~11]。また，硬化温度の多段階変化によって，メソゲンの配列領域であるドメインの大きさや液晶相形態を制御することも可能である[11]。また，筆者らは，ネマチック相を有するシッフ塩型メソゲン骨格エポキシ樹脂硬化物が0.43 W/m・Kの高い熱伝導率を示すことを報告している。これは，配列構造の導入によってフォノン伝導が効率的に生じたためであると考えられ[12]，このような現象はメソゲン基の化学構造の異なる系でも確認されている[13]。

3　巨視的な異方配列構造を持つエポキシ樹脂の熱伝導性

メソゲン骨格エポキシを利用したネットワーク鎖の配列制御に関する研究は，局所領域の配向を対象としたものに限定されない。すなわち，特定方向に配列させたネットワークポリマーを形成させる場合もあり，電場・磁場・応力場，もしくはラビング法などを利用した構造形成に関する試みが多数報告されている[14~20]。Benicewiczら[14]は，スチルベン型の液晶性エポキシ樹脂の硬化時に磁場を変化させることで，配向度の異なるネットワークが形成され，12 T以上では配向度0.8の秩序性の高い硬化物が得られることを明らかにしている。この系においては硬化物の配向度の増加に伴い，磁場方向の弾性率の急激な増加が確認されている。磁場に沿ってメソゲン基の長軸方向（共有結合方向）が配列したため高い弾性率を示したものと考えられる。

筆者らもまた，液晶性エポキシ樹脂を電場や磁場中で硬化反応させることにより高度に配列したネットワークポリマーを調製してきた。ラビング処理済みの透明電極間に液晶性エポキシ樹脂モノマーを封入したセルを調製し，電場印加条件下で観察したところ[16]，電圧9 Vの系では，等間隔の明るい縞状模様のウイリアムズドメイン構造が観察され，この条件で硬化物を調製した。得られたネットワークのXRD測定では，無電場系では均一なデバイ環を形成したのに対して，電場印加系では輝点が局所に集約したことから，電場下で硬化反応を行うことでネットワークを特定方向に配列させた硬化物が調製可能であることが分かった。また，10 Tの磁場中で硬化させることで，メソゲン基長軸が磁場方向に一軸配向したスメクチック液晶の異方性ネットワークを形成できることも報告している[12,17~18]。ネットワークの秩序性を示す配向度は約0.7であり，非常に高い配列性を有する（図2）。この硬化物はメソゲン基が磁場方向に配列した構造となっているが，これはメソゲン基中に含まれる芳香環の異方性磁化率に起因する。さらに，この硬化物はメソゲン基の配列方向に対して，0.89 W/m・Kもの高い熱伝導率を示し[12]，一軸配向ネットワークの共有結合に沿って熱エネルギーを損失なく伝えようとする試みである。しかしなが

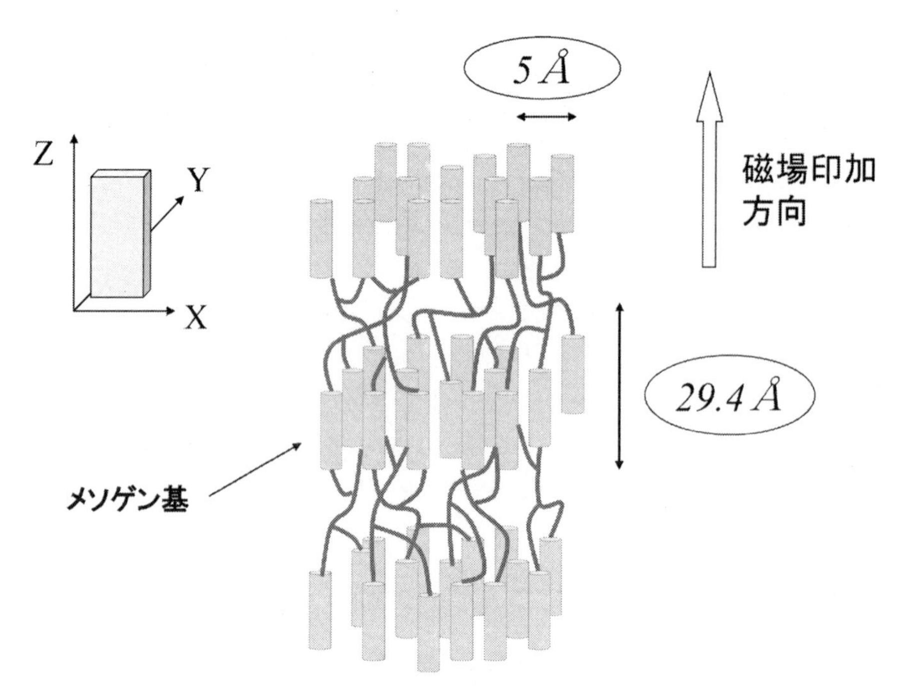

図２　磁場印加条件下で硬化させたネットワークの模式図

表２　ポリドメインおよび一軸配向硬化物の熱伝導性

	ポリドメイン	一軸配向（磁場 1T）	
		//	⊥
熱拡散率（$\times10^{-5}$cm^2/s）	256	545	193
密度（g/cm^3）	1.26	1.26※	1.26※
比熱（J/g・K）	1.34	1.29	1.30
熱伝導率（W/m・K）	0.43	0.89	0.32

※密度はバルク硬化物を用いて測定

ら，配列に対し直交方向ではその値は 0.32 W/m・K であった（表２)。このように大きな異方性は生じるものの，ポリドメイン硬化系の 0.43 W/m・K に比べると，特定方向のみではあるが大幅に高い熱伝導率を発現させることが可能である。また，一般的な高分子材料の熱伝導率が 0.2～0.7 W/m・K[19] であることを考慮すれば，これらは非常に優れた熱伝導特性を有していると言える。より低磁場での硬化を検討したところ，約 0.7 T 以上の磁場下で硬化反応を行うことで，10 T 硬化系とほぼ同程度の配向度を示すネットワークポリマーが得られることが確認された。

しかしながら筆者らが用いたメソゲン骨格構造中にはシッフ塩基が含まれることから，耐薬品性に劣るものと考えられる[20]。そこで，シッフ塩基を含まないターフェニル型メソゲン骨格エポキシを合成した。表３にターフェニル型メソゲン骨格エポキシ樹脂から調製した各硬化物の液晶相形態と熱伝導性の関係を示す。先に述べた系と同様に，等方相硬化物と比べポリドメイン液晶

表3　ターフェニル型エポキシ樹脂硬化物の熱伝導率

測定方向	等方相	ポリドメイン		一軸配向（Magnetic field：1T）	
		ネマチック相	スメクチック相	ネマチック相	スメクチック相
熱拡散率（$\times 10^{-5} cm^2/s$）	184	215	201	397	464
密度（g/cm^3）	1.12	1.15	1.20	1.17	1.22
比熱（J/g・k）	1.13	1.12	1.19	1.19	1.20
熱伝導率（W/m・K）	0.23	0.28	0.29	0.55	0.68

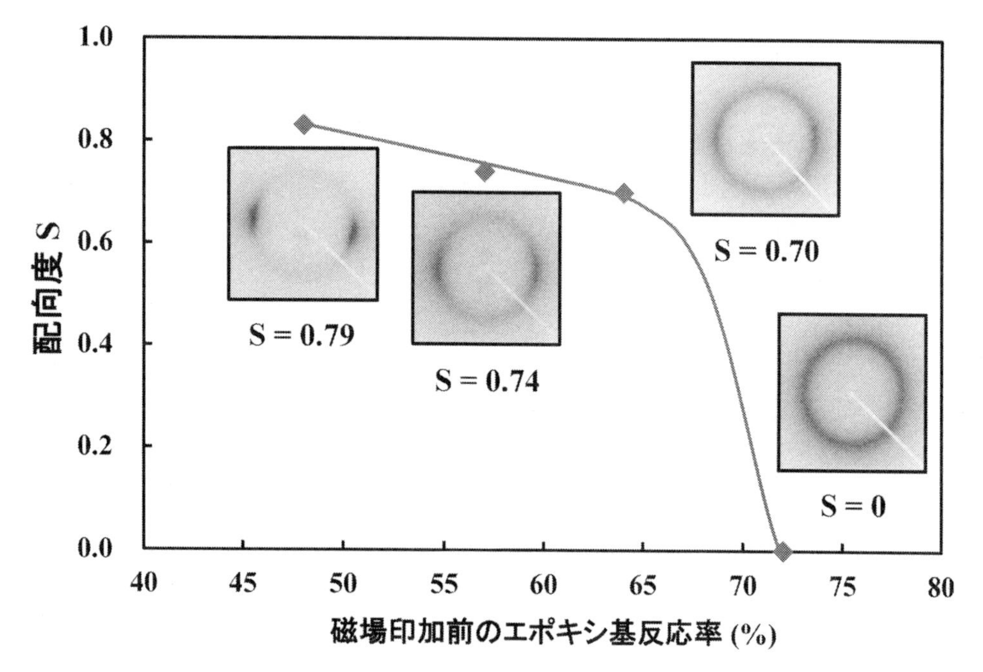

図3　ターフェニル型エポキシ樹脂の磁場印加前のエポキシ基反応率と完全硬化物の配向度の関係（硬化温度170℃）

硬化物の熱伝導率は向上する傾向を示した[21]。また，液晶相の構造がネマチック相よりも規則性の高いスメクチック相に変化することで，その増加傾向がより顕著であった。しかしながら系全体のメソゲン濃度が低いこともあり，熱伝導率の値自体は従来のシッフ塩基を含む硬化系に比べて若干低くなった。さらに，硬化反応率が磁場配向性に及ぼす影響について検討した。通常は，硬化反応の初期段階から磁場中で硬化反応を行っているが，磁場中に導入前のエポキシ基反応率が65％を超えることで配向度は0となり，1Tの条件では異方配向しないことが示された（図3)。硬化反応の進行に伴う分子量の増大とゲル化の進行により，硬化系の粘度が著しく増加したことが要因と推察される。

4　低融点型液晶性エポキシ樹脂の熱伝導性

初めにも述べたように，液晶性エポキシ樹脂は一般に高融点である。そこで，ターフェニル構造の一部を変化させたジフェニルシクロヘキセン型エポキシ樹脂（DGEDPC）を合成した[22]。その結果，ターフェニル型エポキシ樹脂（DGETP-Me）の融点（176℃）に比べ，大幅な融点降下が確認された。これによって，比較的低い硬化温度を設定できるため，従来の問題点であった高温硬化によるゲル化の速さを改善できるものと考えられる。また，95℃から174℃ではスメクチック A 相，199℃まではネマチック相が確認され，約 100℃もの幅広い液晶相温度範囲を有することが分かった。芳香族アミンを用いて硬化したジフェニルシクロヘキセン型エポキシ樹脂の熱伝導率（表 4）は，無磁場硬化のスメクチックポリドメイン硬化物では熱伝導率は 0.39 W/m・K となり，汎用のエポキシ樹脂の値（0.2 W/m・K）に比べ 2 倍ほどの高い値を示した。さらに磁場印加しながら硬化したスメクチック一軸配向硬化物では，配向方向で高熱伝導率が確認された。この系では配向度は 0.79 となっており，高配向した網目鎖の共有結合方向で熱伝達効率が高いことを示すものと考えられる。

表 4　低融点型液晶性エポキシ樹脂 DGEDPC/DDM 系の熱伝導率

液晶相構造（スメクチック相）	ポリドメイン配向（無磁場）	一軸配向（1T） 垂直方向	一軸配向（1T） 平行方向
熱拡散率（$\times 10^{-5}$cm^2/s）	257 ± 27.4	244 ± 15.1	578 ± 12.2
密度（g/cm^3）	1.225 ± 0.01	1.234 ± 0.01※	1.234 ± 0.01※
比熱（J/g・K）	1.24 ± 0.02	1.24 ± 0.02※	1.24 ± 0.02※
熱伝導率（W/m・K）	0.39 ± 0.07	0.38 ± 0.05	0.89 ± 0.05

※密度と比熱はバルク硬化物を用いて測定

5　配列構造形成を利用した高熱伝導コンポジットの調製

エポキシ樹脂単独での高熱伝導化について述べてきたが，実用的な熱伝導率を得るためには Al_2O_3 や BN などの高熱伝導性フィラーによるコンポジット化が必須である。十分な熱伝導率を得るためには，主に熱伝達を担うフィラーの熱伝達パスの形成が必須となり，一般的にはフィラーを大量（70 vol%以上）に充填する方法が行われているが，粘度上昇や系の脆化が問題となる。そのため，最近では，系内に効率的にフィラーを配置することで，低含有量での熱伝導パスを形成させ，高熱伝導性コンポジット化するための研究が多くなされている。He らは，エポキシ樹脂を若干反応させたものを粉砕し，Si_3N_4 と混合硬化することによって，マトリックス中に網目のようにフィラー連続相を形成させたコンポジットが低含有量で高熱伝導を示すことを報告している[23]。

一方，筆者らは液晶性エポキシ樹脂の自己組織化を利用してドメイン形成させ，この際に発生する駆動力によって BN フィラーをドメイン外に排除した構造を形成できることを明らかにした[24]。フィラー充填量の増加に伴う熱伝導率を評価したところ，等方相系では熱伝導率が直線的に増加したのに対し，液晶相硬化系では 18 vol％付近から急激な増加傾向を示した。35 vol％BN 充填系においては，等方相系が 1.5 W/m・K であったのに対し，液晶相系は 2.2 W/m・K と約 1.5 倍高い熱伝導率を示した。マトリックスのドメイン形成によって，ドメイン間に排除された BN フィラーの連続相が生じやすくなったことが大きく寄与しているものと考えられる。これらのことから，マトリックスに液晶相硬化物を用いることで，メソゲン基の自己組織化によるドメイン形成時の駆動力が働き，ドメイン外にフィラーを配置した構造が形成された。これによって，フィラーによる熱伝達パスが生じやすくなり，等方相硬化系に比べ，液晶相硬化系は優れた熱伝導性を示したと考えられる。

また，ターフェニル骨格エポキシ / BN コンポジット系においても，同様の現象が確認されており[25]，ネマチック相硬化系においては BN フィラー充填の増加に伴って著しい熱伝導率の向上が達成された（図 4）。このようなコンポジットの調製過程において磁場印加（1 T）を併用した系を調製した（表 5）。その結果，フィラー少量添加（10～20 wt％）においては，磁場印加によっ

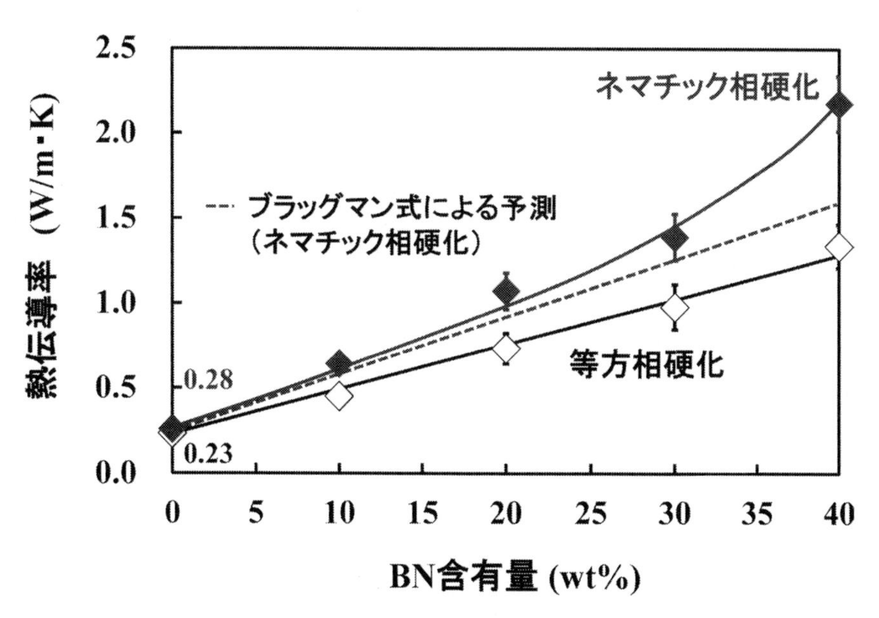

図 4　ターフェニル型エポキシ/BN コンポジットの熱伝導率変化

表5　ターフェニル型エポキシ/BN コンポジットの磁場配向による熱伝導率変化と配向度

BN 充填量（ネマチック相硬化系）	磁場印加なし	磁場印加（1T）（磁場方向測定）	配向度	
	熱伝導率（W/m・K）		$S_{mesogen}$	S_{BN}
10 wt%	0.64±0.06	0.75±0.05	0.64	0.53
20 wt%	1.07±0.09	1.13±0.10	0.43	0.28
30 wt%	1.39±0.12	1.36±0.13	0	0
40 wt%	2.18±0.16	2.18±0.12	0	0

てメソゲン骨格のエポキシマトリックスとBNフィラー両者の磁場配向が認められた。しかしながら，マトリックスおよびフィラーの配向度はフィラー充填量の増加に伴って低下傾向を示し，30 wt%充填系では巨視的な異方配向は達成されなかった。フィラー充填量の増加によってコンポジットの粘度上昇が生じることで，磁場応答性が低下したものと考えられる。

文　献

1) エポキシ樹脂技術協会，総説エポキシ樹脂基礎編Ⅰ・Ⅱ（2003）
2) A. Shiota & C. Ober, *Polymer*, **38**, 5857 (1997)
3) W. Mormann *et al.*, *Macromol. Chem. Phys.*, **198**, 3615 (1997)
4) W. Liu & C. Carfagna, *Macromol. Rapid Commun.*, **22**, 1058 (2001)
5) H. J. Sue *et al.*, *J. Mater. Sci.*, **32**, 4039 (1997)
6) G. Barklay *et al.*, *J. Polym. Sci. Part B: Polym. Phys.*, **30**, 1831 (1992)
7) M. Harada *et al.*, *J. Polym. Sci. Part B: Polym. Phys.*, **42**, 4044 (2004)
8) M. Harada *et al.*, *J. Polym. Sci. Part B: Polym. Phys.*, **43**, 1296 (2005)
9) C. Ortiz *et al.*, *Macromolecules*, **31**, 4074 (1998)
10) C. Carfagna *et al.*, *Macromol. Symp.*, **148**, 197 (1999)
11) M. Harada *et al.*, *J. Polym. Sci. Part B: Polym. Phys.*, **48**, 2337 (2010)
12) M. Harada *et al.*, *J. Polym. Sci. Part B: Polym. Phys.*, **41**, 1739 (2003)
13) M. Akatsuka & Y. Takezawa, *J. Appl. Polym. Sci.*, **89**, 2464 (2003)
14) B. Benicewicz *et al.*, *Macromolecules*, **31**, 4730 (1998)
15) D. Ribera *et al.*, *J. Polym. Sci. Part A: Polym. Chem.*, **40**, 3916 (2002)
16) 原田美由紀ほか，ネットワークポリマー，**26**, 91 (2005)

17) M. Harada *et al.*, *J. Polym. Sci. Part B: Polym. Phys.*, **42**, 758 (2004)
18) M. Harada *et al.*, *J. Polym. Sci. Part B: Polym. Phys.*, **44**, 1406 (2006)
19) J. A. Dean, Lange's Handbook of Chemistry, 15th ed., McGraw-Hill (1999)
20) M. Harada *et al.*, *J. Appl. Polym. Sci.*, **132**, 41296 (2015)
21) 原田美由紀ほか，第58回高分子討論会予稿集，5551 (2009)
22) 原田美由紀ほか，第22回マイクロエレクトロニクスシンポジウム論文集，105 (2012)
23) H. He *et al.*, *J. Electron. Packaging*, **129**, 469 (2007)
24) M. Harada *et al.*, *Compos. Part B: Eng.*, **55**, 306 (2013)
25) 原田美由紀ほか，第60回高分子討論会予稿集，5487 (2011)

第2章　ベンゾオキサゾール基含有サーモトロピック液晶性ポリマー

長谷川匡俊*

1　電気絶縁性・高熱伝導性樹脂材料の必要性

近年，電子・光学機器の小型化，高性能化に伴い，各種半導体素子から発生する熱の放熱が重要な課題になっている。例えば電子基板上に実装された集積回路（図1）では，発熱量が非常に多い場合，上側への放熱経路即ち，素子の封止樹脂面から放熱シートを介してアルミニウム製ヒートシンクへ効率的に放熱することができる。その際放熱シートは電気絶縁性である必要はないため，放熱シート材中に高熱伝導性の金属または無機フィラーを配合して熱伝導率を高める方法が採用できる。また，素子からの熱を熱伝導率が極めて高い銅配線を介して基板側へ放熱する経路も効果的である。その場合素子と基板との間に挿入する放熱材料には，回路の電気的ショートを避けるために電気絶縁性が求められ，さらに加工性，柔軟性および接着機能も必要となる。よって放熱材料として元来電気絶縁性で柔軟性，加工性に優れた有機高分子（樹脂）材料が必然的に選択されることになるが，樹脂材料は金属とは異なり自由電子を持たないため，熱に対しても通常は絶縁性である。このように電気絶縁性と熱伝導性を併せ持つ高分子材料を得ることは原理的に容易ではない。

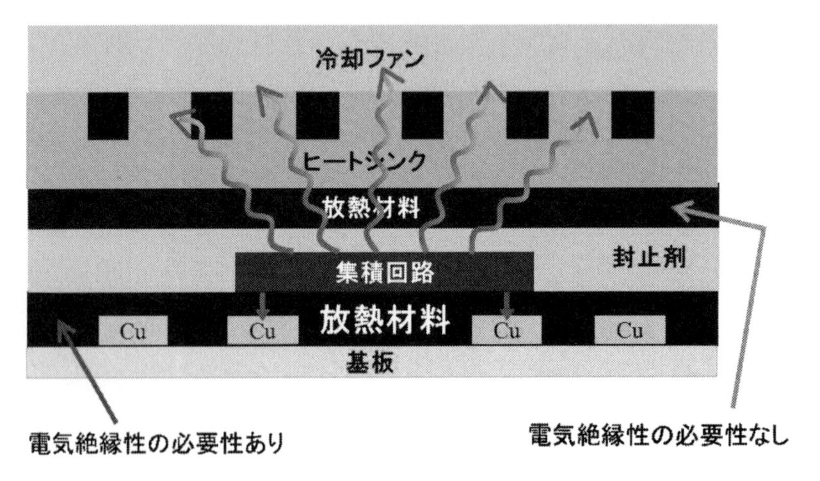

図1　基板上に実装された集積回路と放熱経路の模式図

*　Masatoshi Hasegawa　東邦大学　理学部　化学科　教授

電気絶縁性を確保しながら，熱伝導性を高めるための方策として，樹脂より熱伝導率の高い電気絶縁性無機フィラー（例えばアルミナ等のセラミックス粒子）を樹脂中に分散させる方法が一般的である。その際，樹脂中にフィラーを完全に均一分散させる必要は特にない。むしろ適度に凝集してフィラーが連結している方が熱伝導率の点では好ましい。放熱層の光学的透明性も必要ないので，フィラーとしてナノ粒子を用いる必然性も特にないことから，この方法は非常に簡便である。フィラー／樹脂複合フィルムの熱伝導率を高める方法として，熱伝導率のできるだけ高いフィラーの選択，フィラーの形状制御，フィラー含有率の増加および熱伝導率のできるだけ高いマトリックス樹脂の選択が挙げられる。この場合，窒化ホウ素，窒化アルミニウム，窒化ケイ素等の高熱伝導性無機フィラーを用いたとしても，マトリックス材として熱伝導率の低い一般の樹脂材料（熱伝導率 $\lambda = 0.1 \sim 0.2\ \mathrm{W\ m^{-1}\ K^{-1}}$）を用いるのであれば，熱伝導率改善効果は期待したほど顕著でないことが知られている[1)]。これらの高熱伝導性フィラーは高価であるため，製造コストの観点から実用的なフィラーはアルミナかシリカにほぼ限られる。またフィラーをあまりにも高充填しすぎると，フィラー／樹脂複合フィルムが急激に脆弱になるばかりか，フィラーがマトリックス樹脂から脱落して電子デバイスを汚染する恐れもある。一方，連続相であるマトリックス樹脂自身の熱伝導率を高める方策は，熱伝導率のより高いフィラーを選択する方法よりも，熱伝導率を向上するのにずっと有効である[1)]。この観点から，マトリックス材自身の熱伝導率を高める検討がなされている[2)]。

自由電子を持たない樹脂材料ではセラミックス材料と同様に，格子振動（フォノン）によって熱が伝わると考えられている。殆どの合成樹脂は低結晶性か非晶性であり，熱伝導率 λ は $0.1 \sim 0.2\ \mathrm{W\ m^{-1}\ K^{-1}}$ の低い値に留まっている。一方，高密度ポリエチレン（HDPE）は樹脂材料の中で最も結晶性の高いものの一つであり，実際に非晶性高分子材料よりは明らかに高い熱伝導率を示す。HDPE の密度即ち結晶化度の増加に伴って熱伝導率も増加する[3)]。このように熱伝導は結晶のように秩序の高い相において有利となることから，液晶相においても非晶相より熱伝導が有利になることが期待される。また PE フィルムの一軸延伸倍率の増加と共に，延伸方向に沿った方向の熱伝導率は増加し，逆に延伸方向と垂直方向の熱伝導率は減少する[4～6)]。即ち高分子主鎖に沿った方向への熱伝導の方が，高分子鎖間の熱伝導よりもずっと有利である。この結果は，電場[7)]，磁場[8～10)]あるいは機械的流動場を印加して，当初ランダム配向であった結晶や液晶ドメインを一定方向，例えば膜厚方向（z 方向）に揃えることで，膜厚方向の熱伝導率を飛躍的に高められることを示唆している。高分子繊維は高分子フィルムとは異なり，高分子鎖を一定方向に最大限配向させやすく，結晶化度を高めるのに最も適した形態である。そのため，高分子繊維の延伸方向に沿った熱伝導率は，その高分子系における最大値となると推測されるので，各種高分子繊維の繊維方向熱伝導率を比較することで，熱伝導性に有利な化学構造についての情報を把握することは可能である。

2 ポリベンゾオキサゾール（PBO）繊維の熱伝導性と放熱フィルムへの適用の可能性

Wangら[11]は，高密度ポリエチレン（HDPE），パラフェニレンテレフタラミド（PPTA, Kevlar），PBO（東洋紡，Zylon），ポリベンゾチアゾール（PBT）等の各種有機高分子繊維をエポキシ樹脂マトリックス材中で一定方向へ並べ，ミクロトームで繊維方向と垂直方向にスライスして薄片を作製し，繊維方向の熱伝導率を評価・比較した。その結果，PBO繊維（Zylon HM）は群を抜いて高い熱伝導率（$\lambda = 23\ \mathrm{W\,m^{-1}\,K^{-1}}$）を示した（図2）。しかしながら，PBO繊維をZ方向に揃えた薄片物は熱伝導性に優れるものの，製造工程が煩雑でかつ有害な繊維状ダスト発生の問題があり，大量生産には不向きである。上記の各種繊維は全て極めて結晶性が高いことを考えると，図2に見られる顕著な熱伝導率の繊維種依存性は，結晶化度の違いによるものであるとは結論付けにくく，まだよくわかっていないが，熱伝導性にとって有利な何らかの分子構造因子が存在する可能性がある。そこで筆者らは，熱伝導性に有利な分子構造がPBO中に含まれているかもしれないとの期待から，まずPBOのフィルム化を検討した。

Zylonと同じ化学組成を有するPBOは，4,6-ジアミノレゾルシノール二塩酸塩（DAR）とテレフタル酸（TPA）よりポリリン酸（PPA）中で高温重縮合することで，PBOのPPA溶液として得ることができる[12]。しかしながら，PPAが不揮発性であるために，この塗膜を水中に浸漬して凝結させることはできるものの，溶媒をゆっくり揮発させる通常の溶液キャスト法が適用できないため，均質で緻密なDAR/TPA系PBOフィルムを得るのは困難であった。一方，PBOの前駆体（ポリヒドロキシアミド：PHA）はしばしばアミド系溶媒に可溶であるので，ポリイ

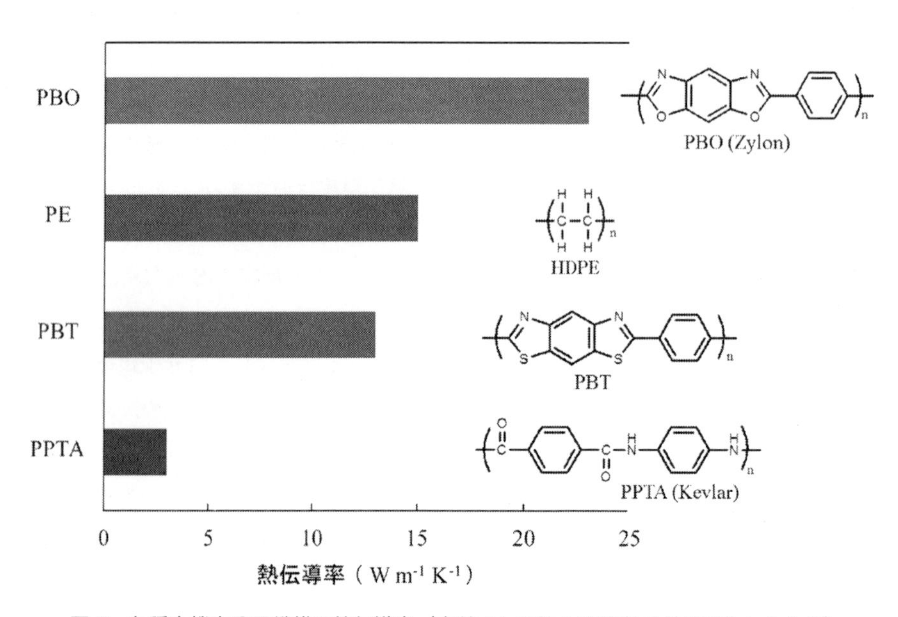

図2　各種有機高分子繊維の熱伝導率（文献11の値より筆者がグラフ化したもの）

ミド（PI）系のように，前駆体ワニスをキャスト製膜しておき，これを加熱脱水環化反応させてフィルムを形成する二段階法が適用可能である。二段階法を経てPBOフィルムを得る実用例として今のところ，PHA膜中に感光剤を分散させて光微細加工性を付与した半導体素子の保護膜用途に限られている[13,14]。実験室的には，PHAを嵩高いアルキルシリル基で修飾することで[15]，元々溶媒には殆ど不溶な剛直なPHA系に溶解性を付与し，キャスト製膜＋加熱脱水閉環工程を経て剛直な主鎖構造のPBOフィルムを形成する方法が提案されている[16,17]。剛直な骨格構造のPBO系は，結晶化等の秩序構造形成の観点から熱伝導性に有利であるようにも思えるが，二段階法で得られたPBOフィルムは，PHA段階での非晶性をひきずって大抵殆どアモルファスであり，熱環化によりPBOに変換されるともはや分子運動性に乏しすぎて熱処理による主鎖の再配列（結晶化）も期待薄である。さらに剛直PBO系では，主鎖がフィルム面方向（XY方向）に沿って高度に配向（面内配向）するため，かなり低いXY方向線熱膨張係数（CTE）を示すが[16]，PBO主鎖の高度な面内配向はZ方向熱伝導率を下げる結果を招く。同様な状況が低熱膨張性PI系にも見られる。一方，PBOに嵩高い側鎖や主鎖中に折れ曲がり構造・非対称構造を導入することで，PBO自体の溶媒溶解性を高め，均一なPBOワニスから通常の溶液キャスト法により均質で緻密なPBOフィルムを得ることができる[18～23]。しかしながらこのアプローチはPBOの結晶化や液晶様秩序構造の形成を著しく妨げるため，熱伝導率を高める観点からはあまり得策ではない。そこで筆者らはサーモトロピック液晶性を示すPBO系を検討した。以下に検討結果の一部を紹介する。

3　ベンゾオキサゾール（BO）基を含む高分子系

3.1　長鎖アルキレン基含有PBO[10]

図3に筆者らが検討した長鎖アルキレン基含有PBO（エーテル結合型およびエステル結合型）の分子構造とその合成経路を示す。まず図4に示すようなモデル化合物のサーモトロピック液晶性を調査したところ，出発原料であるビス(*o*-アミノフェノール)（BAPh）の顕著な異性体効果が見られ，BAPhとして3,3′-Diamino-4,4′-dihydroxybiphenyl（*m*-HAB）を用いた場合には，エーテル結合型およびエステル結合型共に液晶性が見られたが，BAPhとして*m*-HABの異性体である，4,4′-Diamino-3,3′-dihydroxybiphenyl（*p*-HAB）を用いると，液晶性は見られなかった。これらのBO基含有モデル化合物異性体の分子形状は非常によく似ていることからすれば，このような顕著な異性体効果は予想に反する結果であり，その詳細なメカニズムはわかっていない。また，偏光顕微鏡（POM）観察からは，エーテル結合型モデル化合物の方がエステル結合型モデルよりも液晶組織が明瞭であった。この理由として，エーテル結合型の方がエステル結合型よりも屈曲部の運動性が高く，これに伴いメソゲンと屈曲部のバランスがよくなり，液晶転移温度もより低くなって液晶相がより安定化したことが一因として考えられる。

一方，対応する高分子量体では，表1に示すように，モデル化合物同様，BAPhモノマーとし

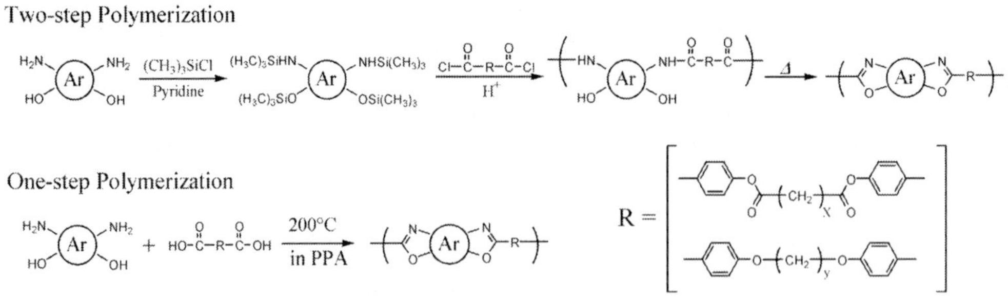

Two-step Polymerization

H_2N, NH_2, HO, OH (Ar) —$(CH_3)_3SiCl$ / Pyridine→ $(H_3C)_3SiHN$, $NHSi(CH_3)_3$, $(H_3C)_3SiO$, $OSi(CH_3)_3$ (Ar) —Cl–C(=O)–R–C(=O)–Cl / H^+→ —[HN (Ar) NH–C(=O)–R–C(=O)]— (HO, OH) —Δ→ —[(Ar) bis-oxazole (N, O) –R]—

One-step Polymerization

H_2N, NH_2, HO, OH (Ar) + HO–C(=O)–R–C(=O)–OH —200°C / in PPA→ —[(Ar) bis-oxazole (N, O) –R]—

R = [–Ph–O–C(=O)–$(CH_2)_x$–C(=O)–O–Ph– ; –Ph–O–$(CH_2)_y$–O–Ph–]

図3　長鎖アルキレン基含有 PBO の分子構造と重合反応スキーム

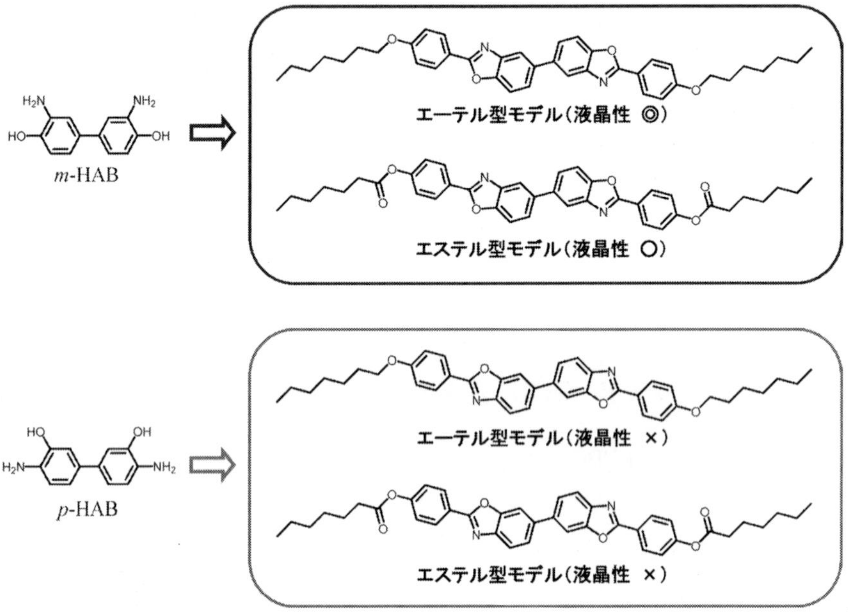

H_2N, NH_2, HO, OH

m-HAB

エーテル型モデル（液晶性 ◎）

エステル型モデル（液晶性 ○）

HO, OH, H_2N, NH_2

p-HAB

エーテル型モデル（液晶性 ×）

エステル型モデル（液晶性 ×）

図4　長鎖アルキレン基含有 PBO モデル化合物の液晶性に対する異性体効果[10)]

表1　長鎖アルキレン基含有 PBO の溶融流動性，液晶形成能および膜靱性[10)]

系	η_{red}(PHA) (dL/g)	溶融流動性 (on POM)	光学異方性 組織の発現性	フィルムの可撓性
C_6-ester	2.53	×	×	○
C_9-ester	0.54	△	△	△
C_{10}-ester	0.97	◎	○	△
C_9-ether	0.58	×	×	○
C_{10}-ether	1.38	×	×	◎

表2　長鎖アルキレン基含有 PBO の膜物性[10]

系	Solubility in NMP	T_g (℃)	T_d^5 in N_2 (℃)	E (GPa)	σ_b (GPa)	ε_b (%)	λ(0 T) (W m^{-1} K^{-1})	λ(10 T) (W m^{-1} K^{-1})
C_{10}-ester	○	149	360	2.30	0.055	6.5	0.36	1.79
C_{10}-ether	○	110	450	3.12	0.128	86.2	0.27	0.38

T_g：ガラス転移温度，T_d^5：5％重量減少温度，E：引張弾性率，σ_b：破断強度，ε_b：破断伸び，λ：z 方向熱伝導率

て *p*-HAB を使用すると液晶性が全く見られなかった。また，*m*-HAB を用いた場合であっても，非常に限られた条件即ち，屈曲部において X＝8 である C_{10}-エステル型 PBO 系のみ溶融流動性を示し，サーモトロピック液晶性を示した。この結果は，上記のモデル化合物の結果（エーテル結合型の方が液晶形成に有利）から予想されたものとは異なっていた。表2にエステル結合型とエーテル結合型 PBO の膜物性を示す。同じ炭素数の屈曲性基同士で比べると，エーテル結合型の方がエステル結合型より膜靭性に優れていた。しかしながら分子運動性に基づく予想に反し，例えば C_9-エーテル型と C_9-エステル型を比較すると，両者はほぼ同じ還元粘度（分子量）であるにも関わらず，後者の方が溶融流動性に優れていた。これらの長鎖アルキレン基含有 PBO フィルムについて，ヒーター内蔵超伝導磁石を用いて液晶状態に保持したまま 10 T の強磁場を印加し，一定時間保持した後，磁場中で室温まで徐冷することにより磁場配向を行った。その結果，C_{10}-エステル結合型のみ顕著な磁場配向効果が見られ，フィラー無添加樹脂としてはかなり高い z 方向熱伝導率（1.79 W m^{-1} K^{-1}）を示した（表2）。

しかしながらこの液晶性 PBO 系の製造工程はかなり煩雑である。また溶融粘度や液晶転移温度が高くなる傾向があり，その点で液晶形成に不利である。また特別な装置を必要とする磁場配向はできれば避けたいところであり，実装部品では磁場配向はしばしば適用不可である。

3.2　BO 基をペンダントしたポリメタクリレート（側鎖型 PBO）[26,27]

上記の主鎖型液晶性 PBO では図5に模式的に示すように，メソゲンの両端が主鎖中に結合した構造を有しているため，十分な分子運動性即ち溶融流動性が得られにくい状況にある。そのため主鎖型 PBO 系で高い液晶性を発現させるには，屈曲部側にジメチルシロキサン等の極めて分子運動性の高いユニットを導入してポリマー鎖全体の分子運動性を確保する等の工夫が必要である[24,25]。これに対して側鎖型では，メソゲンの一端は分子運動の制約をあまり受けない状態にあり，メソゲン基の分子運動性（流動性・液晶形成能）の観点から，側鎖型は主鎖型よりはるかに有利であると期待される。

そこで筆者らは，BO 基含有メソゲン（BO-M）をペンダントしたポリメタクリレート系（図6）を検討した。図中，X および Y は連結基，R は長鎖アルキル基を示す。モノマーの段階で DSC 測定と POM 観察を行ったところ，昇温過程では 133.2℃に融点が見られ，133.7～138.9℃の狭い温度範囲で光学異方性組織が観察された。一方，降温過程においても，132.7～135.7℃の狭い温

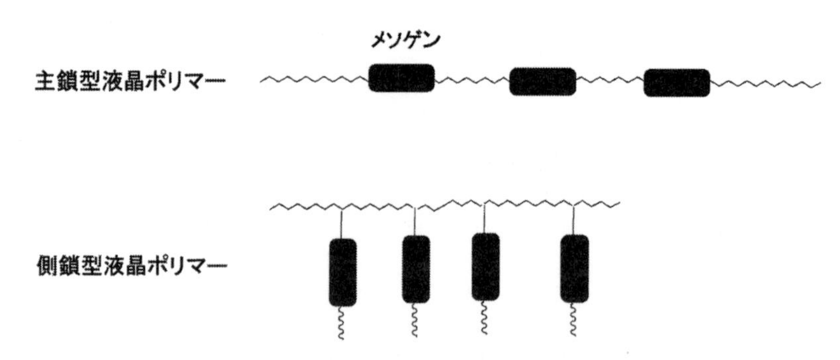

図5　主鎖型および側鎖型液晶ポリマー構造の模式図

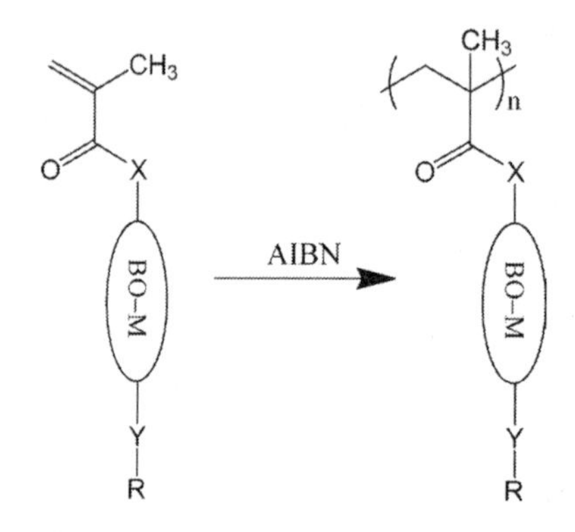

図6　BO 基含有メソゲン（BO-M）をペンダントした
メタクリレートモノマーのラジカル重合[26,27]

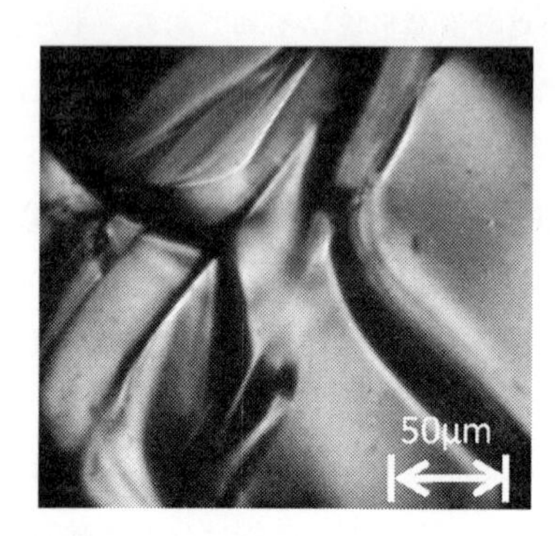

図7　BO 基含有メソゲンをペンダントしたメタクリレート
ポリマーフィルムの POM 写真（@204℃）[26,27]

度範囲で同様な光学異方性組織が観察された。AIBN を開始剤としてトルエン中，70℃で 10 時間ラジカル重合して得られた側鎖型 PBO の重量平均分子量は 110,000 であった。POM 観察では昇温過程において 150℃付近で流動性が現れ，193.5～223.2℃の範囲で液晶組織（図7）が観察さ

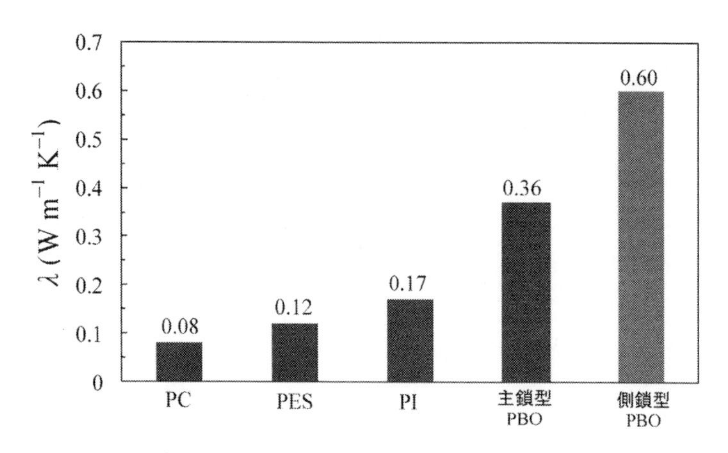

図8　側鎖型および主鎖型液晶性 PBO フィルムの z 方向熱伝導率（磁場配向処理無し）

れた。一方降温過程では 184.6～205.8℃で液晶組織が観察された[26, 27]。

この側鎖型 BO 基含有ポリマーをトルエンに溶解してキャスト製膜したものを，ブロックヒーターに挿入し，これを所定の温度で 10 分間保持して液晶状態にした後，瞬時に水中に投入・急冷して，室温で液晶構造が固定化されたフィルム（frozed LC state）を作製し，熱拡散率 α（温度波分析法，ai-Phase Mobile 1u）を測定した。また浮沈法によりフィルム試料の密度（ρ），DSC より比熱（C_P）を測定し，フィラーを含まない樹脂自身の Z 方向熱伝導率（$\lambda = \alpha \cdot C_P \cdot \rho$）を求めた。他のポリマー系と比較した結果を図8に示す。ポリカーボネート（PC），ポリエーテルスルホン（PES）および PI フィルム（宇部興産，Uplilex-S）の Z 方向熱伝導率は 0.1～0.17 $W\,m^{-1}\,K^{-1}$ の範囲であり，低いレベルであった。また，以前筆者らが検討した主鎖型 PBO（frozed LC state，磁場なし）はこれらのおよそ2倍の Z 方向熱伝導率を示したが[10]，それほど高レベルではなかった。一方，上記の側鎖型液晶性 PBO フィルム（225℃から急冷）は他の高分子系に比べると明らかに高い Z 方向熱伝導率を発現することがわかった。液晶相形成＋急冷固定化処理を行わない場合，この系は一般の高分子と同レベルの低熱伝導率を示したことから，側鎖型 PBO の高い熱伝導率にはその液晶構造が大きく寄与していると考えられる[26, 27]。

3. 3　BO 基含有ジアミンとビスエポキシドの熱硬化物[28]

熱硬化する前の段階で液晶相を形成しうる熱硬化性樹脂では，熱硬化前は元来低分子量体であるためにメソゲンの束縛が弱く，液晶形成温度のさらなる低下と液晶化度の増加が期待されるので，もし液晶形成状態で熱硬化させることができれば，frozen LC state を固定化した熱硬化物を得ることが可能となる。

まず第一段階として，このジアミンの両末端に二重結合を含むナジック酸無水物を反応させて，BO 基含有ビスナジイミドを合成した。この化合物は 225.4～237.4℃の狭い温度範囲で流動性のある光学異方性組織を示したが，その熱硬化物は光学的に等方性であった。これはこのビスナジイミドの熱硬化開始温度が330℃と高く，熱硬化温度域（T_{cure}）と液晶相が保持される温度域（T_{LC}）とが離れすぎていたために，熱硬化可能な温度では液晶相が完全に消滅してしまうという事情によるものである。このように T_{cure} と T_{LC} ができるだけ近接する必要性が浮き彫りになった。

一方，ビスエポキシドとジアミンの熱硬化反応はビスナジイミドの自己熱硬化反応よりもずっと低温領域で開始するように設計することが可能である。筆者らは，中央部に屈曲基を有するBO基含有ジアミン（図9）を合成した。このジアミンは昇温過程において，198.4～203.8℃の温度範囲で流動性のある光学異方性組織を発現した。また，ある剛直な構造を有するビスエポキシドを合成して液晶性を調べたところ，昇温過程において205.1～217.6℃の温度範囲で液晶相を示した。この液晶性ビスエポキシドと上記BO基含有液晶性ジアミンの混合物（モル比2/1）のDSC曲線およびPOM写真を図10に示す。BO基含有ジアミンおよび液晶性ビスエポキシドそれぞれの融点よりも低い温度で吸熱ピーク（168.2℃）が見られ，融点降下が起こっていることから，熱硬化前の状態ですでにBO基含有ジアミンと液晶性ビスエポキシドが良く混合されていることが示唆された。この混合物は融解直後に171.6～186.0℃の温度範囲でシュリーレン組織を

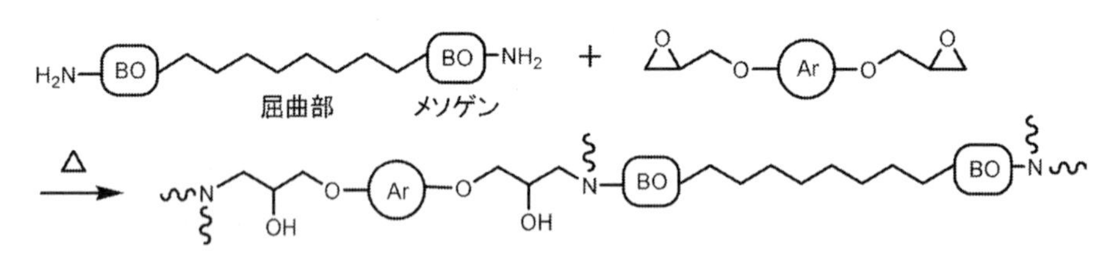

図9　BO基含有ジアミン，ビスエポキシドおよびその熱硬化物[28]

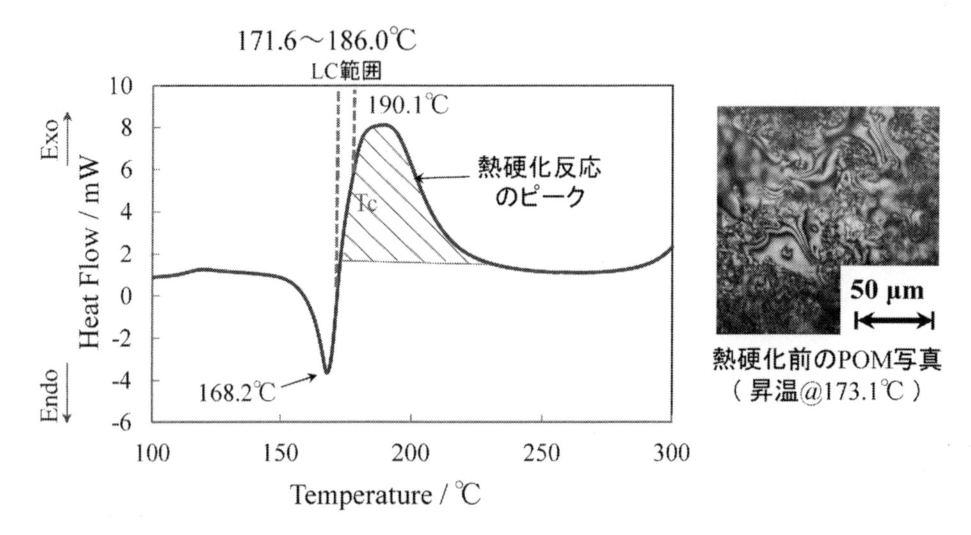

図10　液晶性ビスエポキシド／BO基含有液晶性ジアミン混合物のDSC曲線とPOM写真[28]

示し（図10，POM写真），それと同時に硬化反応（発熱ピーク）の開始が観測された。このように T_{cure} と T_{LC} を近接させることが可能であった。この熱硬化物（外場無し）は一般の高分子系のフィルムや液晶構造を固定できなかった汎用のエポキシ樹脂熱硬化物に比べるとやや高い熱伝導率を示し，液晶構造固定化の一定の効果は見られたものの，熱伝導率の劇的な向上とまではいかなかった。熱硬化温度プログラムを最適化することで，伸び代はあるように思われる。一方，この系をz方向へ電場印加したところ，z方向熱伝導率が0.488 W m^{-1} K^{-1} まで増加し，電場配向の効果が見られた[28]。

4　液晶性エポキシ樹脂に残された問題と課題

汎用のビスフェノールA型ビスエポキシドは，室温で適度な粘性を有する液体であり，これに硬化剤（液状または粉末状）を混合後，接合箇所にポッティング可能である。また液状なので無機フィラーも混合しやすい。しかしながら，熱硬化前のビスエポキシドや硬化剤に液晶性を発現させるべくメソゲン基を導入すると，分子間力が強くなり液状を維持できなくなってポッティングが困難になり，エポキシ樹脂の利点が失われてしまう。ビスエポキシドが液状のままで熱硬化後に液晶構造を固定化できる系は今のところ知られていない。もしそのような特徴を持つエポキシ樹脂を開発することができれば，従来にない非常に有用な材料となるに違いない。

謝辞

本稿で紹介した，長鎖アルキレン基含有PBO，側鎖型PBOおよびBO基含有エポキシ樹脂の研究の一部は文部科学省私立大学戦略的研究基盤形成支援事業助成（2012～2017年）により実施されたものである。エポキシ樹脂の合成では，阪本薬品工業㈱ 浅田栄司氏，中野和典氏にご指導いただきお礼申し上げます。

文　献

1)　金成克彦，高分子，**26**, 557 (1977)
2)　竹澤由高，ネットワークポリマー，**31**, 134 (2010)
3)　D. Hansen & G. A. Bernier, *Polym. Eng. Sci.*, **12**, 204 (1972)
4)　C. L. Choy *et al.*, *Polymer*, **19**, 155 (1978)
5)　C. L. Choy & K. Young, *Polymer*, **18**, 769 (1977)
6)　C. L. Choy *et al.*, *J. Polym. Sci. Polym. Part B*, **23**, 1495 (1985)
7)　A. Shiota & C. K. Ober, *Macromolecules*, **30**, 4278 (1997)
8)　B. C. Benicewicz *et al.*, *Macromolecules*, **31**, 4730 (1998)
9)　M. Harada *et al.*, *J. Polym. Sci. Part B*, **41**, 1739 (2003)

10) M. Hasegawa *et al., Polym. Int.*, **60**, 1240 (2011)
11) X. Wang *et al., Macromolecules*, **46**, 4937 (2013)
12) Y. Imai *et al., Makromol. Chem.*, **83**, 167 (1965)
13) H. Makabe *et al., J. Photopolym. Sci. Technol.*, **10**, 307 (1997)
14) K. Fukukawa & M. Ueda, *Polym. J.*, **38**, 405 (2006)
15) Y. Maruyama *et al., Macromolecules*, **21**, 2305 (1988)
16) M. Hasegawa *et al., J. Photopolym. Sci. Technol.*, **17**, 253 (2004)
17) T. Fukumaru *et al., Macromolecules*, **45**, 4247 (2012)
18) Y. Imai *et al., J. Polym. Sci. Part A*, **40**, 2656 (2002)
19) S. H. Hsiao & J. H. Chiou, *J. Polym. Sci. Part A*, **39**, 2262 (2001)
20) J. G. Hilborn *et al., Macromolecules*, **23**, 2854 (1990)
21) J. G. Smith Jr. *et al., Polymer*, **33**, 1742 (1992)
22) T. Miyazaki & M. Hasegawa, *High Perform. Polym.*, **19**, 243 (2007)
23) T. Miyazaki & M. Hasegawa, *High Perform. Polym.*, **21**, 219 (2009)
24) 長谷川匡俊ほか，第63回高分子討論会予稿集，**63**, 2799 (2014)
25) 井上崇子ほか，ポリイミド・芳香族高分子　最近の進歩2014，繊維工業技術振興会，p. 152 (2014)
26) 永井俊次郎ほか，第63回高分子学会予稿集，**63**, 2781 (2014)
27) 永井俊次郎ほか，ポリイミド・芳香族高分子　最近の進歩2015, 繊維工業技術振興会，p. 178 (2015)
28) 長谷川匡俊ほか，第65回高分子学会予稿集，**65**, 3Pd078 (2016)

第3章　断熱材から伝熱材へ ～ナノセルロースの挑戦～

上谷幸治郎[*1]，大山秀子[*2]

1　はじめに

高性能化と小型化が著しい電子デバイスにとって，排熱管理は生命線である。デバイスの心臓部である半導体の集積度はムーアの法則に従って年々増加し[1]，同時に発熱密度も増大する。しかし，排熱性能が追いつかなければデバイスは高温に達し，Heat death と呼ばれる熱暴走や熱破壊などの不具合を引き起こす。正常動作や耐用年数を維持するため，ヒートシンクと呼ばれる多数のフィンが付いた金属の放熱器を熱源に取り付けて熱を大気に逃す放熱対策が現在のところ主流である。この場合，電子回路が乗る基板と放熱部材はそれぞれ独立の部材である。しかし，電子ペーパーや有機ELディスプレイなど次世代のフレキシブル・薄型デバイスでは，嵩高い放熱専用部材を搭載する物理的なスペースがそもそも存在しない。このようなデバイスを効果的に冷却するには，発熱部品が乗る基板そのものに高い熱伝導性を付与し，熱を拡散させるという代替メカニズムが必要となってくる。フレキシブルな基板はこれまで樹脂ベースで作られているが，樹脂の熱伝導率は金属やセラミックに比べて2～3桁低く，樹脂フィルム基板の熱伝導率を向上することが次世代機器を成立させる鍵となっている。

このような冷却機能を有する2次元薄型材料について視野を広げて考えてみると，実は日本の伝統工芸に先人の知恵を見ることができる。

柱影　映りもぞする　油団かな　（虚子）

この高浜虚子の句でよく知られる油団（ゆとん）は，夏に冷感を得る目的で用いられる敷物で，福井県の伝統工芸品（無形民俗文化財）である[2]。和紙を厚く貼り合わせ，えごま油を複合した敷物で，人が座ると汗の吸収・蒸発による気化熱によって熱がよく逃げて夏の暑さが緩和される。この天然のクーラーとも言える油団は，うっかりその上で寝ると風邪をひくと言われるほど効果的である一方で，製作には職人技術による多大な手間が必要であり，現代の実用的な場面では電気製品に取って代わられて久しい。しかし，薄型デバイスにおける排熱を実現するためには，この油団の冷却基材としてのコンセプトに学び，新たな側面から知恵を借りる温故知新の研究が重要になっている。

油団の骨格は，和紙すなわちセルロースの繊維でできている。この繊維の中で，セルロース分

＊1　Kojiro Uetani　立教大学　理学部　化学科　助教

＊2　Hideko T. Oyama　立教大学　理学部　化学科　教授

子は幅 3～20 nm 程度の結晶性ナノファイバー構造を最小単位としている。筆者らの研究により，このセルロースナノファイバーを一度バラバラに解し，高密度にシート化した「新しい紙材料」が，プラスチックフィルムの約 3 倍高い熱伝導率を持つことが明らかになってきた。この高い熱伝導性能によって，またセルロースの結晶性ナノファイバーが持つ低熱膨張性や透明性といった機能を組み合わせることで，まさに現代版の油団とも言える全く新しい機能性排熱基板の開発が可能になりつつある。本章では，セルロースの新形態と伝熱フィルム材料の開発に関する研究動向について紹介する。

2 ナノセルロースと紙

セルロースは，地球上で最大の貯蓄量と生産量を誇る天然高分子である。古くから人間はいろいろな植物からセルロース繊維を取り出し，衣服や紙として用いてきた。とりわけ，紙は，火薬・羅針盤・印刷とともに古代中国における四大発明の一つであり，情報の伝達・拡散に大きな変化をもたらした。現代では，針葉樹および広葉樹由来の木材チップを用い，褐色の充填成分であるリグニンを除去した白色のパルプ繊維によって製造される洋紙が主流となっている。

このパルプ繊維は，植物の樹体を支えながら水分を通導する細胞壁の骨格構造そのものである（図 1）。1 つの細胞壁は，およそ 10～20 μm 程度の太さで中空構造をとる。この細胞壁は，3～20 nm 程度のさらに細い繊維「セルロースミクロフィブリル」によって形成されている。このミクロフィブリル中では，セルロースの分子鎖は伸びきり鎖結晶を形成しており，これがセルロース分子の形成する最小構造単位である。近年，グラインダーや高速ブレンダー・高圧ホモジナイザーなどの機械的処理あるいは TEMPO 酸化処理などの化学的処理をパルプに対して施すことで，結晶構造を壊すことなくミクロフィブリルをバラバラにほぐす（解繊する）技術が次々と開発された[3]。これによって，ミクロフィブリルを 1 本もしくは数本の束の状態で水中に分散させられるようになり，これらの繊維を「ナノセルロース（NC）」と総称する。ナノセルロースは，いずれも元のパルプ繊維から 1,000 分の 1 以下の細さにまで微細化されている。

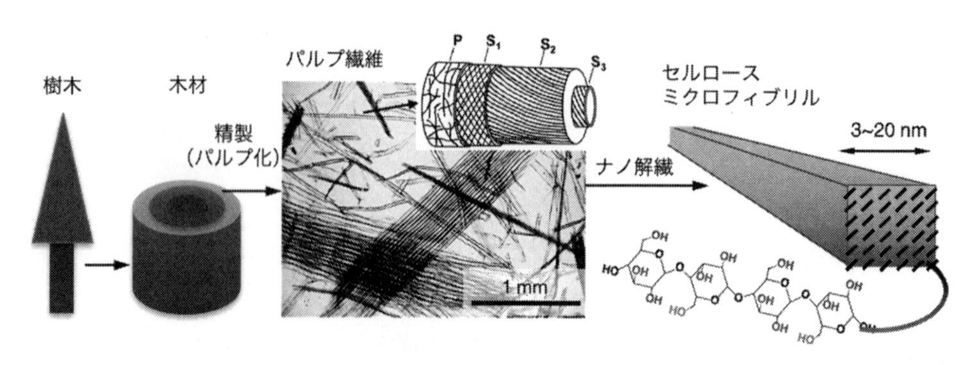

図 1　樹木の階層構造とセルロースミクロフィブリル

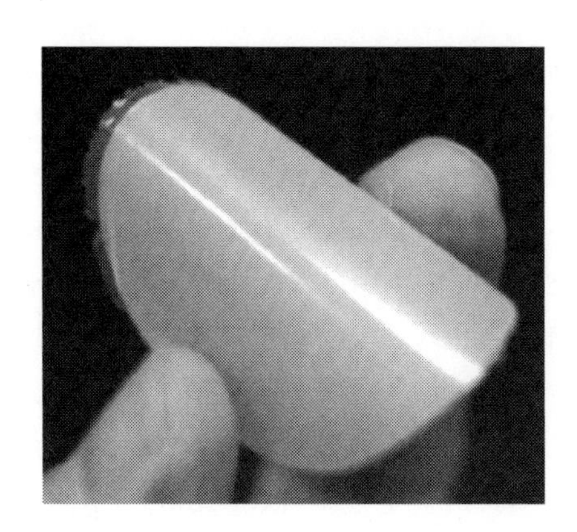

図2　ホヤ由来のナノセルロース不織シート

このNCは，セルロースの天然結晶（セルロースⅠ型）を維持しており，鋼鉄の5倍以上の高い比強度[4]や石英ガラスと同等レベルの低熱膨張性といった従来の樹脂にはない優れた物性を発揮する。また，パルプを主原料とするNCの製造は，すでに完成された製紙プロセスから派生するため，製紙産業が発展している日本・北欧・北米により研究開発競争が激化している[5]。この動向を受けて，「日本再興戦略」改訂2014，2015，2016にそれぞれセルロースナノファイバー研究開発の促進が明記され[6]，それを受けて産官学の連携を目的とするナノセルロースフォーラムが設立されるなど[7]，NCの実用化はオールジャパン体制で推進されている。セルロースは身近な素材であるにも関わらず，NCという新たな形態を獲得したことによって，改めて新規なバイオナノマテリアルと位置付けられている。

パルプを紙漉きによって製紙するように，NCの水懸濁液をろ過製膜することでシート材料が得られる（図2）。このNCによるシートは「ナノペーパー」と呼ばれ，通常の紙よりも高密度（多くの場合1 g/cm^{3}以上）かつ表面が平滑で，プラスチックフィルムのような光沢がある。また高強度および低熱膨張性を示し，さらに軽量かつ柔軟である。木材由来の細いCNFを用いた場合，繊維および繊維間の空隙の双方が可視光波長より小さくなり透明性が発現する[8]。ナノペーパーは，その複合的な高機能から「21世紀の紙」と呼ばれ[9]，折りたためるペーパーアンテナ[10]など，次世代の薄型・フレキシブルな電子デバイス（ペーパーエレクトロニクスと総称される）の基材として応用が期待されている。

3　セルロースの伝熱特性

古い新聞紙などを粉砕して得られるセルロースファイバーは，断熱・調湿・防音材として市販されており，家屋の壁や天井に充填する建材として広く使用されている。また，セルロースを含むポリマー材料は，全般的にみて金属やセラミックに比べて低熱伝導性である。そのため，セルロースは熱伝導特性が低い素材である，という認識が広く浸透しており，積極的に熱を伝導する伝熱素材としてはほとんど利用されていないと言ってよい。

一方で，樹脂中にフィラーとしてNCを添加した複合材料において，熱伝導率が上昇したとする報告がいくつか見られる。表面修飾したNCをポリプロピレンと複合すると，熱伝導率が0.27 W/mKから0.42 W/mKに上昇したと報告されている[11]。Shimazakiら[12]は，エポキシ樹脂にNCのシートを複合すると，熱伝導率が0.15 W/mKから1.1 W/mKに上昇したと報告している。このようにNCの熱伝導特性については，樹脂よりNCは熱伝導率が高いのではないか，という間接的な結果のみ報告されている。一方近年，分子動力学シミュレーションによる伝熱特性解析によって，セルロースの結晶には高いフォノン伝導性があるのでは，と予想されている[13]。NC中のセルロースⅠ型結晶において，セルロース分子鎖は一方向に伸びきっており，熱伝搬を妨げる欠陥因子（非晶領域や絡み合い・末端部分など）が少ないことが一因ではないかと推察される。

4　ナノセルロースの調製

さまざまな生物がセルロースミクロフィブリルを生合成することが知られているが，ここでは4種類の原料を用いたNCの作製について述べる。

ホヤは尾索動物に分類される海中生物で，セルロースを生産する唯一の動物である。外套膜（被嚢）部分を切り出してパルプと同様の漂白処理を施すと，セルロースの白い骨格成分が抽出される（図3）。これを硫酸加水分解および超音波処理といったナノ解繊処理に供すると，上澄みに棒状NCの懸濁液が得られる。ミクロフィブリルは高結晶性および非晶性に近い2つの領域を含んでおり，非晶性のセルロースが強酸によって加水分解されることで，結晶部分がNCとして残留する[14]。このNCはFESEM像から太さが12～13 nm程度と見られ，他の原料由来と比較して太い繊維である（ホヤ①，図4）。また，残った残渣に対して高速ブレンダー処理を行うと，ほぼ全ての繊維をバラバラにナノ化できる（ホヤ②）。

デザートとして身近に知られるナタデココは，酢酸菌が生産するバクテリアセルロースというNCのネットワークが水を含んだ湿潤ゲルである。ミクロフィブリルはおよそ5～7 nm程度の太さでホヤよりも細いが，通常は束になっており，図4のような扁平なリボン状繊維を形成する。

コットンのろ紙も典型的なセルロース原料である。硫酸による加水分解処理と超音波照射を併用し，針状の短く直線的なナノウィスカーと呼ばれるNCが得られる。平均幅が6～7 nmのミクロフィブリルとその束状繊維で構成され，平均長さは350 nm程度である。

スギの木粉を亜塩素酸処理により漂白すると，リグニンが除去され白色のパルプ繊維が得られる。これを酸加水分解すると，コットンと同様にウィスカー（スギ①，図4）が得られる。また，パルプ繊維を高速ブレンダー処理すると，長く湾曲したナノファイバー（スギ②）が得られる。一方，2,2,6,6,-テトラメチルピペリジン-1-オキシラジカル（TEMPO）触媒によって酸化処理を施すと，セルロースの6位の一級水酸基が選択的にカルボキシ基に変換される[15,16]。これにより

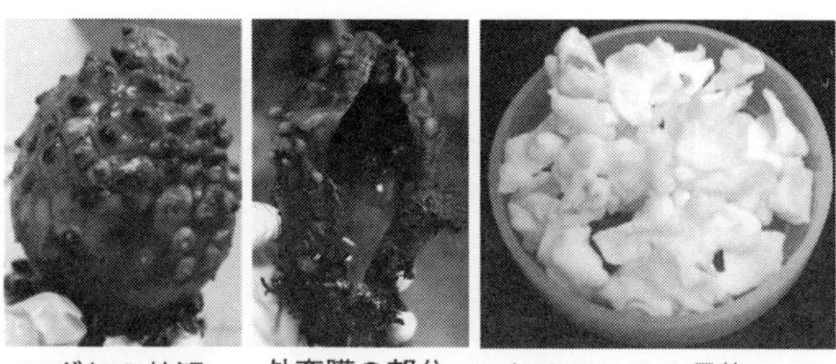

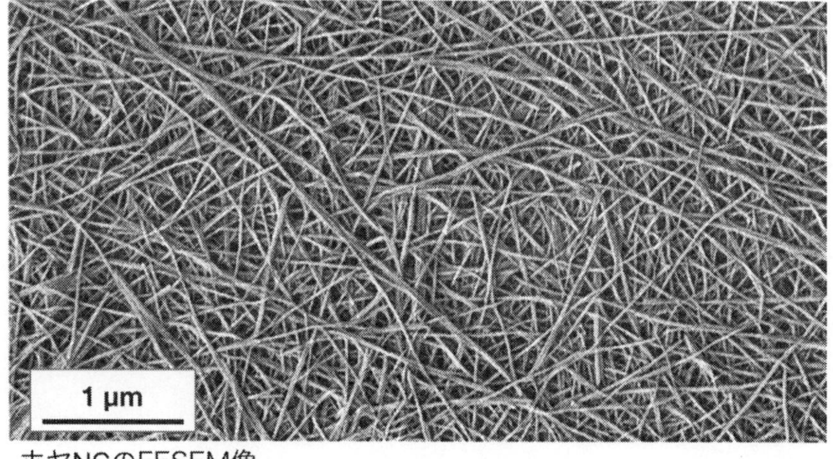

ホヤNCのFESEM像

図3　ホヤから抽出したナノセルロース

繊維の表面電位が増加し，軽微な攪拌力を与えるだけで1本のミクロフィブリルにまで解繊できる（スギ③）。このナノファイバーは，幅が3 nmの超極細で非常に高アスペクト比である。

5　NCシートと繊維構造

NC水懸濁液をメンブレンフィルターによりろ過し，ホットプレス乾燥させると，紙状の不織シートが得られる。これらのシートの密度はNCの形態によって異なるが，およそ1～1.4 g/cm^{3}程度である。

NCシートの熱伝導を考えるにあたり，繊維の結晶性や配向性は重要な因子である。まず，顕微ラマン分光分析を行うことで，シート内の繊維の方向性が解析できる。セルロース分子に対して偏光レーザー光を照射すると，偏光軸が分子鎖方向に一致した場合，主鎖のC-O伸縮に帰属される強いラマン散乱光が検出される。シートの断面および表面に対してラマン散乱スペクトルを測定したところ，すべてのNCシートが面内方向には繊維がランダムであり，厚み方向には積層する不織シートの構造であることが確認された。

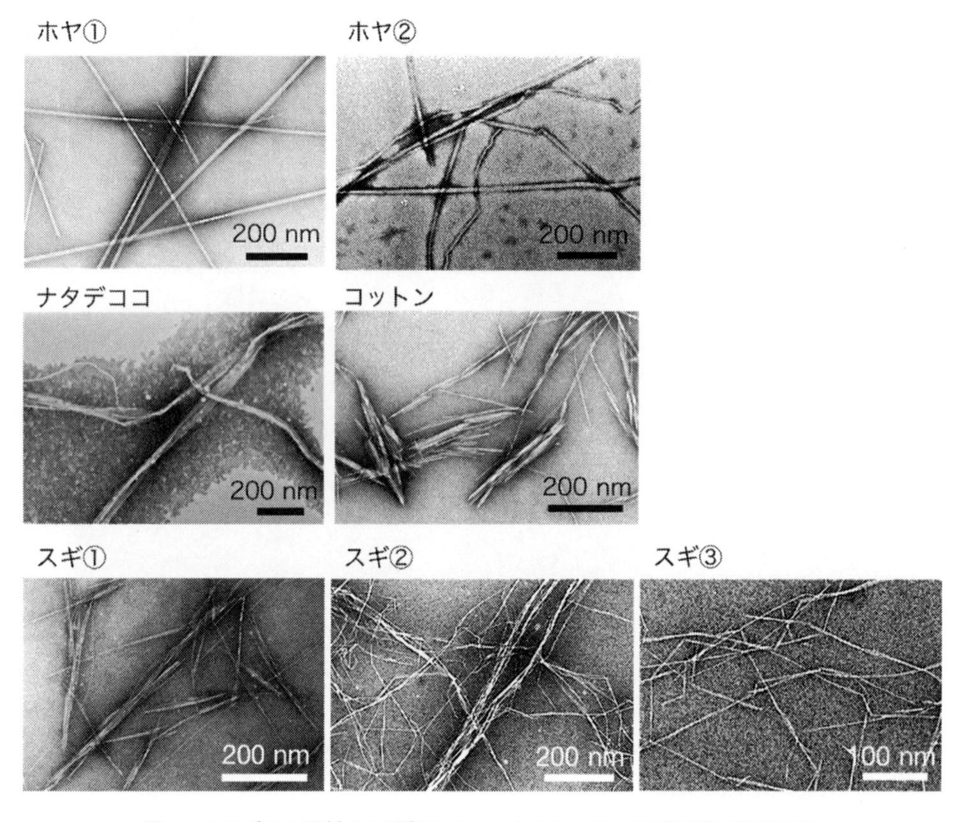

図4　さまざまな原料から調製したナノセルロースの透過型電子顕微鏡像

次に，X線回折測定を行った結果，すべてのNCシートは同一のセルロースI型結晶であると確認された。また，既報に従ってNC結晶の平均的な断面構造を推定したところ，ホヤのNCが最も太く，スギ由来のNCがその10分の1程度の平均結晶断面積を示すことが明らかになった。これは，電子顕微鏡による太さ解析とほぼ一致している。調製されたNCシートは，すべて同じ結晶相であるが繊維の太さのみ異なり，同様の配向性を有している。

6　NCシートの熱伝導特性[17)]

2次元のフィルム状試料について熱伝導率を測定するとき，厚みと面内方向で異方性を生じている場合があるため，それぞれを分離して測定する必要がある。そこで，熱拡散率を測定する非定常法の一つである周期加熱法を用い，シートの厚みおよび面内方向で熱拡散率を独立に測定した。得られた熱拡散率に比熱および密度を乗じることで，熱伝導率を換算した。

図5に示すように，いずれのNCシートにおいても厚み方向に比べて面内方向の熱伝導率が高い。これは繊維の配向性が直接起因していると考えられる。一方で，NC間で面内方向の熱伝導

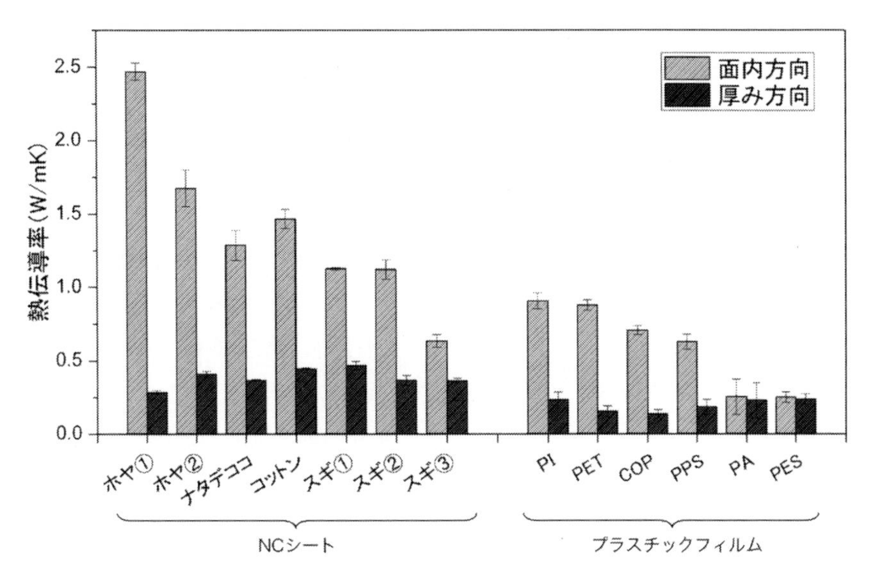

図5　NC シートおよびプラスチックフィルムの熱伝導率

率が大きく異なるのに対し，厚み方向ではほとんど同等である。厚み方向には繊維が積層するため，繊維間に大きな接触熱抵抗が存在し，NC の差異を見かけ上消していることが推測される。NC の種類によって面内方向熱伝導率が異なる要因として，結晶の影響が考えられる。結晶性が増加するとそれに伴って熱伝導率も増大する傾向が見られたが，NC の太さとみなせる結晶の平均断面積が熱拡散率と顕著に相関することが判明した。熱振動を量子化した音響フォノンの運動論モデルを用いて解析したところ，フォノンの平均自由行程が結晶断面積に対して強く影響されており，太い繊維によるシートほど熱拡散率が高いという傾向（結晶子サイズ効果）が見られた。

フォノンの平均自由行程が一桁ナノメートル程度の繊維径スケールで影響を受けるとすれば，いずれのシートでも NC の長さは幅よりも十分大きいため，繊維長は平均自由行程に直接影響する要因とは言えなくなる。実際のところ，明らかに短い部類の繊維であるコットン由来のナノウィスカーと，非常に長く湾曲しているナタデココ由来 NC のシートがほぼ同じ熱伝導率を示す（図5）ことから，繊維長は主たる影響因子とは言えないと考えられる。

比較のため，代表的なプラスチックフィルム（ポリイミド（PI），ポリエチレンテレフタレート（PET），シクロオレフィンポリマー（COP），ポリフェニレンサルファイド（PPS），ポリアミド（PA），ポリエーテルスルホン（PES））に対して同様に熱伝導特性を測定した。これらのフィルムは，NC シートと同じように面内方向が厚みに比べて高い熱伝導率を示した（図5）。フィルム状に成形されたことで，ポリマーの分子鎖が面内方向に配向した影響と見られる。特に，ポリイミドフィルムは面内方向が 0.9 W/mK 程度を示し，プラスチックの中では比較的高い熱伝導率を示している。これは，他のポリマーよりも剛直な分子鎖構造などによる影響と考えられる。しかし，プラスチックフィルム単体で 1 W/mK 以上の性能を得ることは難しい。それに対してホヤのNCによるシートは，面内方向が2.5 W/mKであり，他のプラスチックフィルムより3倍程度高い熱伝導率であることが見出された。

7 NCシートを骨格とする透明熱伝導フィルム[18)]

電子ペーパーや有機ELなどのペーパーデバイスの基板材料は，高い熱伝導性や柔軟性に加えて透明性も重要になる。従来，ガラス基板が汎用されるが，曲がらない上に低熱伝導性であり，次代のニーズには応えられない。一方で，樹脂ベースの基材で高熱伝導性を得ようとした場合，無機粒子や炭素材料などの熱伝導フィラーを充填する手法が取られてきた。しかし，フィラーの添加量が増加するにつれて材料は不透明化し，また1 W/mKを超える熱伝導率を達成しようとすれば大量の充填量が不可欠となる。したがって，複合材料において透明性と熱伝導性には強いトレードオフが存在すると考えられる。

NCシートも，図2に示す通り，単体では不透明である。そこで既報に従って，ホヤ由来のNCシートを紫外線硬化型の透明アクリル樹脂に複合した。図6上段のスキームのとおり，減圧下でNCシートを粘稠な樹脂モノマーに直接浸し，十分な時間をかけて浸透させた後，紫外線を照射して樹脂を硬化させる。この直接含浸法により得るフィルムは，高い透明性（波長600 nmで86%）を有した一方で，面内方向熱伝導率はわずか0.99 W/mKであった。この値は，マトリクス樹脂単体のフィルムにおける0.76 W/mKと大差なく，骨格に用いたNCシートの熱伝導性が発揮されていない。

直接含浸法によるフィルムには，表層に樹脂だけから成る層が形成されている（図7）。熱拡散率の測定においては，表面を加熱し，裏面の温度変化を検出するため，面内方向の測定と言えども厚み方向に熱が拡散しなければ高い熱拡散率は得られない。したがって，表層の樹脂層がNC骨格への熱の伝搬を妨げていると考えられた。有効な伝熱パスを形成するには，この樹脂層

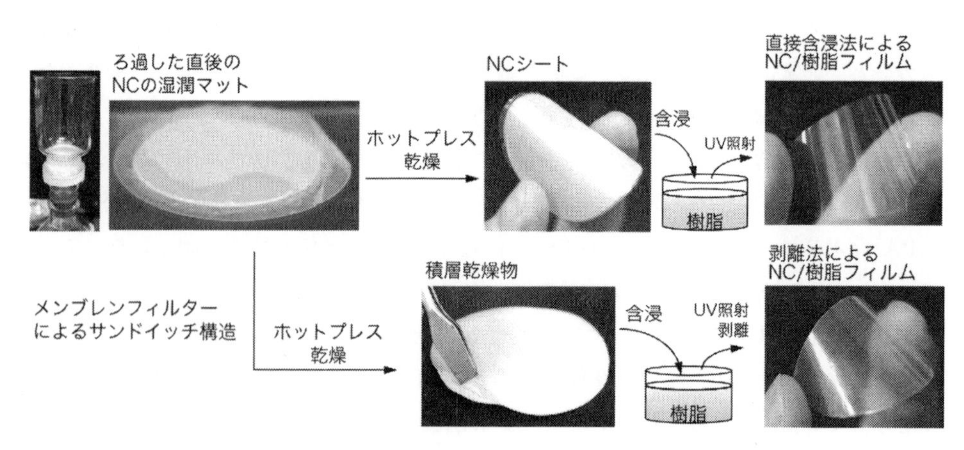

図6　直接含浸法および剥離法によるNC樹脂複合フィルムの調製スキーム

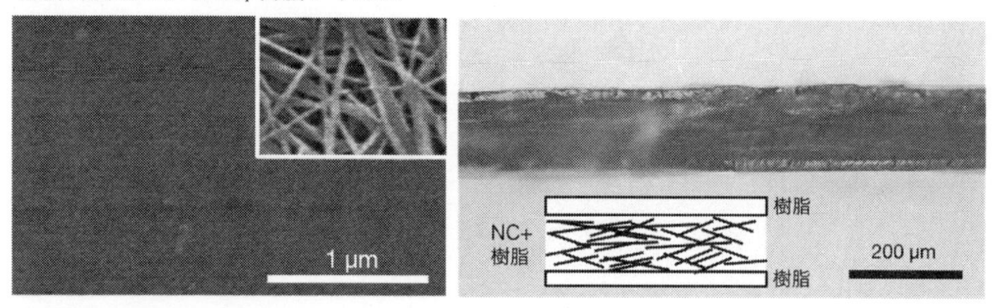

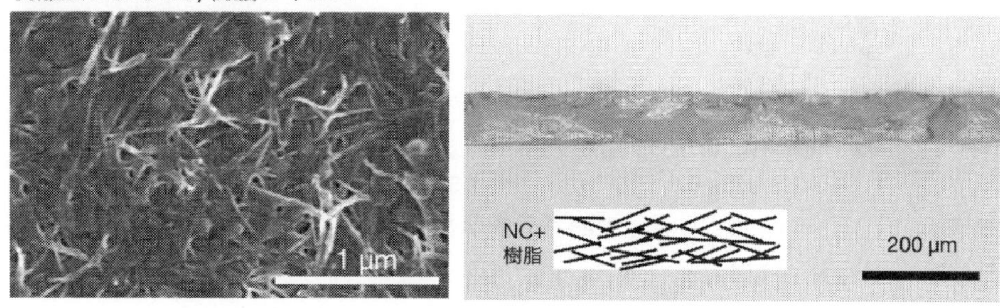

図７　複合フィルム表面のFESEM像および断面の光学顕微鏡像
左上の挿入図はNCフィルムの表面FESEM像（スケールは左上図と同じ）

は除去しなければならない。

図６の下段スキームのように，ろ過したNCによる湿潤マットにあたらしいメンブレンフィルターを積層し，３層構造としたものをホットプレス乾燥する。この積層乾燥物を樹脂に含浸し，内部に浸透させたのち，紫外線を短時間照射して表層の樹脂のみ硬化する。その状態からメンブレンフィルターを剥離すると，表層の樹脂はメンブレンフィルターとともに剥がれ，NCシートが露出する。その後，紫外線を再度照射して内部の樹脂を完全に硬化させることで，剥離法による複合フィルムが得られる。この剥離法フィルムは，表層に樹脂層がほとんどないことが図７より確認できる。特に，表面には樹脂とNCが両方とも露出している。このフィルムは，図８に示す通り，面内方向熱伝導率がNCシートと同等の2.5 W/mKを発揮し，さらに波長600 nmにおいて73％という透明性を示した（NCシート単体では，透明性はわずか7％であった）。表層樹脂層はわずか10 μmの厚さであっても熱伝導を大きく阻害する。そして，樹脂層を除去することは，骨格であるNCシートの熱伝導特性を発揮させるのに有効である。

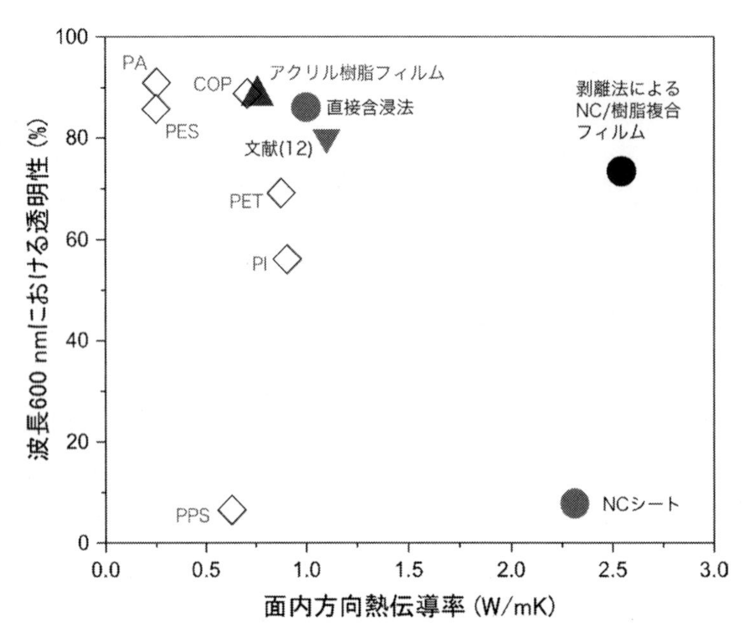

図８　各材料の面内方向熱伝導率に対する透明性のアシュビープロット

8　おわりに

昨今の電子化に伴って，オフィスの資源保護の観点からペーパーレス化が謳われる中で，電子デバイスそのものをペーパー（紙）化しようとするペーパーエレクトロニクスへの転換は一見逆説的とも思われる。しかし，20世紀型の印刷用紙の消費を減らし，未来の紙として根本的に置き換わる可能性すら含んでいる点を考えれば非常に興味深い。また，人工の樹脂材料をバイオマス由来のセルロース系持続可能素材に置き換えることは，「電子デバイスの環境性能」というこれまでにない指標的価値を創出する利点がある。同時に，これまでに確立された紙のリサイクルによる再資源化のプロセスがそのまま適用できる点も，他材料にないメリットである。今後，ナノセルロースの新規物性に基づいた応用可能性が広がることで，活躍分野のさらなる拡大が期待される。

文　　献

1)　M. M. Waldrop, *Nature*, **530**, 144 (2016)
2)　JTCO 日本伝統文化振興機構 HP,
http://www.jtco.or.jp/kougeihinkan/?act=detail&id=268&p=18&c=15

3）磯貝明監修，ナノセルロースフォーラム編集，ナノセルロースの製造技術と応用展開，シーエムシー・リサーチ（2016）
4）ナノセルロースフォーラム編集，図解よくわかるナノセルロース，日刊工業新聞社（2015）
5）経済産業省，平成24粘度中小企業支援調査（セルロースナノファイバーに関する国内外の研究開発，用途開発，事業化，特許出願の動向に関する調査）（2013）
6）日本再興戦略2016，首相官邸HP，http://www.kantei.go.jp/jp/singi/keizaisaisei/pdf/2016_zentaihombun.pdf
7）ナノセルロースフォーラムHP，https://unit.aist.go.jp/rpd-mc/ncf/
8）M. Nogi *et al.*, *Adv. Mater.*, **21**, 1595 (2009)
9）能木雅也，矢野浩之，色材協会誌，**82**, 351 (2009)
10）M. Nogi *et al.*, *Nanoscale*, **5**, 4395 (2013)
11）E. Bahar *et al.*, *J. Appl. Polym. Sci.*, **125**, 2882 (2012)
12）Y. Shimazaki *et al.*, *Biomacromolecules*, **8**, 2976 (2007)
13）J. A. Diaz *et al.*, *Biomacromolecules*, **15**, 4096 (2014)
14）磯貝明編集，セルロースの科学，朝倉書店（2003）
15）T. Saito *et al.*, *Biomacromolecules*, **7**, 1687 (2006)
16）A. Isogai *et al.*, *Nanoscale*, **3**, 71 (2011)
17）K. Uetani *et al.*, *Biomacromolecules*, **16**, 2220 (2015)
18）K. Uetani *et al.*, *J. Mater. Chem. C*, **4**, 9697 (2016)

第Ⅲ編

フィラーの高熱伝導化

第1章　高熱伝導性と高耐水性を両立するAlNフィラー皮膜の設計

田中慎吾*1，北條房郎*2，竹澤由高*3

1　はじめに

電子機器を構成する絶縁材料には，絶縁性と成形の容易さからセラミックスフィラーとポリマーのコンポジットが広く用いられている[1~17]。また，電子機器の小型・高性能化に伴う発熱に対応すべく，コンポジットには高い熱伝導性が求められている。そのため，セラミックスフィラーには，熱伝導率が高いα-Al_2O_3，MgO，BN，AlNなどが適用されることが多い。その中でも，AlNの熱伝導率は高く，Slackらは高純度の単結晶AlNが室温で319 W m^{-1} K^{-1}の熱伝導率を有することを報告している[18]。また，粂らは粒径約79 μmのAlNフィラー（5 wt.%Y_2O_3焼結剤含む）を熱物性顕微鏡により実測し，266±26 W m^{-1} K^{-1}の値を報告している[19]。

一方，AlNフィラーは大気中に含まれる水分などにより容易に加水分解が生じ，NH_3ガスを発生し，AlNフィラー表面に$Al(OH)_3$皮膜を形成する[20]。NH_3ガスはコンポジット内部で発生すると熱伝導率低下，絶縁耐圧低下などの影響を及ぼすことが考えられる。また，AlNフィラー表面に形成した$Al(OH)_3$皮膜は熱抵抗となり得る。そこで，AlNフィラーをコンポジットに適用する場合，AlNフィラー表面への耐水皮膜の形成が必要となる。耐水皮膜の一例として，ステアリン酸等のカルボン酸とAlNフィラーの反応によりAlNフィラー表面への有機皮膜の形成が試みられている[21,22]。また，その他の耐水皮膜形成方法として，AlNフィラーを酸素存在化で高温熱処理することによりα-Al_2O_3皮膜を形成させる方法がある。α-Al_2O_3の熱伝導率は有機物と比べ高い（約30 W m^{-1} K^{-1}）ことから，α-Al_2O_3皮膜を薄く形成できれば，皮膜を形成した後も高い熱伝導率を維持することが期待できる。しかしながら，一般的な方法で熱処理すると，α-Al_2O_3皮膜層とAlNコア部の熱膨張率の不整合によりα-Al_2O_3皮膜層に亀裂や孔が形成されることがある[23,24]。その結果として，亀裂や孔を通じ，加水分解が進行することが考えられる。

そこで，著者らはα-Al_2O_3と有機物によるAlNフィラーへのハイブリッド皮膜を設計した[25]。その概念図を図1に示す。これは，AlNフィラー表面の大部分を熱伝導率が高いα-Al_2O_3皮膜層で覆い，α-Al_2O_3皮膜層の亀裂や孔のみを有機物で保護する設計であり，熱伝導性と耐水性

＊1　Shingo Tanaka　㈱日立製作所　研究開発グループ　材料イノベーションセンタ　研究員
＊2　Fusao Hojo　㈱日立製作所　研究開発グループ　材料イノベーションセンタ　主任研究員
＊3　Yoshitaka Takezawa　日立化成㈱　イノベーション推進本部　コア技術革新センタ　研究担当部長

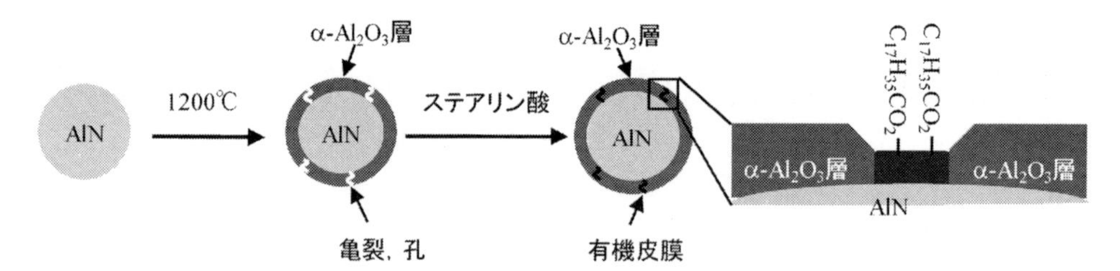

図１　ハイブリッド皮膜 AlN フィラーのモデル図および形成スキーム

の両立が期待できる。

2　AlN 表面への α-Al_2O_3 皮膜層の形成

AlN フィラーを焼成することで，AlN フィラーの酸化によりフィラー表面に Al_2O_3 層を形成することができる。なお，焼成温度を 1,200℃以上にすることで，熱伝導率の高い α 相に転移させることができる。また，α-Al_2O_3 皮膜層の厚さは，焼成雰囲気の酸素濃度・酸素供給状態によって変わるため，不活性ガス等で雰囲気の酸素濃度を制御することや，密閉系，開放系などの焼成する構成により調整することができる。表１は，AlN フィラーを焼成する構成により，AlN の α-Al_2O_3 の体積比を変化させた結果である。体積比は後述する X 線回折測定結果より求められる。焼成する構成として，焼成空間の広い電気炉，および狭い管状炉の２種の装置を用いて焼成している。電気炉を用いた焼成では，電気炉内に AlN フィラーを入れたアルミナるつぼを２つ設置し，一方には蓋をし，もう一方は開放状態としている。いずれも 1,200℃まで 10℃／分で昇温し，1,200℃で１時間保持している。ここで使用した AlN フィラーは，イットリア系焼結剤を含む平均粒径約 30 μm の AlN 焼結フィラー（以下，AlN フィラー）である。図２は 1,200℃で熱処理を施した AlN フィラー（AlN-T3，表１に対応）の X 線回折測定結果である。α-Al_2O_3 に対応する回折ピークが検出されており，AlN フィラー表面への α-Al_2O_3 層の形成が認められる。なお，観測された $Y_3Al_5O_{12}$ のピークは焼結剤由来のピークである。AlN と α-Al_2O_3 の体積比は，AlN の（100）面と α-Al_2O_3 の（113）面に対応する回折ピークの積分強度比を求め，その積分強度比から参照強度比（RIR）法によって求めることができる。

図３（a)-(d）は AlN フィラー，および熱処理を施した AlN フィラーの SEM 像であり，図３（c'）は図３（c）の拡大図である。図中に矢印で示すように，熱処理を施したフィラー表面には亀裂や孔が存在している。その亀裂や孔は α-Al_2O_3 の体積比が高い程，顕著である。このことから，AlN の酸化の進行に伴い，α-Al_2O_3 層の亀裂や孔が拡大していくことが分かる。

AlN の耐水性は，AlN フィラーを水中に分散し，pH の経時変化を測定することで評価することができる。耐水性が低いと，加水分解によりアンモニアが発生し，pH が上昇する。図４は AlN フィラーを 60℃の水中に分散し，マグネチックスターラーで撹拌しながら，pH を測定した

表1　α-Al_2O_3の（113）面とAlNの（100）面に対応するXRDピークの積分強度比，および積分強度比からRIR法によって求められるα-Al_2O_3とAlNの体積比

作製フィラー	焼成装置	α-Al_2O_3の（113）面の積分強度/AlNの（100）面の積分強度	RIR法による体積比（α-Al_2O_3/AlN）
AlN-T1	管状炉	0.0057	0.0091
AlN-T2	電気炉（るつぼ閉）	0.030	0.047
AlN-T3	電気炉（るつぼ開）	0.49	0.78

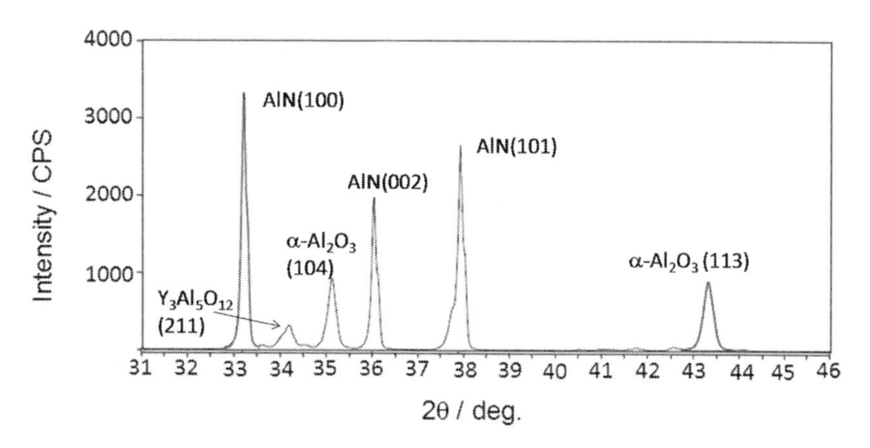

図2　熱処理を施したAlNフィラー（AlN-T3）のX線回折プロファイル

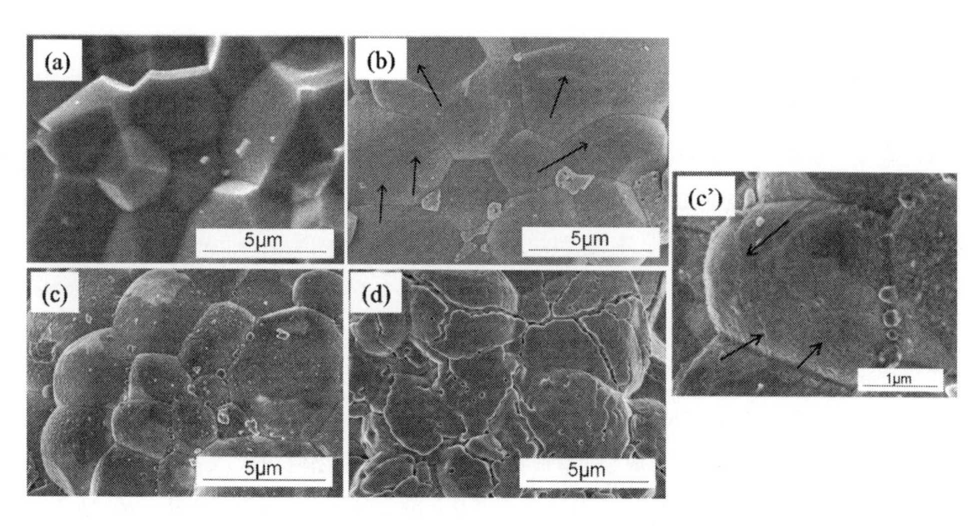

図3　AlNフィラーのSEM像

(a) 未処理AlNフィラー，(b)-(d) 熱処理AlNフィラー（AlN-T1, T2, T3），(c')：(c) の拡大図

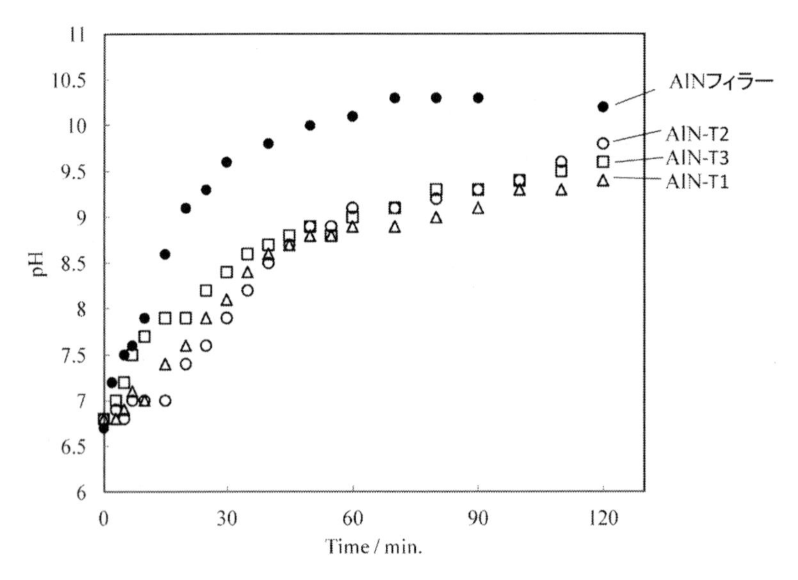

図4　AlN フィラー，熱処理を施した AlN フィラー分散水の 60℃における pH 変化

耐水性評価結果である。なお，純水の pH は温度上量に伴って低下し，60℃で約 6.5 である。皮膜を形成していない AlN フィラー分散水の pH は 1 時間後に 10 以上に上昇している。熱処理を施した AlN フィラー（AlN-T1，T2，T3，表 1 に対応）分散水の pH も上昇し，2 時間後には 9 以上に達している。これは，α-Al_2O_3 皮膜層の亀裂や孔，もしくは α-Al_2O_3 皮膜層の形成不十分により AlN 露出部が存在しており，その AlN 露出部で加水分解が生じた結果である。

3　AlN 表面への α-Al_2O_3/ 有機ハイブリッド皮膜層の形成

有機皮膜は，カルボン酸を用いて AlN フィラーを還流することで形成できる[21, 22]。また，カルボン酸を用いて熱処理を施した AlN フィラーを還流することで，α-Al_2O_3/ 有機ハイブリッド皮膜を形成することができる[25]。本稿では，熱処理を施した AlN フィラーとステアリン酸を 50 g 対 1.5 g の割合で 2 口ナスフラスコ内に投入し，無水トルエンを溶媒としてマグネチックスターラーで撹拌しながら 3 時間還流し，さらにトルエンで洗い流しながらろ過し，120℃で 2 時間乾燥させることによりハイブリッド皮膜を形成している（表 2）。

図 5 はハイブリッド皮膜 AlN フィラーの熱重量分析結果である。200℃～400℃で約 0.05％の質量減少が見られることから，形成した有機物の量はフィラー全体に対して約 0.05％であることが推定できる。また，この有機物は AlN とステアリン酸との反応生成物であり，α-Al_2O_3 と反応性がないステアリン酸を用いていることと，還流した後にフィラーをトルエンで洗い流していることから，α-Al_2O_3 皮膜層の亀裂や孔のみを覆っていることが期待できる。図 6 はハイブリッド皮膜 AlN フィラー表面の組成を EDX 分析により評価した結果である。O 原子，Al 原子，お

表2　作製した有機皮膜，ハイブリッド皮膜AlNフィラー

作製フィラー	使用フィラー	カルボン酸
有機皮膜AlN	AlN	ステアリン酸
AlN-H1	AlN-T1	ステアリン酸
AlN-H2	AlN-T2	ステアリン酸
AlN-H3	AlN-T3	ステアリン酸

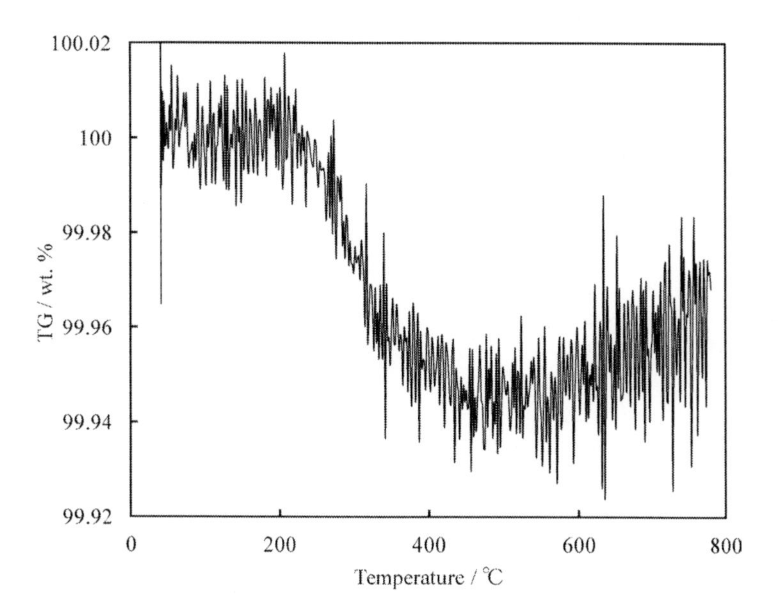

図5　ハイブリッド皮膜AlNフィラー（AlN-H3）の重量変化

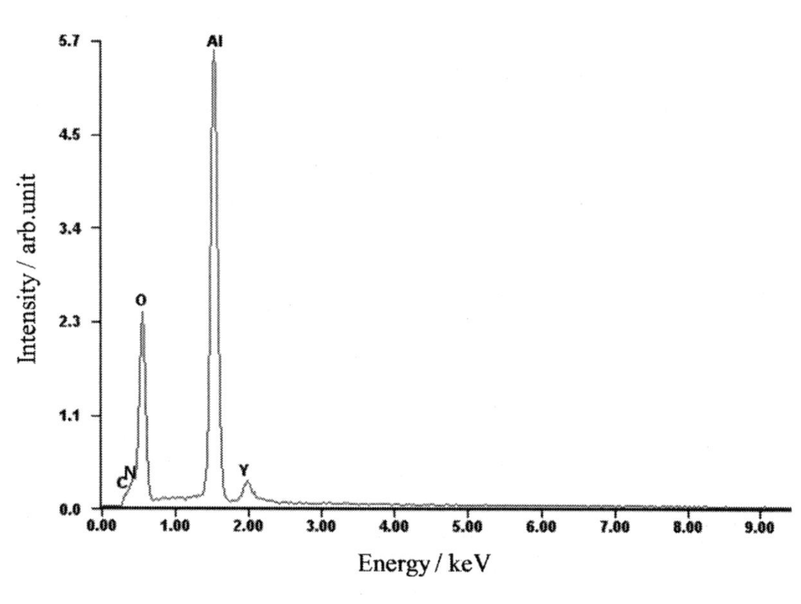

図6　ハイブリッド皮膜AlNフィラー（AlN-H3）のEDX元素分析

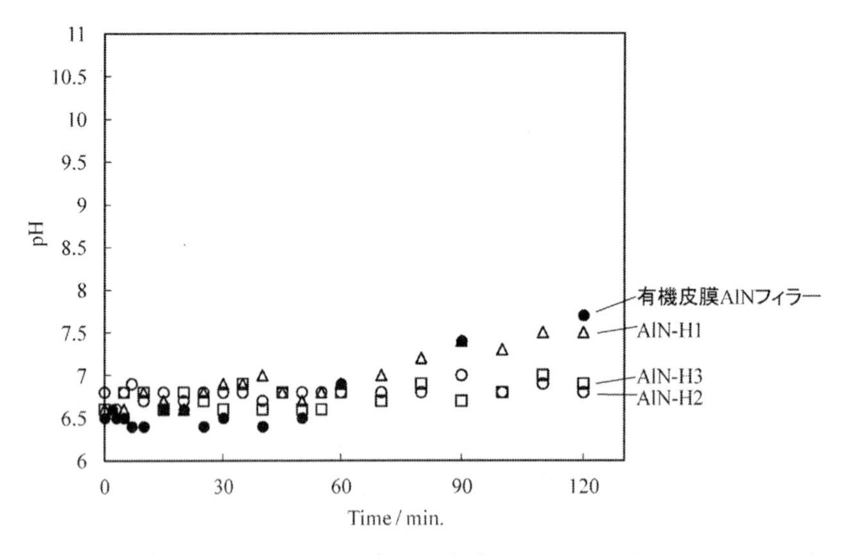

図7　有機皮膜 AlN フィラー，ハイブリッド皮膜 AlN フィラー（AlN-H1，H2，H3）分散水の 60℃における pH 変化

よび Y 原子のピークがそれぞれ 525 eV，1,484 eV，および 2,079 eV に認められる。O 原子のピーク 525 eV より低エネルギー側に，N 原子，C 原子由来のショルダーピークがそれぞれ 392 eV，277 eV に見られる。また，EDX スペクトルから ZAF 補正により見積もられる C 元素量は，ハイブリッド皮膜 AlN フィラー表面の約 8 at.％程度である。この結果からも有機物がフィラー全体を覆っているのではなく，α-Al_2O_3 皮膜層の亀裂や孔のみを覆っていることが予想される。

図7は有機皮膜 AlN フィラー，およびハイブリッド皮膜 AlN フィラーの耐水試験結果である。有機皮膜 AlN フィラー分散水の pH は1時間後には7以下であるが，2時間経過後に 7.7 に上昇している。一方，ハイブリッド皮膜 AlN フィラー分散水の pH は有機皮膜 AlN フィラー分散水の pH よりも低く，特にハイブリッド皮膜 AlN フィラー（AlN-H2，H3）分散水の pH は2時間後も7以下を維持している。これは十分な厚さに形成した α-Al_2O_3 皮膜により，物理的衝撃による有機皮膜の剥離を防いだためと推定できる。以上の結果から，α-Al_2O_3 と有機物によるハイブリッド皮膜 AlN フィラーは，有機皮膜 AlN フィラー以上に高耐水性であるといえる。

4　ハイブリッド皮膜 AlN フィラーの熱伝導率の予測

ここでは，AlN フィラーと同様に熱処理を施した AlN 白板を用いたハイブリッド皮膜 AlN フィラーの有効熱伝導率の予測結果を示す。図8の黒丸は α-Al_2O_3 層と AlN 層の体積比に対する熱処理を施した AlN 白板全体の有効熱伝導率の測定結果である。体積比は，熱処理を施した AlN 白板の断面 SEM 像により求めている。有効熱伝導率は，Xe フラッシュ法により求められる熱処理を施した AlN 白板全体の有効熱拡散率の実測値に，複合則により算出した密度，比熱

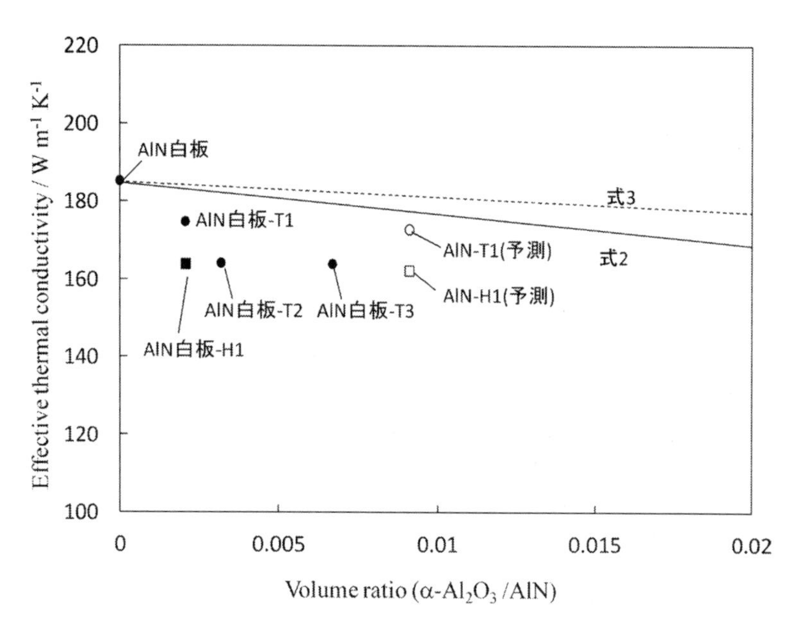

図8　AlN白板を用いたハイブリッド皮膜フィラーの有効熱伝導率の予測

を乗じることで算出している。

層構造体の熱伝導率は式(1)で表される。なお，t_{all}，λ_{eff}は熱処理を施したAlN白板全体の厚さ，有効熱伝導率，$t_{AlN,}$，λ_{AlN}はAlN層の厚さ，熱伝導率，$t_{\alpha\text{-}Al_2O_3}$，$\lambda_{\alpha\text{-}Al_2O_3}$は$\alpha$-$Al_2O_3$層の厚さ，熱伝導率をそれぞれ示す。また，層構造体では，膜厚比と体積比は同等であるため，式(1)は式(2)と表せる。図8に示すように，熱処理を施したAlN白板の有効熱伝導率は式(2)により求められる値よりも5～10%低い。これは，式(2)に含まれていないα-Al_2O_3層とAlN層の間の界面熱抵抗や，α-Al_2O_3層の亀裂や孔による熱抵抗の影響のためと推察できる。さらに，熱処理を施したAlN白板-T1をステアリン酸によりフィラーと同様に処理を施したAlN白板-H1の熱伝導率を求めると，熱伝導率がAlN白板-T1から6%低下（式(2)比：10.5%低下）し，164 W m^{-1} K^{-1}となる。

コアシェル型のフィラーの有効熱伝導率は式(3)により予測できる[26]。なお，f_{AlN}は全体に対するAlNコアの体積分率である。ここでは，未処理のAlNフィラーとAlN白板の熱伝導率を同一と仮定する。X線回折測定により求めたAlN-T1のα-Al_2O_3とAlNの体積比（α-Al_2O_3/AlN）は，0.0091であるので，式(3)により181 W m^{-1} K^{-1}となる。さらにAlN白板での熱伝導率測定結果から，α-Al_2O_3層とAlN層の間の界面熱抵抗や，α-Al_2O_3層の亀裂や孔による熱抵抗の影響を考慮するとAlN-T1の熱伝導率を173 W m^{-1} K^{-1}と見積もることができる。また，ステアリン酸処理分を考慮するとAlN-H1の熱伝導率は162 W m^{-1} K^{-1}と見込まれる。これは，α-Al_2O_3フィラー（約30 W m^{-1} K^{-1}）の5倍以上の熱伝導率である。以上のように，式(3)とAlN白板を用いた実験結果からハイブリッド皮膜AlNフィラーの熱伝導率を概算できる。

$$\frac{t_{\mathrm{all}}}{\lambda_{\mathrm{eff}}}=\frac{t_{\mathrm{AlN}}}{\lambda_{\mathrm{AlN}}}+\frac{t_{\alpha\text{-}\mathrm{Al_2O_3}}}{\lambda_{\alpha\text{-}\mathrm{Al_2O_3}}} \tag{1}$$

$$\frac{V_{\mathrm{all}}}{\lambda_{\mathrm{eff}}}=\frac{V_{\mathrm{AlN}}}{\lambda_{\mathrm{AlN}}}+\frac{V_{\alpha\text{-}\mathrm{Al_2O_3}}}{\lambda_{\alpha\text{-}\mathrm{Al_2O_3}}} \tag{2}$$

$$\lambda_{\mathrm{eff}}=\frac{2(1-f_{\mathrm{AlN}})\lambda_{\alpha\text{-}\mathrm{Al_2O_3}}+(1+2f_{\mathrm{AlN}})\lambda_{\mathrm{AlN}}}{(2+f_{\mathrm{AlN}})\lambda_{\alpha\text{-}\mathrm{Al_2O_3}}+(1-f_{\mathrm{AlN}})\lambda_{\mathrm{AlN}}}\lambda_{\alpha\text{-}\mathrm{Al_2O_3}} \tag{3}$$

5　おわりに

本稿では，AlN フィラーを活用する上で必要となる耐水皮膜に関し，熱伝導性をなるべく低下させない設計を考え，その一例として α-Al_2O_3 と有機物から成るハイブリッド皮膜による耐水皮膜を提示した。作製したハイブリッド皮膜 AlN フィラーは，有機皮膜 AlN フィラーよりも耐水性が高く，かつ皮膜厚によっては，α-Al_2O_3 フィラーの 5 倍以上の熱伝導率を見積もることができる。それゆえ，本稿のハイブリッド皮膜 AlN フィラーは，樹脂に充填しコンポジット化することで，電子機器の絶縁材料としての応用が期待できる。

文　献

1) R. L. Hamilton & O. K. Crosser, *Ind. Eng. Chem. Fundam.*, **1**, 187 (1962)
2) D. P. H. Hasselman & L. F. Johnson, *J. Compos. Mater.*, **21**, 508 (1987)
3) Y. Agari *et al.*, *J. Appl. Polym. Sci.*, **49**, 1625 (1993)
4) C. P. Wong & R. S. Bollampally, *J. Appl. Polym. Sci.*, **74**, 3396 (1999)
5) M. Akatsuka & Y. Takezawa, *J. Appl. Polym. Sci.*, **89**, 2464 (2003)
6) F. Hojo *et al.*, *J. Ceram. Soc. Jpn.*, **119**, 601 (2011)
7) Y. Shimazaki *et al.*, *Appl. Phys. Lett.*, **92**, 133309 (2008)
8) Y. Shimazaki *et al.*, *Appl. Mater. Interfaces*, **1**, 225 (2009)
9) K. Sato *et al.*, *J. Mater. Chem.*, **20**, 2749 (2010)
10) S. Li *et al.*, *Thermochim. Acta*, **523**, 111 (2011)
11) H. Y. Ng *et al.*, *Polym. Compos.*, **26**, 778 (2005)
12) K. Wattanakul *et al.*, *J. Compos. Mater.*, **45** [19], 1967 (2010)
13) T. Li & S. L. Hsu, *J. Phys. Chem. B*, **114**, 6825 (2010)
14) B. L. Zhu *et al.*, *J. Appl. Polym. Sci.*, **118**, 2754 (2010)
15) E. Lee *et al.*, *J. Am. Ceram. Soc.*, **91**, 1169 (2008)
16) Z. Shi *et al.*, *Appl. Phys. Lett.*, **95**, 224104 (2009)
17) W. Jiajun & Y. Xiao-Su, *Compos. Sci. Technol.*, **64**, 1623 (2004)

18) G. A. Slack *et al.*, *J. Phys. Chem. Solids*, **48**, 641 (1987)
19) S. Kume *et al.*, *J. Am. Ceram. Soc.*, **92**, S153 (2009)
20) S. Fukumoto *et al.*, *J. Mater. Sci.*, **35**, 2743 (2000)
21) M. Egashira *et al.*, *J. Am. Ceram. Soc.*, **77**, 1793 (1994)
22) Y. Q. Li *et al.*, *J. Mater. Sci. Lett.*, **15**, 1758 (1996)
23) A. Maghsoudipour *et al.*, *Ceram. Int.*, **30**, 773 (2004)
24) W. J. Tseng & C. Tsai, *J. Mater. Process. Technol.*, **146**, 289 (2004)
25) S. Tanaka *et al.*, *J. Ceram. Soc. Jpn.*, **122**, 211 (2014)
26) Y. K. Park *et al.*, *Materials Transactions*, **49**, 2781 (2008)

第2章　高熱伝導 AlN フィラーFAN-f シリーズ

武藤兼紀*

1　はじめに

絶縁・熱伝導性樹脂製品（熱伝導シート，接着剤，グリースなど）のさらなる高熱伝導化ニーズから，添加剤として用いられるセラミックスフィラーの高熱伝導化が求められている。絶縁・熱伝導性フィラーとして，現在主流のアルミナやシリカでは樹脂製品の高熱伝導化が頭打ちにきており，次世代材料として窒化アルミニウム（以下 AlN）フィラーが注目されている。

2　古河電子フィラーについて

2.1　FAN-f シリーズ

一般的に，樹脂とフィラーの混合物（以下コンパウンド）の高熱伝導化には，フィラーの高充填が必須である。フィラーの高充填には，粗大粒子の隙間を微粒子で埋め，最密充填をすることが基本である。フィラー最密充填の検討には複数の粒径を準備することが必要である。古河電子では平均粒径で 80/50/30/5 μm と 4 種の大粒径フィラーを 1998 年，世界で初めて市場に投入し，ユーザーでの粒度配合の検討に必要なフィラーを提供してきた。特性の代表値および粒度分布例を表 1，図 1 にて示す。

表1　FAN-f シリーズスペック

※代表値

Grade		FAN-f05-A1	FAN-f30-A1	FAN-f50-A1	FAN-f80-A1
成　分		AlN（少量添加物 Y_2O_3，BN）			
粒子形状		多面体粒	球状		
熱伝導率	W/m·K（RT）	170（焼結体）			
絶縁抵抗	Ω·cm（RT）	$>10^{13}$（焼結体）			
密　度	g/cm^3	3.3（焼結体）			
平均粒径	μm	3～10	20～40	35～65	65～90
D10	μm	3	15	20	30
D90	μm	8	50	95	150
備　考		一次粒子径	＜200 mesh		

＊　Kanenori Mutou　古河電子㈱　営業部　営業課　主務

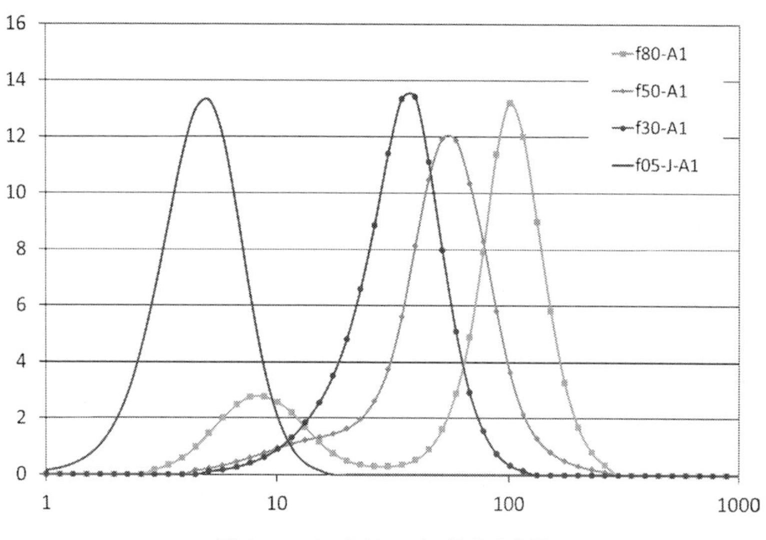

図1　FAN-f シリーズ　粒度分布例

2. 2　製法概略

古河電子 AlN フィラーは，サブミクロンの原料粉末を出発原料とし，スプレードライにより造粒した顆粒を焼結している。造粒の段階で焼結助剤として酸化イットリウムを添加している。焼結工程を経ることで，フィラー単体として 200 W/m・K を超える高熱伝導率（写真1），樹脂との混練時にかかるせん断応力でも崩れにくい強度を実現している。焼結の際の粒子同士の焼き付きや凝集を抑えるため，離形材として数 wt%の窒化ホウ素粉末を粒径や後工程にあわせて適当量添加している。図2にて簡易製造フローを記載する。

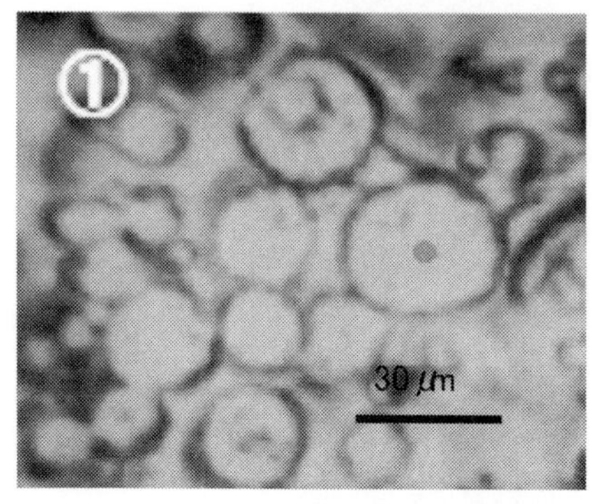

FAN-f30
平均熱伝導率　217W／mK(n=5)

ﾃﾞｰﾀ提供：コーンズテクノロジー㈱殿
測定機　：㈱ベテル殿製　光加熱式サーモリフレクタンス法
熱物性顕微鏡 TM3

写真1　フィラー熱伝導率測定結果

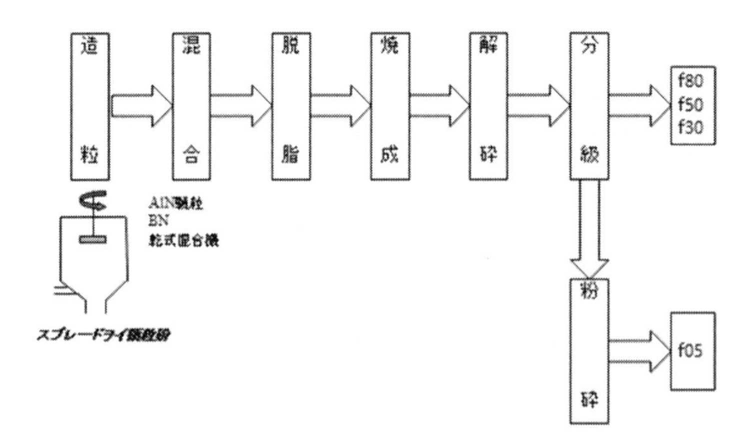

図2　フィラー製造工程フロー概略

2.3　各グレード概略

2.3.1　FAN-f80-A1（以下 f80）

平均粒径は 80 μm 程度であるが，200～300 μm の粗粒も混じっていることから，1 mm 以上のシートなど厚みのある樹脂製品の高熱伝導化検討に用いられることが多い。コンパウンドの高熱伝導化には，フィラーで熱の通り道をつくることが重要である。粗粒は 1 粒で大きな熱の通り道となり，コンパウンドの高熱伝導化に寄与すると考えるため，f80 では粗粒のカットをしていない。最近では，平均粒径で 100 μm を超える要求も出ていることから，造粒，焼結技術を駆使して，さらなる大粒径フィラーの試作を進めている。f80 および，大粒径試作例を写真 2，3 に示す。

写真2　FAN-f80-A1　SEM 写真（直径約 80 μm）

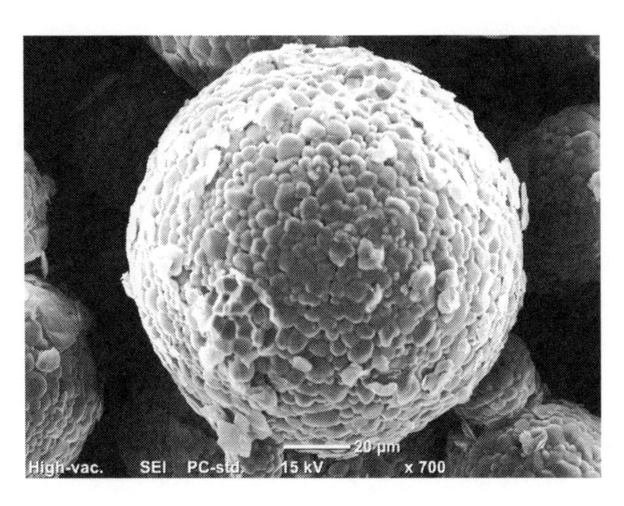

写真3　大粒径フィラー試作品　SEM 写真（直径約 120 µm）

2. 3. 2　FAN-f30-A1（以下 f30）

f30 は 200 µm 以下の厚みの樹脂製品に添加されることが多い。樹脂製品の厚みが薄いため，フィラーの粒度分布，特に最大粒径で 100 µm 以下を希望されることが多い。古河電子ではこの f30 に対し，75 µm 目開きの篩を通しトップカットを行い，最大粒径 100 µm 以下の要求に対応している。過去の f30 はスプレードライ工程由来の気泡が焼結後もフィラー内部に残ってしまい，ところどころ空洞のあるフィラーとなっていた。大きいものでは 10〜20 µm サイズの空洞であり，この空洞が最終的な樹脂製品の電気信頼性等に悪影響となる可能性があると懸念されていた。現在では造粒技術の向上に伴い，空洞が非常に少ない中実フィラーを安定的に製造できるようになっている。新旧 f30 の断面比較を写真4に示す。

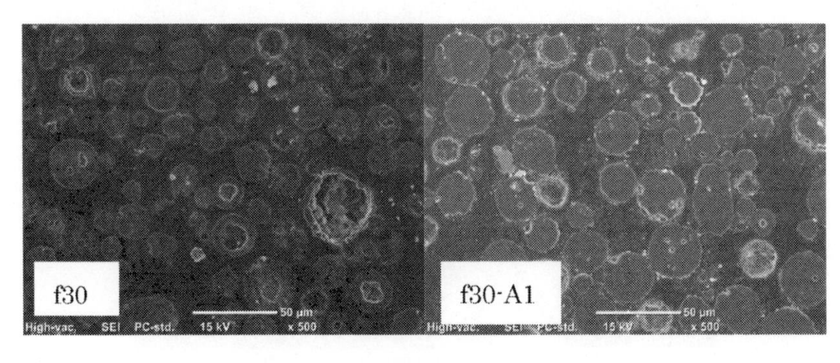

写真4　f30　新旧断面比較（×500）

2.3.3　FAN-f50-A1（以下 f50）

f50 は，f80 と f30 の中間的な位置づけである。f30 より大粒子の割合を多く，かつ，最大粒径は 100 μm 以下を維持などのフィラー要求に対して，f50 を 100〜75 μm 目開きの篩処理することで対応している。逆に，f80 では粗粒が多い，粒径が大きすぎる場合には，それぞれ一回り小さい未篩の f50 を提案している。

2.3.4　FAN-f05-A1（以下 f05）

f05 は，一度焼結させ凝集したフィラーを，粉砕し製品化している。もともとサブミクロンの原料粉末が焼結工程を経ることで平均 5 μm 程度に粒成長をしている。f80，f50，f30 は顆粒を焼結し，ある程度球形状をしていることに対し，f05 だけは最後に粉砕工程があるため，多面体形状の破砕粉末（写真 5）となっている。他社取扱いの 1 次粉においても同程度の粒径はあるが，f05 は焼結後に粉砕し平均粒径 5 μm の結晶粒となっているので，単粒子での高熱伝導性がある。この f05 は，f80 や f50 をメインフィラーとして使用する場合の隙間を埋めるための微粒子や，数十 μm 厚みに塗布するペースト，グリース用や半導体の封止剤などへ添加検討されることが多い。

ただし破砕粉末のため，球形状フィラーと比較すると樹脂への充填性やコンパウンドの流動性では劣るが，逆に多面体形状であることから粒子同士が面で接触するため，使用方法を工夫することで，高熱伝導化に寄与することが期待される。

上記 4 Grade をカタログ品として展開しており，要求に応じて適宜篩処理などの分級を行っている。最近では各 Grade の中間 Grade や前述のように 100 μm を超える大粒径の要求もあり，それらもラインナップに加えるべく鋭意試作検討を進めている。

写真 5　FAN-f05-A1　SEM 写真

3　AlN の課題

3. 1　耐水性

AlN を使用する上での課題として，水との反応性が挙げられる。AlN は水と反応しアンモニアと水酸化アルミを生成してしまう。AlN の構造物や基板など，ある程度比表面積の小さいものであれば，極端な水和反応は見られないが，フィラーをはじめとする粉末のように比表面積の大きいものとなると，この水和反応は顕著となる。また，AlN はアルカリにも浸食されるため，自身から発生したアンモニアが水溶液となることで，加速度的に反応が促進してしまう。このアンモニアは樹脂，使用する触媒によっては硬化阻害の原因となることから，極力発生させないような工夫が必要である。AlN フィラーを取り扱う際には，水分と接触する機会を減らすため，使用前に加熱処理することで表面吸着水を除去したり，一度開封したフィラーの保存にはデシケーターなどの乾燥雰囲気での保管，可能であれば不活性ガスでのパージや真空梱包を推奨する。

3. 2　古河電子での水和対策

古河電子では，出荷前に大気中で加熱処理を行い，表面吸着水の除去を行っている。表面に水分が残った状態では長期保管中の水和進行の危険性が高まり，また，コンパウンドの信頼性に悪影響を与える可能性もある。AlN フィラーメーカーとして，大気に触れる機会を減らし，真空梱包するまでの時間を短くすることに努めている。

3. 3　表面処理

水和対策として，表面処理が一般的であるが，窒化物である AlN に適した表面処理の検討例は少ない。シランカップリング処理など市販の表面処理はアルミナやシリカといった酸化物フィラーを中心に培われた処方であり，窒化物である AlN へのそのままの適用は困難である。古河電子でも耐水処理した AlN フィラーの要望に応えるべく，いくつかの表面処理剤を試したことはある。水和反応によりアンモニアが発生するため，表面処理の効果は，フィラーを温水浸漬，撹拌し，pH の変化を確認することで行う。古河での試作評価例を図 3 にて示す。確かに，フィラー単体としての耐水性の向上を確認することができる処方もあったが，未処理のフィラーと比較して，樹脂との混練性やコンパウンドの熱伝導が低下する，高温高湿試験や PCT などの信頼性試験においてより劣化が見られるなど，結果として満足のいく表面処理の確立には至っていない。使用する樹脂，混練条件，添加剤等の組み合わせは顧客ごとに異なり，それぞれの使用条件に合った処理剤の選定が必要であると考える。現在，古河電子では AlN フィラーに対する表面処理の積極的な検討～展開は控えているが，過去の表面処理検討経験を活かして，顧客での処理方法や条件出しの協力をしている。

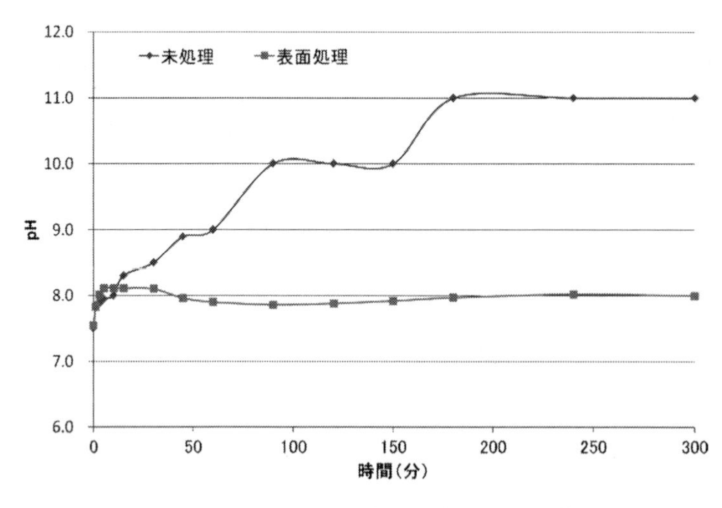

図３　AlN フィラーの耐水評価（50℃温水撹拌）

4　古河電子でのフィラー用途開発取組み

古河電子ではフィラーの用途開発の一環として，AlN フィラーを用いたシリコーンシートの検討を進めている。大小粒径フィラーを組み合わせて，厚み 125～500 μm，熱伝導率 3～5 W 程度 /m・K（定常法）のシート化まで成功している。表 2 に現在のスペックを示す。フィラーとして 90 wt％以上と高充填することで 10 W/m・K を超えるシートも実現したが，コンパウンドの粘度が上がって加工が困難となり，シートの柔軟性も落ちてしまい，結果，基材とシートの密着性が低下し，荷重によっては最終的な部品全体としての熱抵抗を上げてしまうことを確認している。このように，シートの柔軟性と高熱伝導化はトレードオフの関係にあるが，高いレベルでの両立を目指して検討を進めている。後々は FAN-f シリーズのさらなる展開のために，配合例や樹脂に合わせた混練方法の提案を目標としている。

表２　熱伝導シートスペック例

		FN-003
厚み	mm	0.5
熱伝導率	W/m・K	5
硬さ（デュロメータ硬さ）	−	A88
引張強度	MPa	3
伸び	%	50
弾性率	MPa	7
体積抵抗率	Ω・cm	$\sim 10^{15}$

5　おわりに

樹脂製品に対して高熱伝導化への期待が高まる一方で，実用上重要となる接触熱抵抗を低減するために柔らかさも求められている。高熱伝導化にはフィラーの高充填が必須であると述べたが，コンパウンドの増粘，柔軟性の低下につながる。AlN フィラーであれば，他の材料に比べ低充填でも樹脂の高熱伝導化が可能であることから，高熱伝導・高柔軟性を両立したシートの実現に貢献することが期待される。

また，最近の熱伝導シートユーザーの要求スペックは，アルミナを使用した場合には到達が困難な領域に突入してきており，信頼性には多少目をつぶってでも AlN フィラーを使いこなそうという動きが活発化してきていることから，今後のさらなる需要増が期待される。

第3章　Al／AlN フィラー（TOYAL TecFiller®）

橋詰良樹*

1　TOYAL TecFiller®について

TOYAL TecFiller の“TEC”は，“Thermal Electric Conductive”の頭文字を取ったもので，アルミニウムフィラー（TFH シリーズ），窒化アルミニウムフィラー（TFZ シリーズ）および無電解金属めっきフィラー（TFM シリーズ）がある。アルミニウムおよび窒化アルミニウムは熱伝導フィラーとして使用されており，無電解めっきフィラーは主に導電性フィラーとして使用されるが，熱伝導フィラーとしての効果も認められており，絶縁性が要求されない用途には使用可能である。

いずれのフィラーについても粒度・形状・表面性状の異なる幾種類かのグレードが取り揃えられており，用途に応じて使い分けすることができる。

熱伝導フィラーを充填した樹脂の熱伝導率は，下記に示す Bruggeman の式で予測される[1]。

Bruggeman の式　$$1-\phi=\frac{\lambda_c-\lambda_f}{\lambda_m-\lambda_f}\left(\frac{\lambda_m}{\lambda_c}\right)^{\frac{1}{3}}$$

ϕ＝フィラーの体積充填率，λ_c＝コンパウンドの熱伝導率，

λ_f＝フィラーの熱伝導率，λ_m＝マトリクスの熱伝導率

図1は Bruggeman 式で計算されるフィラー充填樹脂の熱伝導率と TOYAL TecFiller を充填した樹脂の熱伝導率の比較データを示す。熱伝導率の値は計算値とほぼ一致している。図1より，アルミニウムや窒化アルミニウム等の高熱伝導フィラーは，特に充填率 70 vol%以上の高充填領域で，その特長を発揮することが分かる。

2　アルミニウムフィラー

2.1　金属の熱伝導

金属は自由電子の振動の伝達により熱を伝える。金属の導電性にも自由電子が関与していることから，導電性の良好な金属は熱伝導性も良好である。この関係は，Wiedemann-Franz 則とし

*　Yoshiki Hashizume　東洋アルミニウム㈱　先端技術本部　コアテクノロジーセンター
シニアスペシャリスト　コアテクノロジーセンター長

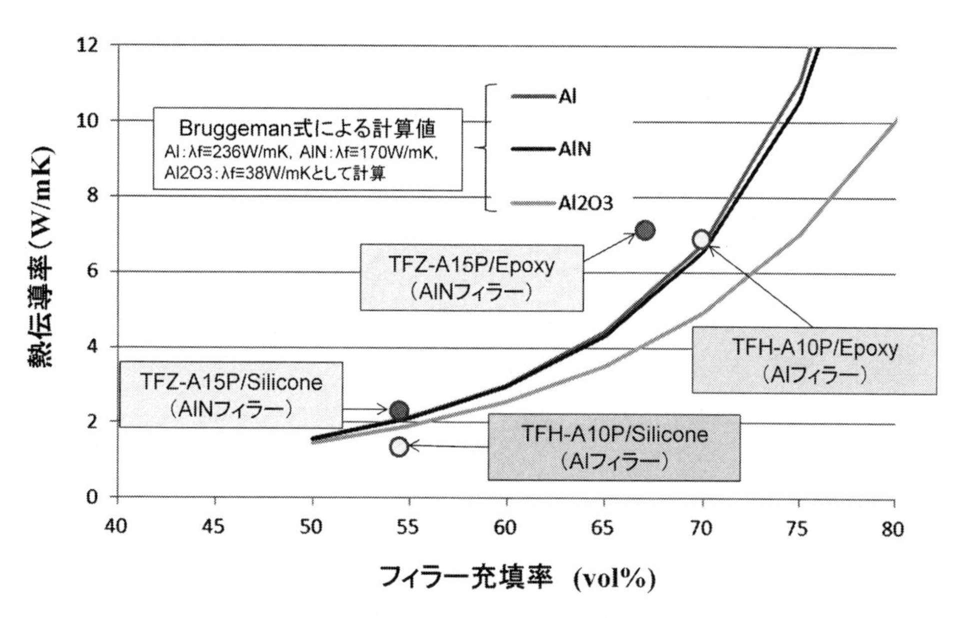

図1　TOYAL TecFiller 充填樹脂の熱伝導率と計算値との比較
（熱伝導率測定法）Silicone 系：熱流法，Epoxy 系：レーザーフラッシュ法

て次式で示される。

$$K/\sigma = LT$$

ここで，K：熱伝導率（W/mK），σ：電気伝導率（$\Omega^{-1}\,m^{-1}$），T：絶対温度（K），L：ローレンツ数＝$\pi^2/3(k_B/e)^2 = 2.44\times10^{-8}$（$k_B$：ボルツマン係数，$e$：電気素量）である。

アルミニウムは，金属の中では，銀（420 W/mK），銅（398 W/mK），金（320 W/mK）に次ぐ熱伝導率（236 W/mK）を示す。ただし，このデータは純アルミニウムに関するデータであり，アルミニウム合金の熱伝導率はもっと低くなる。例えば，A2024（Al-Cu 合金：超ジュラルミン）の熱伝導率は 120～190 W/mK，A3003（Al-Mn 合金）は 150～180 W/mK，A6061（Al-Mg-Si 合金）は 160～180 W/mK，A7075（Al-Zn-Mg 合金：超々ジュラルミン）は 130 W/mK 程度となる。それぞれ，合金の加工履歴，熱履歴などにより熱伝導率が異なる。

2.2　アルミニウム熱伝導フィラー

アルミニウム粉末は，一般にアトマイズ法により製造される。図2にアトマイズ装置の概略図を示す。アトマイズ装置によりアルミニウム溶湯を高圧ガスで霧化・微細化し，サイクロンなどで捕集する。アトマイズガスとしては，空気，窒素，アルゴン，ヘリウムなどが用いられる。アトマイズガスを不活性ガスにすることにより，より球状度の高いアルミニウム粉末を得ることができる。

微細なアルミニウム粉末の製造には粉塵爆発の危険性が伴うため，粉塵濃度の管理，静電気対

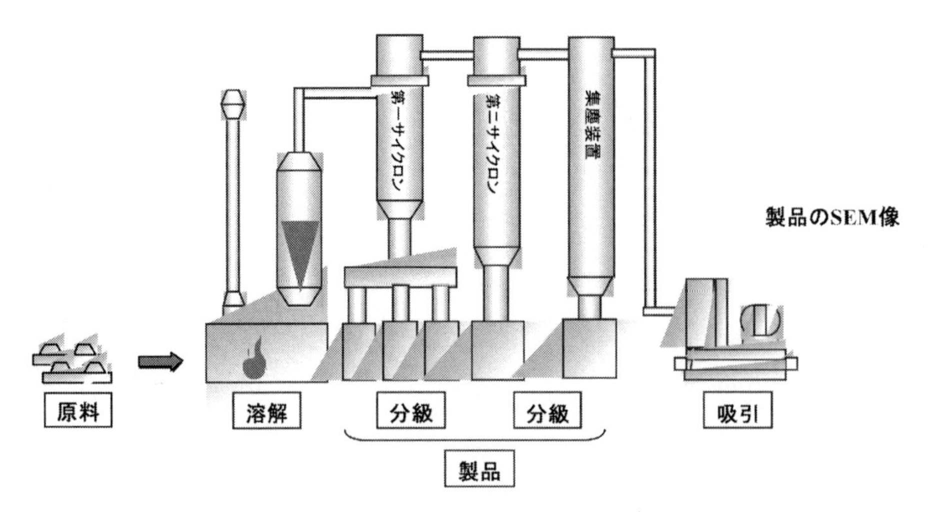

図2　アトマイズ装置の概略図

表1　アルミニウム粉末の用途と使用目的

種　類	用　途	使用目的
アルミニウム粉	耐火煉瓦	耐酸化性，強度の向上
	粉末冶金	強度，耐熱性，耐摩耗性
	ロケット推進剤	酸化エネルギーによる推進力アップ
	触　　媒	アルキルアルミニウムの合成
	電極材料	焼成電極，太陽電池の変換効率改善
	ろう付け剤	金属の接合（熱交換器等）
アルミニウムフレーク	塗料・インキ用顔料	メタリック感，意匠性の付与
	軽量気泡コンクリート	発泡剤（コンクリートのアルカリ成分と反応）
	スラリー火薬	酸化エネルギーによる爆発力アップ
	化粧品	メタリック感，意匠性の付与，肌の隠蔽

策，火花対策などに特別な配慮が必要となる。ただし，アルミニウム粉末のうち，危険物（危険物第2類可燃性固体）に分類されるのは一部の非常に微細なアルミニウム粉末に限られ，一般のアルミニウム粉末（平均粒径5μm以上）は危険物には該当しない。危険物に分類されるかどうかについては，政令で定められた「小ガス炎着火試験」および「セタ密閉式引火点測定試験」により判定される。

表1にアルミニウム粉末の主な用途と使用目的を示す。

熱伝導フィラーに用いるアルミニウム粉末には純度99.8%以上のA1080材を用いているため，材料そのものの熱伝導率は230 W/mK以上となる。ただし，アルミニウム粉末の表面は自然酸化皮膜で覆われており，フィラー間の接触点における熱伝達を妨げる要因となっている。アルミニウムの自然酸化皮膜の厚みは50Å程度であり，10Å程度の緻密な膜とその外部に形成される多孔質膜から形成されている。酸化皮膜の存在によりアルミニウムフィラーを配合した樹脂の絶

表2　シリカ処理アルミニウムフィラー充填樹脂の特性

サンプル	熱伝導率（W/mK）	絶縁破壊強さ（kV/mm）
Al フィラー（2 μm）	1.5	2.7
シリカ処理 Al フィラー（2 μm）（シリカ膜厚小）	1.4	6.5
シリカ処理 Al フィラー（2 μm）（シリカ膜厚大）	–	6.9
Al フィラー（10 μm）	1.5	0.4
シリカ処理 Al フィラー（10 μm）（シリカ膜厚小）	1.5	3.8
シリカ処理 Al フィラー（10 μm）（シリカ膜厚大）	1.4	7.4

測定サンプル：フィラー 55 vol％配合（シリコーン樹脂中）
熱伝導率の測定：熱線法，絶縁破壊電圧の測定：JIS-C2110-1 に準拠

縁抵抗は高く $10^8\,\Omega\,\mathrm{cm}$ を超える値となるが，絶縁破壊電圧は 0.5～3 kV/mm 程度と，さほど高くはない。アルミニウムフィラーに絶縁性を付与するために表面処理を施すことも可能である。一例として，表2にシリカ処理したアルミニウムフィラーを充填した樹脂の特性を示す。

フレーク状アルミニウム粉末は，塗料・インキ用顔料として多量に使用されているが，熱伝導フィラーとしても使用できる[2)]。

2. 3　TOYAL TecFiller TFH シリーズ

表3に TOYAL TecFiller TFH シリーズの粒度と SEM 写真を示す。粒度分布については調整可能であり，用途によっては，粗粉の混入が極端に嫌われるため，特別な粒度管理を行う場合もある。形状についても，さらに球状度の高いフィラーが提供可能である。図3に球状アルミニウム粉末の形状を示す。球状アルミニウム粉末は，最近 3D プリンターによる金属積層造形用粉末として注目されている。

3　窒化アルミニウムフィラー

3. 1　窒化アルミニウムの熱伝導

無機化合物の熱伝導はフォノン伝導による。フォノンは結晶格子の振動を量子化した粒子で，熱伝導率との関係は次式で表される。

$$K = 1/3\int C(\omega)\,v\,\Lambda(\omega)\,\mathrm{d}\omega \qquad \text{（フォノンのエネルギー一定の場合は，}K = 1/3Cv\Lambda\text{）}$$

ここで，K：熱伝導率（W/mK），$C(\omega)$：フォノン振動数 ω における比熱（$\mathrm{J/m^3K}$），v：フォノンの速度＝音速（m/s），$\Lambda(\omega)$：フォノン振動数 ω における平均自由工程（m）である。また，音速 v については，次式の関係がある。これらの式から，共有結合力が強く，密度の低い結晶が

表３　TOTAL TecFiller TFH シリーズの粒度分布と形状

	D10（μm）	D50（μm）	D90（μm）	SEM 写真
TFH-A02P	0.8	1.8	3.4	
TFH-A05P	3.3	5.9	9.6	
TFH-A10P	7.6	11.1	17.7	
TFH-A20P	12.6	19.1	32.1	
TFH-A30P	16.3	28.3	50.0	

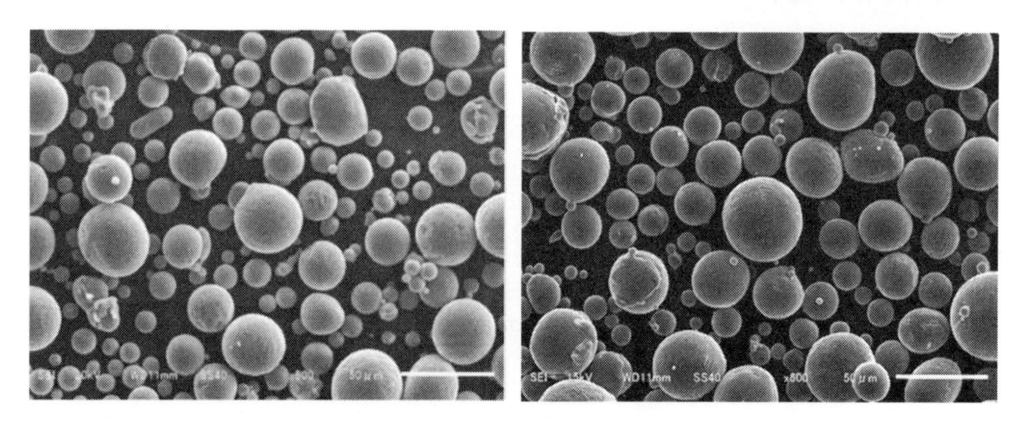

図３　球状アルミニウム粉末の形状

高い熱伝導率を示すことが分かる。

$$v = (E/\rho)^{\frac{1}{2}} \qquad (E：弾性率,\ \rho：密度)$$

もし完全な調和振動を示す結晶があれば，その中ではフォノンは自由粒子として振る舞うことになり，熱伝導率は無限に大きくなる。しかし，実際には結晶の不調和，フォノンの散乱，フォノンの拘束，結晶粒界などにより，フォノンの伝達ロスが生じ，熱伝導率が低下する。

上に述べたことから，熱伝導率の高い無機化合物の条件は以下の通りとなる。

① 結晶構造が単純で対称性が高い
② 原子間の共有結合力が強い
③ 構成元素が軽い
④ 構成元素間の質量差が小さい

これらの条件に最も適合する物質としてはダイヤモンド（2,000 W/mK）や立方晶窒化ホウ素（800 W/mK）が挙げられるが，実用上は，原料の入手しやすさ，合成のしやすさ，取扱いのしやすさなどを考慮する必要があり，必ずしも理想的は熱伝導フィラーとは言えない。窒化ホウ素に関しては，比較的合成しやすい六方晶の板状粒子もあるが，熱伝導率に異方性があり，面方向には高いが，厚み方向の熱伝導率はあまり高くないという問題がある。

窒化アルミニウムは，ダイヤモンドや立方晶窒化ホウ素などと比べると条件が悪くなるが，やはり上記4条件を満たしており，理論的には320 W/mK という高い熱伝導率を持つ化合物である。さらに，合成のしやすさや原料価格などに関しては，ダイヤモンドや立方晶窒化ホウ素に比べはるかに有利で，実用性が高い。また，六方晶窒化ホウ素やグラファイトのように熱伝導率の異方性も示さない。

セラミック焼結体としての窒化アルミニウムの熱伝導率は150～200 W/mK が一般的である。熱伝導率が理論値よりも低くなる要因としては，粒内固溶酸素，粒界相の存在，歪・転位などが挙げられるが，特に粒内固溶酸素の影響が大きい。

窒化アルミニウム焼結体は，窒化アルミニウム粉末に焼結助剤として酸化イットリウムを添加し，窒素雰囲気中，1,800℃前後の高温で常圧焼結することによって得られる。酸化イットリウムには，窒化アルミニウム粉末表面の酸化物（アルミナ）と液相を形成し焼結を促進すると共に，窒化アルミニウム粒内の固溶酸素を液相に取り込んで粒界にトラップする作用がある。このため，粒内固溶酸素が少なくなり，高い熱伝導率が得られる。なお，焼結原料として使用される窒化アルミニウム粉末としては，平均粒径2 μm 以下のできるだけ細かく，粒度分布幅の狭い粉末が要求される。また，酸素量の少ない粉末が望ましい。酸素量が多くなると，酸素を粒界にトラップするための酸化イットリウム量も多くなる。参考までに，図4および図5に直接窒化法による窒化アルミニウム（AlN）粉末（東洋アルミニウム㈱製）の焼結特性と熱伝導率を示す。

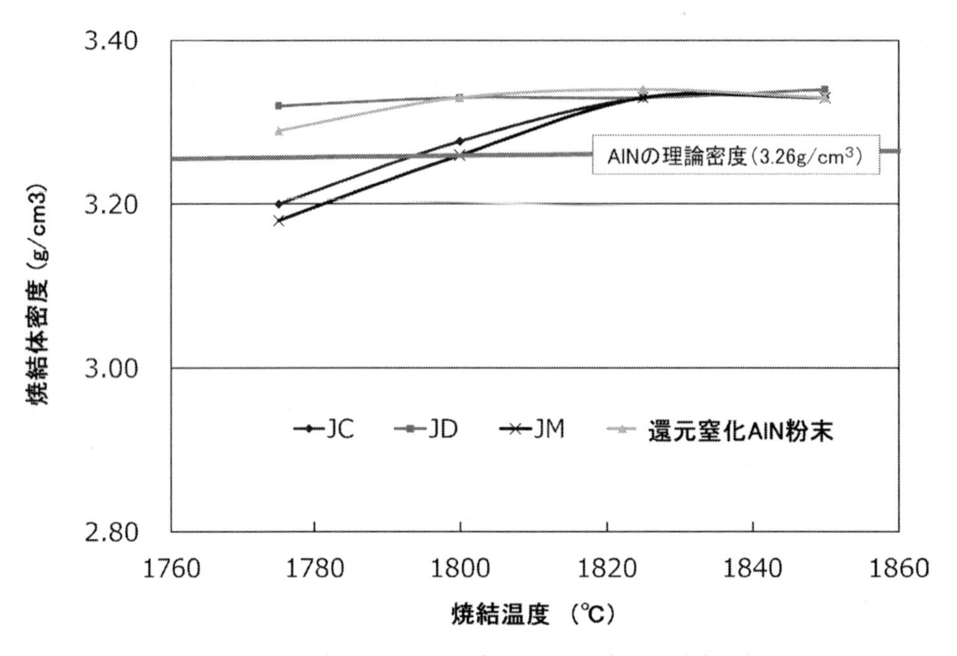

図４　直接窒化法 AlN 粉末（JC，JD，JM）の焼結特性

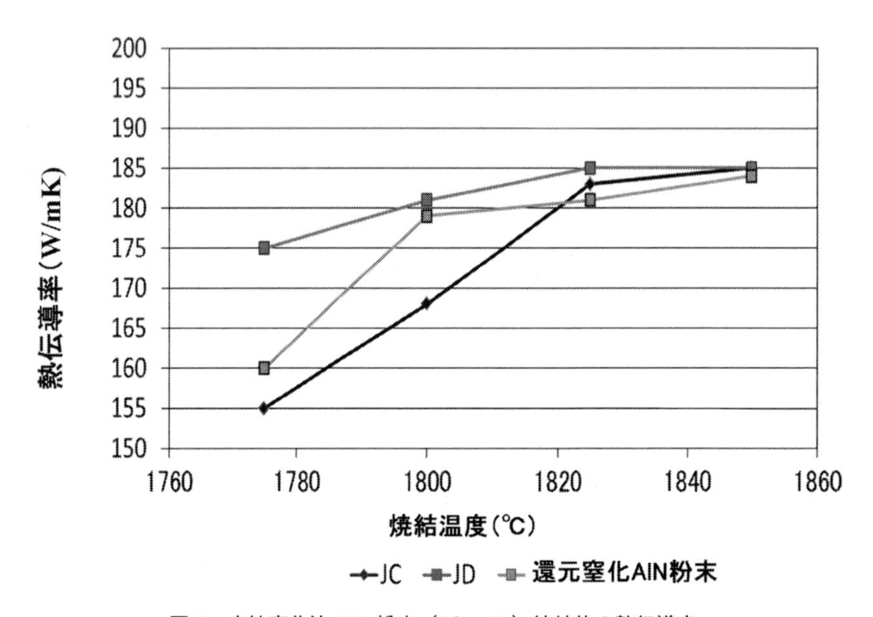

図５　直接窒化法 AlN 粉末（JC，JD）焼結体の熱伝導率

3.2　窒化アルミニウムの製造方法

窒化アルミニウムの製法には，主としてアルミナ還元窒化法と直接窒化法の2種類がある。他に気相法などでも合成することはできるが，本格的な工業化はされていない。

アルミナ還元窒化法は，アルミナ粉末とカーボンを混合し，窒素雰囲気中で1,500℃以上の高温で加熱することにより窒化アルミニウムを合成する（次式）。

$$Al_2O_3 + 3C + N_2 \rightarrow 2AlN + 3CO$$

この反応はカーボンを過剰に添加した状態で行われるため，後工程で空気中で加熱し，脱炭する必要がある。

一方，直接窒化法はアルミニウム粉末を窒素中で直接加熱することにより窒化アルミニウムを合成する（次式）。この反応は発熱反応となり，反応熱（⊿H）が318 kJ/molと高いため，一旦反応が開始すれば自動的に反応が進行する（自己燃焼反応）。

$$Al + 1/2N_2 \rightarrow AlN$$

合成に際しては，アルミニウム粉末同士の融着を防止するため，窒化アルミニウム粉末をアルミニウム粉末に混合して加熱する。窒化反応の開始温度は600℃程度であり，反応温度も600～1,000℃と比較的低温で合成できる。さらに，加圧窒素雰囲気中で原料の一部に着火し自己燃焼させるという燃焼合成法を用いれば，常温でも合成できる[3)]。

製造コストに関しては，合成に必要なエネルギーコストという観点からすれば，直接窒化法の方が有利である。また，アルミナ還元窒化法では大きなアルミナ粒子を完全に窒化するのは困難であるのに対し，直接窒化法では合成中に材料が2,000℃以上まで加熱されるため，粒成長が起こり，大粒径の窒化アルミニウム粒子を得ることができる。フィラー用途では粒度の大きい粉末が望まれるため，直接窒化法の方が適している。

3.3　窒化アルミニウム熱伝導フィラー

熱伝導フィラーに使用される窒化アルミニウムフィラーとしては，粒径1～100 μmの窒化アルミニウム粉末が使用される。形状としては，角ばった形状が通常であるが，球状のフィラーもある。球状窒化アルミニウムフィラーは，スプレードライ粉末を焼結することにより製造されているため，一般の窒化アルミニウムフィラーに比べると高価となる。図6にフィラー用窒化アルミニウム粉末とスプレードライされた窒化アルミニウム粉末の形状を示す。

窒化アルミニウム粉末は，水や水蒸気と容易に反応しアンモニアガスを発生するという問題があるため，耐水処理が必要となる場合が多い（次式）。

$$AlN + 3H_2O \rightarrow Al(OH)_3 + NH_3$$

窒化アルミニウムの耐水処理方法としては，燐酸処理[4)]とシリカ処理がある。燐酸処理は比較

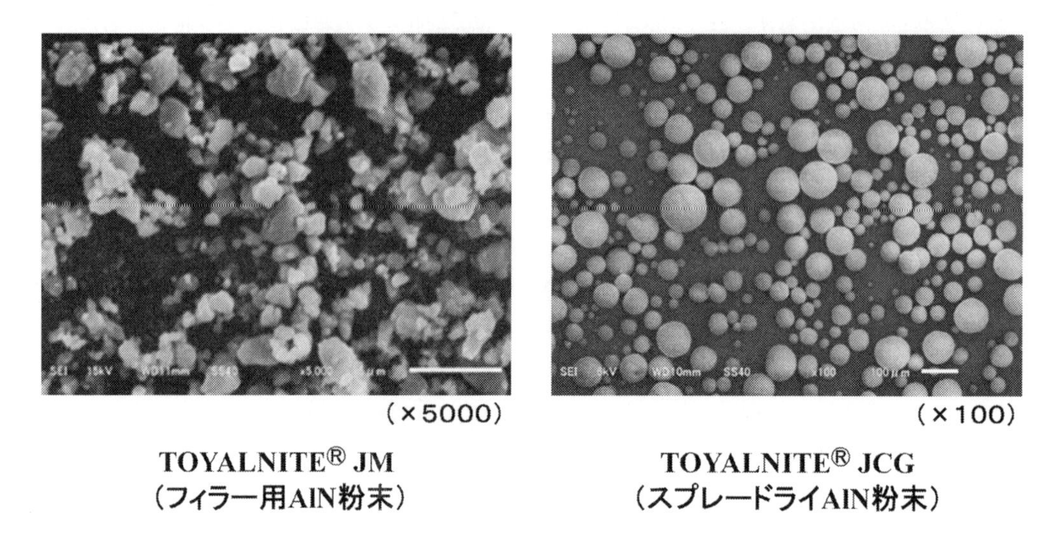

図６　窒化アルミニウム粉末の形状

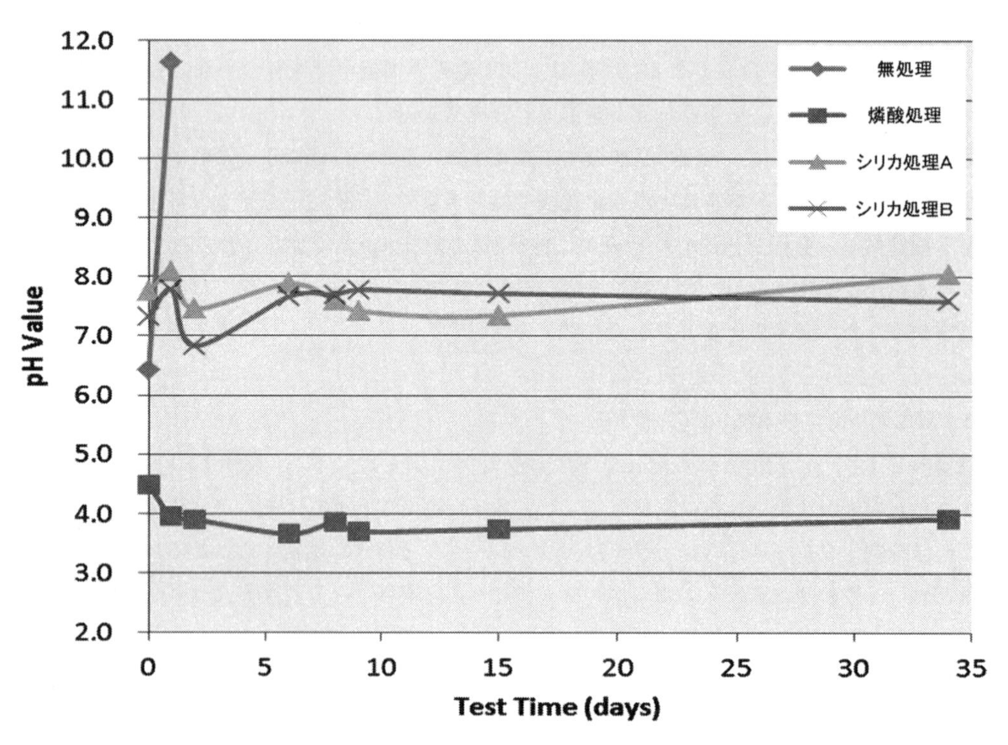

図７　耐水処理窒化アルミニウム粉末の安定性
AlN 粉末を 40℃のイオン交換水（AlN/水＝10/90）に浸漬し，pH 値の変化を測定。

的薄い燐酸アルミニウム膜で窒化アルミニウムフィラーの表面を被覆する方法で，処理による熱伝導率の低下は小さい。シリカ処理においては，窒化アルミニウムフィラー表面を 10～100 nm 程度の比較的厚いシリカ膜で被覆するため，かなり過酷な条件でも使用できる。

図7に窒化アルミニウム粉末の耐水試験結果を示す。水中に窒化アルミニウムフィラーを浸漬した場合，無処理では24時間以内に反応してアンモニアを発生し，pH 値が急上昇するのに対し，燐酸やシリカ膜により耐水処理した窒化アルミニウムフィラーについては pH 値の上昇は起こらない。

3.4　TOYAL TecFiller TFZ シリーズ

TOYAL TecFiller TFZ シリーズは，直接窒化法により合成された窒化アルミニウム熱伝導フィラーで，広範囲の粒度の品揃えがあり，耐水処理を施すことも可能である。

表4に TOYAL TecFiller TFZ シリーズの粒度・比表面積・酸素量と SEM 写真を示す。表4の TFZ-A シリーズの他に，耐水処理を施していない TFZ-N シリーズもあり，耐水性を必要としない用途や，顧客側で耐水対策が行われる場合にはこの無処理品が推奨される。また，表4に

表4　TOYAL TecFiller TFZ シリーズの特性と形状

Grade	表面処理	D10 (μm)	D50 (μm)	D90 (μm)	比表面積 (m^2/g)	酸素量 (wt%)	SEM 写真（×2000）
TFZ-A02P	耐水処理	0.6	1.5	3.0	3.0	1.5	
TFZ-A10P	耐水処理	1.7	8.0	22	1.2	1.2	
TFZ-A15P	耐水処理	3.3	13	41	0.9	0.8	

耐水処理を施していない“TFZ-N シリーズ”もあり。

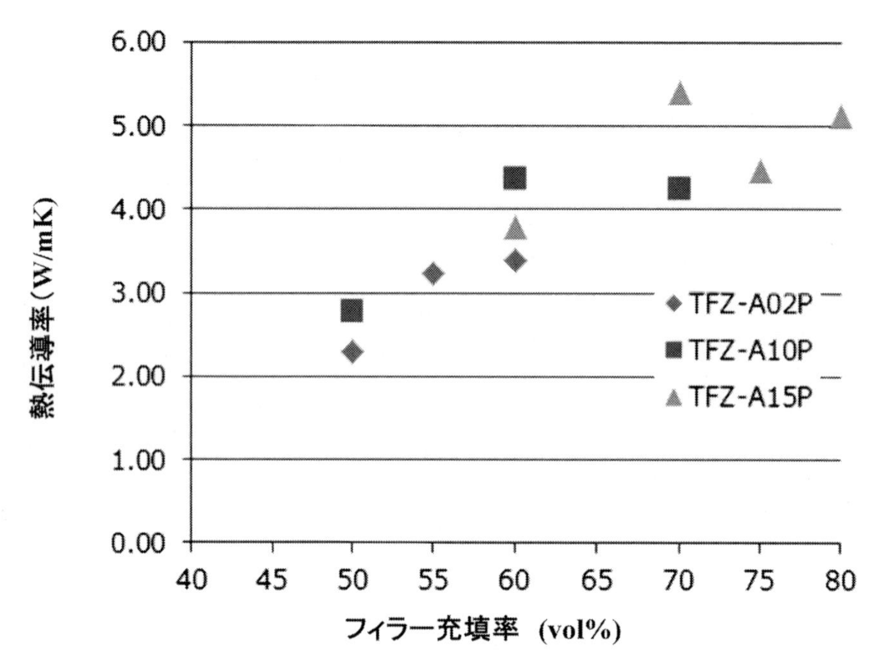

図８　TFZ シリーズ充填エポキシ樹脂の熱伝導率測定例
測定サンプル：TFZ シリーズ（エポキシ樹脂中），熱伝導率の測定：レーザーフラッシュ法

記載のグレード以外に，さらに粒度の粗い粉末も提供可能である。

図８に TOYAL TecFiller TFZ シリーズを配合したエポキシ樹脂の熱伝導率の測定例を示す。

文　　献

1)　D. A. G. Bruggeman, *Ann. Physik*, **24**, 636 (1935)
2)　特開 2012-72364
3)　T. Sakurai *et al.*, *J. Soc. Mater. Sci., Jpn.*, **54** (6), 574 (2005)
4)　Y. Nagai & G. C. Lai, *J. Ceram. Soc. Jpn.*, **105** (3), 197 (1997)

第4章　熱伝導フィラー用マグネシウム化合物

中村将志[*1]，坂本健尚[*2]

1　はじめに

マグネシウムは海水中に塩化マグネシウムおよび硫酸マグネシウムの形で約0.05 mol/L含まれ，海水中の元素組成の中で5番目に多い元素である。海に囲まれた日本にとって豊かな資源であると言える。また，実用金属の中では最軽量であり，マグネシウム化合物も比較的低真比重である。

水酸化マグネシウムや酸化マグネシウム等のマグネシウム化合物は医薬品としても古くから利用されており，安全性も高い。機能性フィラーとしては，水酸化マグネシウムが主に難燃剤として，酸化マグネシウム，塩基性炭酸マグネシウムはゴム配合剤として広く利用されている。

携帯電話やパソコン等の電子機器の軽量化，高集積化に伴い，軽量で絶縁性が高く，成型も容易である樹脂材料が求められてきている。熱伝導性を向上させるため，樹脂に熱伝導率の高い無機フィラーを配合することが一般的であり，熱伝導フィラーとして，溶融シリカやアルミナが使用される場合が多く，熱伝導率の高い酸化マグネシウム，窒化ホウ素，窒化アルミニウム等の使用も検討されている。表1に示すように，いずれも一長一短があり，用途に応じて使い分けられている。本稿では，耐水性や耐酸性に欠点のあった酸化マグネシウムの改善について説明し，弊社が独自に開発した無水炭酸マグネシウム（合成マグネサイト）について紹介する。

表1　熱伝導フィラーの一般特性一覧

	化学式	真比重	熱伝導率 W/m·K	モース硬度	問題点
酸化マグネシウム	MgO	3.6	45-60	6.0	耐水性低，耐酸性低
無水炭酸マグネシウム	$MgCO_3$	3.0	15	3.5	–
水酸化マグネシウム	$Mg(OH)_2$	2.4	8	2.5	耐酸性低
溶融シリカ	SiO_2	2.6	2	6.0	低熱伝導率
酸化アルミニウム（アルミナ）	Al_2O_3	3.9	20-35	9.0	高硬度
六方晶窒化ホウ素	BN	2.3	30-50	2.0	高価格
窒化アルミニウム	AlN	3.2	150-250	7.0	高価格，高硬度

＊1　Masashi Nakamura　神島化学工業㈱　化成品技術グループ
＊2　Kensho Sakamoto　神島化学工業㈱　生産技術グループ

2　熱伝導フィラー用酸化マグネシウム

2.1　酸化マグネシウムの一般特性

酸化マグネシウムの一般特性を表2に示した。酸化マグネシウムはアルミナよりも熱伝導率が高く，モース硬度も低いため，アルミナ使用時の問題点である金型の磨耗が少ない樹脂複合材料を設計することができる。しかし，酸化マグネシウムは水分と反応して，水酸化マグネシウムへ転化し材料が劣化する問題がある。そのため，酸化マグネシウム熱伝導フィラーとして用いるためには耐水性と耐酸性の改善が必要である。

2.2　耐水性・耐酸性の改善

酸化マグネシウムの耐水性，耐酸性改善のためには，酸化マグネシウムの粒子径制御と粒子表面の改質が不可欠である。酸化マグネシウムの粒子径は，BET比表面積が10 m^2/g以下程度に制御する必要がある。また，粒子表面改質に用いる改質剤は酸化マグネシウムと化学的に結合するものが好ましい。酸化マグネシウム表面に付着しているだけでは，樹脂に混練した際に，酸化マグネシウム表面から剥がれて，十分に耐水性，耐酸性の改善ができない。

図1にBET比表面積9 m^2/g，平均粒子径1.5 μmの酸化マグネシウムを反応性ポリオルガノ

表2　酸化マグネシウムの一般特性

組成式	MgO
外観	白色粉体
結晶系	等軸晶系
真比重	3.6
屈折率	1.74
融点	2800℃

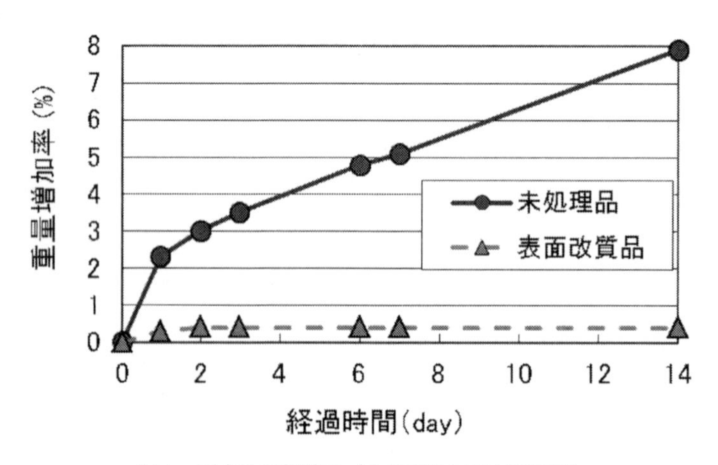

図1　耐水性評価結果（未処理品と表面改質品）

シロキサンで表面改質したPSF-WRの耐水性評価結果を示した。耐水性評価は，85℃-85%RHの条件下における重量増加率を測定した。未処理品が14 day後に約8%重量増加するのに対して，表面改質品はほとんど重量増加せず，耐水性が改善されていることがわかる。

表3に平均粒子径の異なるタイプの弊社製品SL-WR（平均粒子径約10 μm），PSF-WR（平均粒子径約1 μm）の製品特性例を，図2にその粒子のSEM写真を示した。

2.3　応用特性例

表4にBET比表面積9 m^2/g，平均粒子径1.5 μmの酸化マグネシウムにポリオルガシロキサン2%と4%で表面改質した試料をEEA樹脂に混練してシート成型し，これらのシートの熱伝導率と耐酸性の評価結果を示した。耐酸性評価は，40℃・10%硫酸に24 hrs浸漬した後の重量減少率を測定した。

処理量を2%から4%に増やすことによって耐酸性は改善した。4%処理品の耐酸性は2.5%と大きく改善されているが，熱伝導率は2%処理品より若干低下した。処理剤は酸化マグネシウム

表3　スターマグSL-WR，PSF-WRの製品特性例

		SL-WR	PSF-WR
Ig-loss	(%)	0.2	0.3
BET比表面積	(m^2/g)	5.0	6.6
平均粒子径	(μm)	9.8	1.0
見掛比重	(g/mL)	1.6	0.7
SiO_2	(%)	0.9	1.3

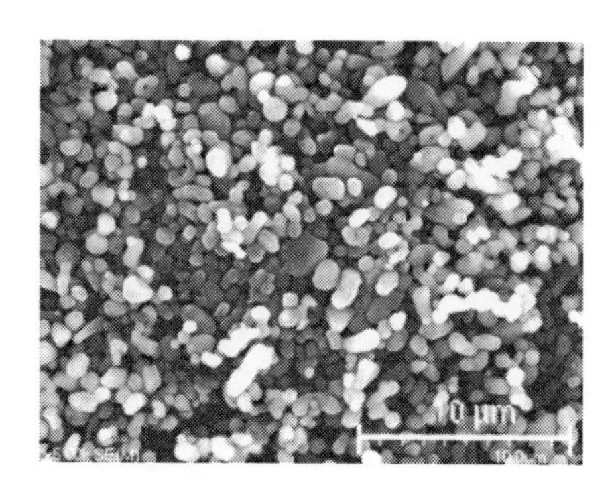

図2　粒子SEM写真（左：SL-WR，右：PSF-WR）

表4　酸化マグネシウム複合EEA樹脂の熱伝導率と耐酸性

	熱伝導率（W/m・K）	耐酸性（%）
未処理品	2.0	42.9
2%処理品	2.0	16.4
4%処理品	1.9	2.5

に比べて熱伝導率が低いため，過剰処理すると熱伝導率は低下することがわかった。

3　熱伝導フィラー用無水炭酸マグネシウムについて

3.1　炭酸マグネシウムの一般特性

塩基性炭酸マグネシウムと無水炭酸マグネシウムの一般特性を表5に示している。一般に工業用として使用されている炭酸マグネシウムは塩基性炭酸マグネシウムを指し，主に天然ゴムの補強剤として用いられている。塩基性炭酸マグネシウムは結晶水を有し，プラスチックの加工温度以下の温度で熱分解するため，プラスチックの加工時に発泡が生じる。そのため，塩基性炭酸マグネシウムはプラスチックのフィラーとして利用されることはほとんどない。

一方，無水炭酸マグネシウムはマグネサイト鉱として天然にも存在し，プラスチックの加工温度範囲では熱的に安定であり，熱伝導率が高い。

表5　炭酸マグネシウムの一般特性

	塩基性塩	無水塩
組成式	$4MgCO_3 \cdot Mg(OH)_2 \cdot 4H_2O$	$MgCO_3$
外観	白色粉体	白色粉体
結晶系	単斜晶系	三方晶系
真比重	2.1～2.2	3.0
屈折率	1.52～1.53	1.70
水への溶解性	0.03 g/100 g	0.01 g/100 g
分解開始温度	約100℃	約500℃

3.2　合成マグネサイト

マグネサイト鉱の粉砕品は，不純物が多く，粒径が粗く，粒度分布もブロードであり，プラスチック用フィラーとして利用されることは少ない。弊社は独自の製法によってマグネサイトの合成に成功した。この合成マグネサイトは，高純度でシャープな粒度分布を有し，粒径は製造条件によってコントロール可能である。粒径の異なる3タイプ（MSPS，MSL，MSS）の粒子の製品特性例を表6に，SEM写真と粒度分布をそれぞれ図3～図5に示した。

表6　合成マグネサイトMSPS，MSL，MSSの製品特性例

	MSPS	MSL	MSS
Ig-loss (%)	51.7	51.8	51.9
BET比表面積 (m^2/g)	0.1	0.5	5.5
平均粒子径 (μm)	21.0	8.0	1.2
見掛比重 (g/mL)	1.16	0.85	0.86
MgO (%)	47.8	48.0	47.5

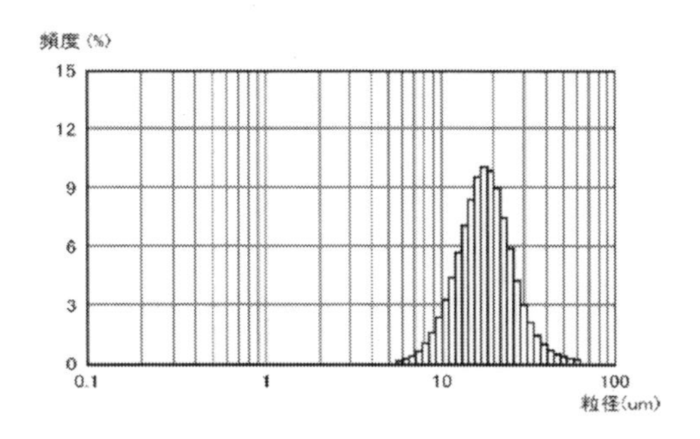

図3　粒子の SEM 写真と粒度分布（MSPS）

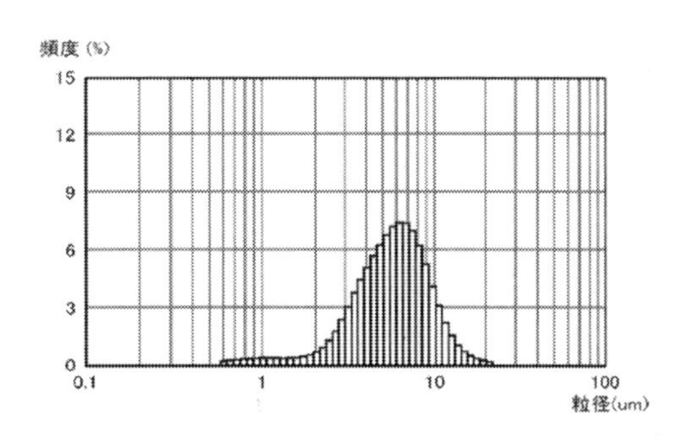

図4　粒子の SEM 写真と粒度分布（MSL）

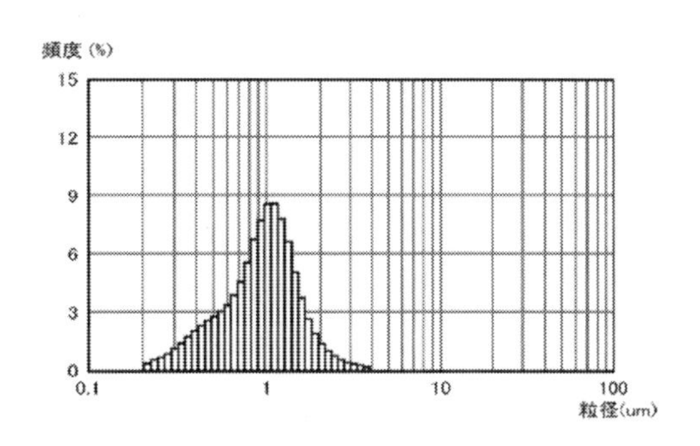

図5　粒子の SEM 写真と粒度分布（MSS）

3.3　応用特性例

粒径の異なる3タイプの合成マグネサイトとアルミナ，溶融シリカを EEA 樹脂（熱伝導率 0.3 W/m・K）にフィラー充填率をそれぞれ変量して混練し，シート成型してプローブ法によって熱伝導率を測定した。試験結果を図6に示した。いずれのタイプの合成マグネサイトもアルミナ，溶融シリカより高い熱伝導率曲線が得られ，熱伝導フィラーとして好適であることが示された。

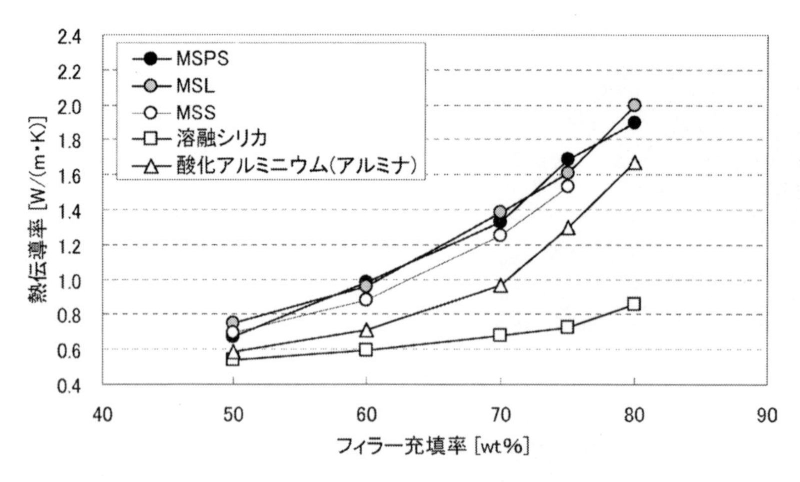

図6　フィラー充填率と熱伝導率の関係

4　最後に

神島化学工業では，多様なユーザーニーズに応えるべく，今後も粒子制御や表面処理技術をさらに磨いていく。

第5章　高熱伝導性コンポジット用h-BN剥離フィラー

冨永雄一[*1]，堀田裕司[*2]

1　はじめに

近年，情報機器をはじめとした部材の高性能化，高集積化に伴う，処理スピードの高速化，信号量の増大により，部材の発熱密度が増加傾向にある。部材の発熱は，寿命の低下や熱膨張による寸法変化などの問題を引き起こすため，部材の熱を効率的に逃がす，「放熱」が信頼性の観点から非常に重要となる。その解決方法としては，一般的に，発熱部材の周辺材料に高熱伝導率の金属やセラミックスを用い，熱を伝熱させることで，部品の温度上昇を抑制している。一方，機器の小型化，ポータブル化も進むため，比重の大きな金属やセラミックスではなく，軽量性・成形加工性に優れ，コストの低い樹脂を用いた放熱材料のニーズが高まっている。

しかしながら，樹脂の熱伝導率は金属やセラミックスと比較して極めて低く，樹脂単独では放熱性能が不十分である。そのため，熱伝導率向上のために高熱伝導率を持つ，酸化アルミニウム[1,2)]や窒化アルミニウム[3~5)]，窒化ホウ素[6,7)]などのセラミック粉体をフィラーとして用いることで，樹脂の高熱伝導化が試みられてきた。一般的に，樹脂の高熱伝導化のためには，フィラー同士の接触が重要であり，フィラーの高充填化が必要となる。しかしながら，フィラーの高充填化は，粘度上昇による成形性の低下や部材の重量・コスト増加，機械特性の低下などの問題を引き起こす。したがって，低充填量で樹脂の高熱伝導化を可能とするコンポジット材料の開発が重要であり，フィラーのハンドリング技術の開発が必要不可欠となっている。

本稿では，筆者らが研究開発を進めてきた，粉体フィラーのハンドリング技術を用いた「低フィラー充填での高熱伝導性コンポジットの開発」とそのコンポジットの特性（機械特性，成形性）について述べ，フィラーの低充填量でのコンポジットの高熱伝導化を促す因子とコンポジットの機械特性や成形性について紹介する。

＊1　Yuichi Tominaga　産業技術総合研究所　構造材料研究部門　無機複合プラスチックグループ　研究員

＊2　Yuji Hotta　産業技術総合研究所　構造材料研究部門　無機複合プラスチックグループ　研究グループ長

2 低充填量でのコンポジットの高熱伝導化を可能とするフィラーの形状

コンポジットの高熱伝導化のためには，フィラーの高充填化が必要であると考えられてきた。実際に，球状の窒化アルミニウム粉末を用いた実験によると，40 体積％まではコンポジットの熱伝導率はあまり増加しないが，50 体積％以上になると指数関数的に熱伝導率が増加する結果が得られている[4]。これは，低充填量では，フィラーが樹脂中で点在しているため，フィラー間のマトリックスによって熱伝導パスが阻害されてしまうためである。そのため，低充填量での高熱伝導化のためには，フィラー同士を効率よく接触させることが重要な鍵となる。そこで我々は，アスペクト比の高い板状フィラーの六方晶窒化ホウ素（h-BN）に注目し，研究を進めてきた。h-BN は，高熱伝導率，電気絶縁性，低比重，低硬度の特徴を持つ，板状のセラミックフィラーであり，高アスペクト比にすることで，低充填量で熱伝導経路を構築でき，コンポジットの熱伝導率向上が期待できることが報告されている[8]。図 1 に，低充填量でのコンポジットの熱伝導率向上のモデルを示す。モデル図のように，高アスペクト比の h-BN を開発し，樹脂中でネットワーク構造を形成することができれば，低充填量での高熱伝導性コンポジットの開発が期待できる。

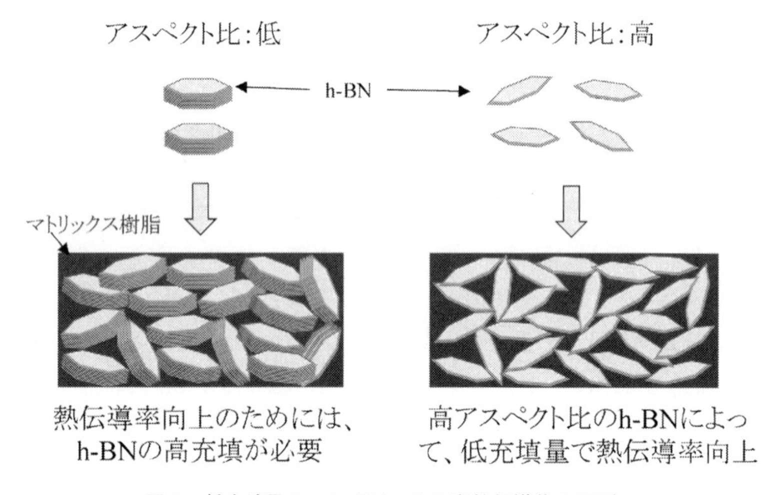

図 1　低充填量のコンポジットの高熱伝導化のモデル

3 機械的プロセスを利用した高アスペクト比の h-BN 剥離フィラーの開発

高アスペクト比の h-BN の開発法として，大きく分けてビルドアップ型とブレイクダウン型の 2 通りの方法がある。ビルドアップ型としては，化学気相成長（CVD）法[9]などが挙げられるが，高コストかつ量産性に乏しく，産業分野への展開が難しい。一方，ブレイクダウン型は層状の h-BN を剥離によって高アスペクト比にする手法であり，化学的剥離と機械的剥離が挙げられる。我々は，工業的にフィラーを取り扱う上で，処理量や処理速度が大きい機械的剥離が重要であると考え，種々の機械的剥離手法の検討と剥離メカニズムの考察を進めてきた。機械的剥離において，広く利用されている手法の一つに超音波法[10]が挙げられる。超音波法は，キャビテーション効果を利用した剥離手法であるが，キャビテーションによるエネルギーが様々な方向からh-BNに付与されるため，長手方向の粉砕や結晶性の低下による機能性の低下が引き起こされること，収率の低さ，長時間の操作を必要とするなど様々な問題がある。そのため，効率よく剥離するためには，h-BNの積層面方向からのみエネルギーを付与できる，機械的剥離プロセスが重要となる。

我々の研究グループでは，図2に示すような，セラミックス製造プロセスで利用されている機械的せん断装置（高圧高速せん断装置[11,12]や回転円盤型せん断装置[13]）でのh-BNの剥離処理の検討について取り組んでいる。これらの研究成果について，本稿では紹介する。

本稿で利用した機械的せん断装置について簡単に説明する。高圧高速せん断装置は，スラリーを吸引し，衝突ユニットに50～200 MPaの高圧で押し出すことでせん断流を発生させるための装置であり，セラミックス製造プロセスにおいては，セラミック粉体の解砕や分散に用いられている。また，回転円盤型せん断装置は，2枚の円盤が平行に配置しており，上部の円盤が高速（最

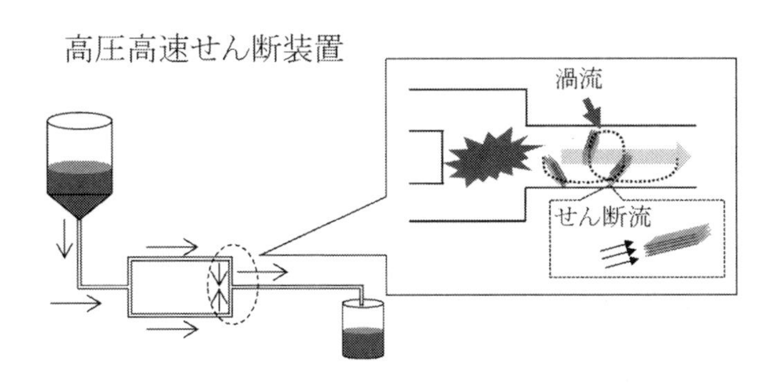

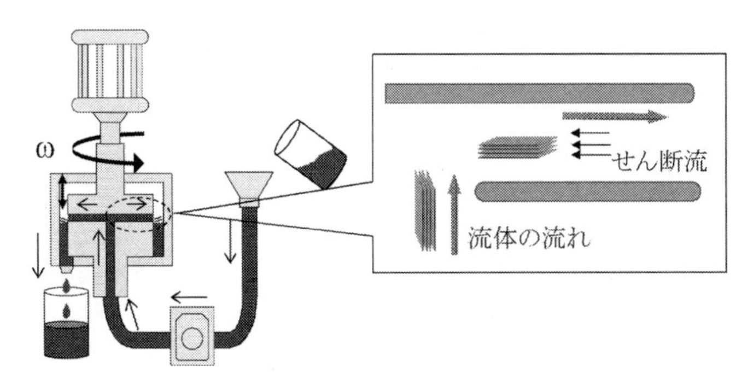

図2　機械的せん断装置の概略

高 12,000 rpm）で回転する。この装置では，スラリーを下部円盤中央から供給することでせん断流を発生させることができ，回転速度，ディスク間の隙間（クリアランス）を調整することで，せん断流のエネルギーの制御が可能である。これらの装置に加え，超音波を比較として用いることで，h-BN の剥離に適したプロセスを検討した。

図 3 に機械的処理後の h-BN のレーザー回折散乱法を用いて測定した粒度分布の結果を示す。超音波法で処理した h-BN の粒度分布は原料のものに比べて，低粒子径側にシフトしており，超音波処理によって粒子径が低下，つまり粉砕されていることが分かる。一方，高圧高速せん断法および回転円盤型せん断法で処理した h-BN の粒度分布におけるピークトップの位置はほとんど変化しておらず，これらの方法においては，機械的処理による h-BN の粒子径の低下は抑制されていることが明らかとなった。図 4（上図）に，機械的処理後の h-BN スラリーの 2 週間後の沈降試験の結果を示す。図中の点線は，h-BN 沈殿層と上澄み層の境界を示している。超音波法で処理した h-BN スラリーの沈降高さは，原料（機械的処理なし）のものとほとんど変わらなかったが，高圧高速せん断法および回転円盤型せん断法で処理した h-BN スラリーの沈降高さは高くなった。この現象は，h-BN の粒子径が機械的処理前後でほとんど変わらないことを考慮すると，h-BN の剥離によって粒子数が増加したことが要因であると考えられる。図 4（下図）に，機械的処理後の h-BN の電子顕微鏡画像を示す。原料の h-BN に比べて，沈降高さが増加した高圧高速せん断法で処理した h-BN の厚さが薄くなり，剥離していることが観察できる。表 1 には，h-BN の粒度分布，厚さ分布から算出される累積 50％の値，およびアスペクト比を示す。超音波法では，剥離と同時に粉砕が起こったため，アスペクト比は向上しなかった。これは，上述したように，超音波によるエネルギーが h-BN の様々な方向から付与されたためである。一方，

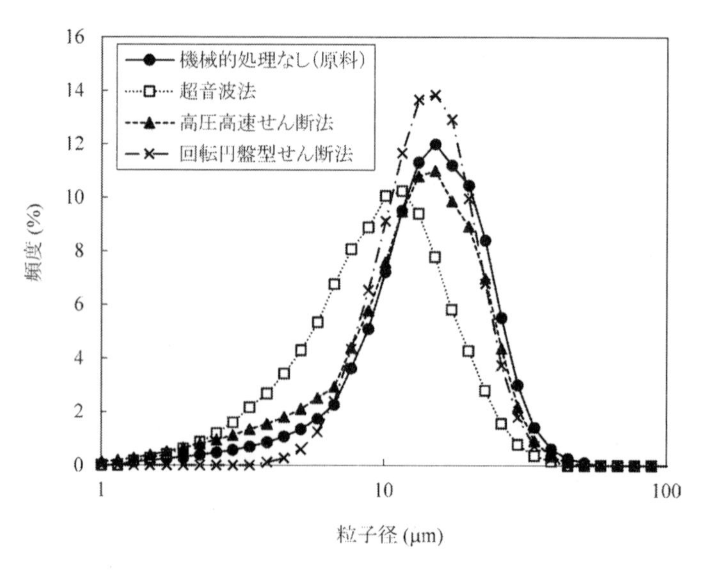

図 3　機械的処理前後の h-BN フィラーの粒度分布

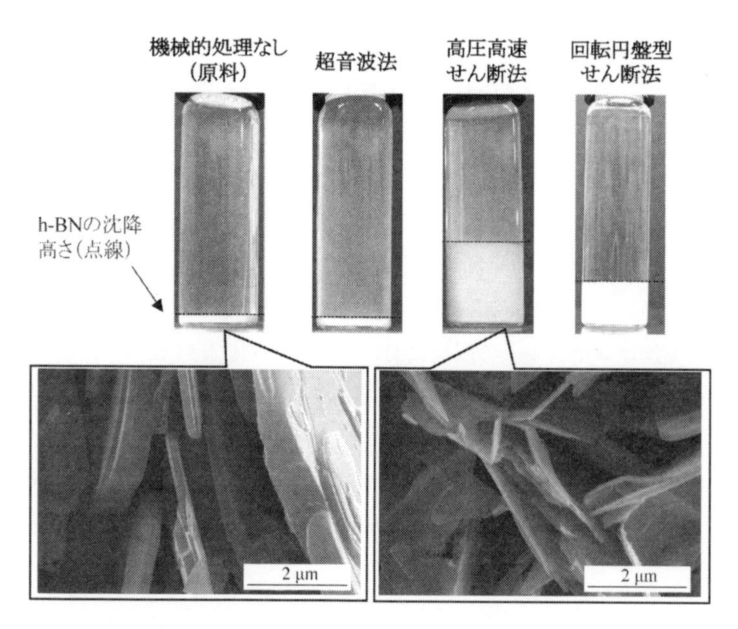

図4　機械的処理前後のh-BNスラリーの沈降試験と電子顕微鏡画像

表1　機械的処理前後のh-BNフィラーの粒子径，厚さ，アスペクト比

	粒子径（長手面）D_{50}（μm）	厚さ（積層面）T_{50}(nm)	アスペクト比 (D_{50}/T_{50})
機械的処理なし（原料）	14.4	0.162	89
超音波法	9.2	0.107	86
高圧高速せん断法	12.4	0.048	258
回転円盤型せん断法	13.5	0.093	145

高圧高速せん断法および回転円盤型せん断法は，どちらも流体のせん断力を利用した手法であり，h-BNはアスペクト比が大きいため，流体の流れに沿って配向し，積層面のみに高せん断力が加わるため，粉砕を抑制し，h-BNの剥離のみが引き起こされたと考えられる。このように，高せん断力をh-BNの積層面のみ付与することができれば，機械的処理によって効率良く高アスペクト比のh-BNの剥離フィラーの開発が可能となる。高圧高速せん断法と回転円盤型せん断法による，詳細なh-BNの剥離メカニズムの考察に関しては，筆者らの報告論文[13,14]を参照頂きたい。

4　剥離h-BNフィラーがおよぼすコンポジットの熱伝導率，機械特性および成形性への影響

フィラーの低充填量でのコンポジットの高熱伝導化のためには，上述したように，フィラー同

士を効率よく接触させることが重要となる。図1のモデルのように，h-BNの剥離による熱伝導経路の構築ができれば，低充填量での熱伝導率向上が期待できる。図5に，熱可塑性樹脂のナイロン6にh-BNフィラーを添加し，作製したコンポジットの熱伝導率を示す。h-BNの剥離によって，コンポジットの熱伝導率が向上していることが分かる。特に，充填量の低い範囲において，剥離h-BNフィラーを10体積％添加したコンポジットの熱伝導率と原料h-BNフィラーを20体積％添加したコンポジットの熱伝導率が同等であり，剥離によるh-BNのアスペクト比の向上は，低充填量でのコンポジットの高熱伝導化に有効であることが示された。

実用的な高熱伝導性コンポジットの開発において，材料の信頼性は非常に重要であり，熱伝導率だけではなく，機械特性や疲労特性を考慮する必要がある。図6（左図）に，h-BNフィラーを同充填量添加したコンポジットの曲げ強度および曲げ弾性率を示す。ここでは，マトリックスとしてエポキシ樹脂，フィラーの充填量を2.5体積％として，原料h-BNフィラーと剥離h-BNフィラーがおよぼす影響を調査した。作製したコンポジットの機械特性を比較すると，曲げ強度，

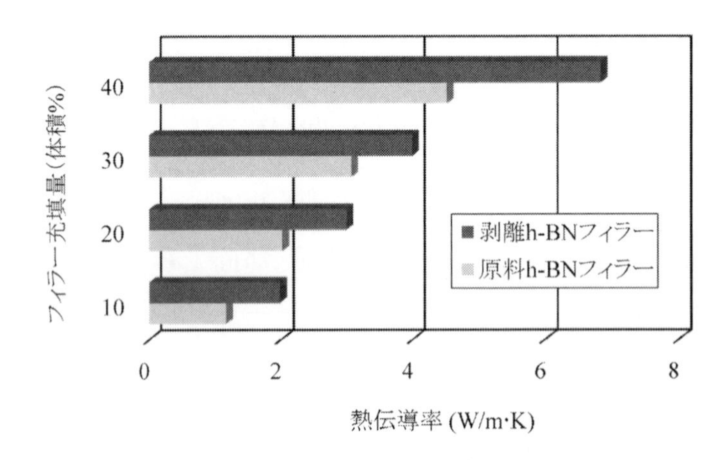

図5　コンポジットの熱伝導率

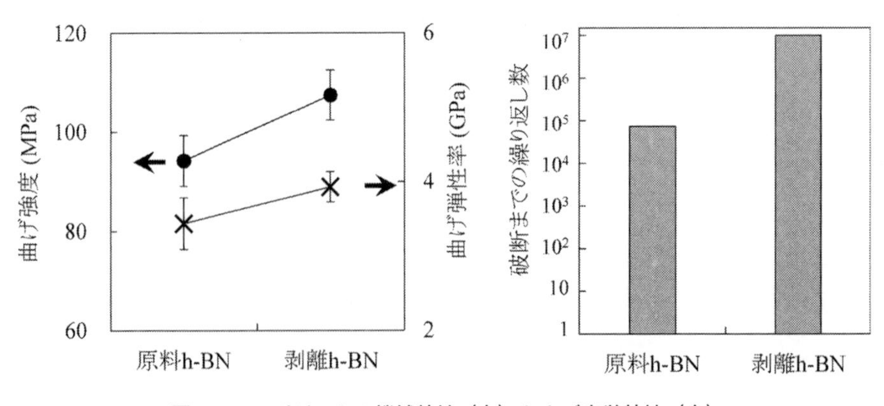

図6　コンポジットの機械特性（左）および疲労特性（右）

曲げ弾性率のどちらにおいても，剥離h-BNフィラーを添加したコンポジットで14%向上し，h-BNのアスペクト比を向上させることで，コンポジットの機械特性向上に寄与することが示唆された。さらに，開発したコンポジットの疲労特性を評価した結果を図6（右図）に示す。一定応力（36 MPa）を付与し続けた場合の破断までの繰り返し数が，原料h-BNフィラーを添加した場合，7.29×10^4回であったのに対し，剥離h-BNフィラーを添加したコンポジットでは10^7回でも破断しなかった。これは，剥離によるh-BN粒子数の増加に伴い，亀裂進展が抑制されたためだと考えられ，h-BNの剥離によって機械・疲労特性が向上することが明らかとなった。

h-BNのような板状のフィラーを用いたコンポジットの開発において，マトリックス中でのh-BNフィラーの挙動を把握することは，製造プロセスの観点から非常に重要である。ここでは，アスペクト比の異なる原料h-BNフィラーおよび剥離h-BNフィラーを樹脂中に添加した場合のペーストのレオロジー挙動について簡単に説明する。図7にh-BN/エポキシ樹脂ペーストのせん断速度に対する粘度を示す。充填量が5体積%の場合，原料，剥離に依らず，粘度は一定であり，エポキシ樹脂と同様の挙動を示した。また，低せん断速度の範囲では，全ての充填量で剥離h-BNフィラーを用いたペーストの粘度が原料h-BNフィラーを用いたものよりも大きかった。これは剥離によってh-BNの粒子数が増加したことに起因すると予想される。一方，高せん断速度の範囲で，原料h-BNフィラーと剥離h-BNフィラーで粘度の逆転が観察された。これは，高せん断速度ではh-BNがプレート方向に配向することに加え，重なりあったh-BNの001面が滑りやすいため，粘度が低下したと予想される。図8には，角周波数一定（1.0 rad/s）とした場合のひずみに対する貯蔵弾性率を示す。どちらのh-BNフィラーにおいても，ひずみの増加に伴い，貯蔵弾性率は低下した。これは，樹脂中でランダムに配向しているh-BNが平面方向に

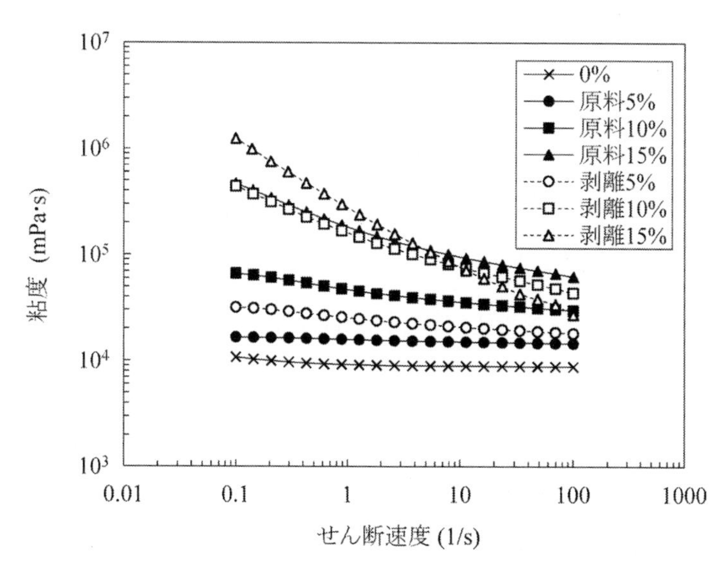

図7　h-BN/エポキシ樹脂ペーストのせん断速度と粘度の関係

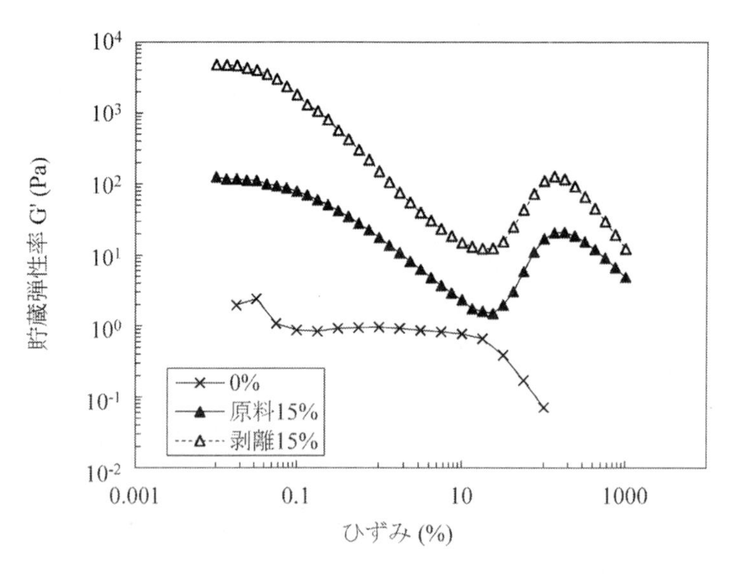

図８　h-BN/エポキシ樹脂ペーストのひずみに対する貯蔵弾性率

配向したことが要因であると考えられる。また，ひずみが10%程度で樹脂の流動性の増加（貯蔵弾性率の低下）に伴い，h-BN/エポキシ樹脂ペーストの貯蔵弾性率が増加しており，再度ランダムに配向していることが示唆された。このように，板状フィラーであるh-BNは樹脂中で特異的な挙動を示すため，コンポジットの開発においてh-BNフィラーの挙動を把握することは非常に重要な課題であると言える。

5　おわりに

軽量性，成形性に優れた樹脂に，高熱伝導率のセラミックフィラーを添加した高熱伝導性コンポジットに関する期待は非常に大きい。フィラーが持つ機能性を十分に発現させるためには，フィラー同士を効率良く接触させることが鍵であり，本稿では，高アスペクト比の板状フィラーであるh-BNを例に，機械的なプロセスを利用したh-BN剥離技術，剥離h-BNフィラーを添加したコンポジットの熱伝導率，機械特性およびレオロジー挙動の一例について紹介させて頂いた。今後，さらなる高性能化・高機能化が要求される材料の開発において，樹脂系のコンポジットに関する研究が進んでいくであろう。高機能かつ信頼性の高いコンポジットの開発において，フィラーのハンドリング技術（分散，凝集，剥離）や樹脂中でのフィラー挙動（レオロジー特性）の把握は非常に重要である。

文　　献

1) Y. Hu *et al., Compos. Sci. Technol.,* **124**, 36 (2016)
2) C. P. Wong *et al., J. Appl. Polym. Sci.,* **74**, 3396 (1999)
3) C. Y. Hsieh *et al., J. Appl. Polym. Sci.,* **102**, 4734 (2006)
4) E. S. Lee *et al., J. Am. Ceram. Soc.,* **91**, 1169 (2008)
5) Y. Xu *et al., Compos. Part A Appl. S.,* **32**, 1749 (2001)
6) H. Ishida *et al., Thermochim. Acta,* **320**, 177 (1998)
7) K. Sato *et al., J. Mater. Chem.,* **20**, 2749 (2010)
8) L. E. Nielsen, *Ind. Eng. Chem. Fundam.,* **13**, 17 (1974)
9) Y. Shi *et al., Nano Lett.,* **10**, 4134 (2010)
10) Y. Hernandez *et al., Nat. Nanotechnol.,* **3**, 563 (2008)
11) Y. Hotta *et al., J. Am. Ceram. Soc.,* **92**, 1198 (2009)
12) T. Isobe *et al., J. Ceram. Soc. Jpn.,* **115**, 738 (2007)
13) Y. Tominaga *et al., J. Ceram. Soc. Jpn.,* **123**, 512 (2015)
14) Y. Tominaga *et al., Ceram. Int.,* **41**, 10512 (2015)

第6章　単層カーボンナノチューブの凝集構造制御と複合体への応用

内田哲也*

1　はじめに

高分子材料の物性向上，機能性付与を行う方法の一つに，高分子材料（母材）に充填材（フィラー）を加え，複合体を作製する方法がある。このフィラーとしてナノサイズのものを用いると単位体積当たりの数密度，表面積が大きくなり，より大きな添加効果を期待できる。単層カーボンナノチューブ（SWNT）はグラフェンシートが円筒状に巻かれた単層構造の中空繊維状物質である（図1）。その直径は約1 nmと非常に細く，長さは数～数十μmにもおよぶ。比重は軽く（1.4～1.6 g/cm^3），高弾性率（1,000 GPa），高熱伝導率（6,600 W/m・K）であることが予測されている[1,2]。したがってSWNTを高分子のフィラーとして用いると優れた物性を有する高分子複合体が得られることが期待されている。また，優れた物性を有する複合体を作製するためには，フィラーを母材中に分子レベルで均一に分散させることが必要である。しかし，SWNTは凝集性が非常に強いため，通常数本～数十本のSWNTが束（bundle）状になった凝集構造（図2）を形成する[3]。そのため，SWNTを母材中に均一に分散させることは難しく，優れた特性を活か

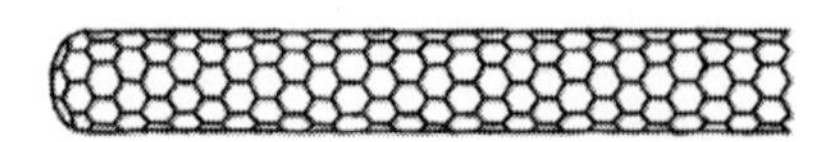

図1　単層カーボンナノチューブ（SWNT）の模式図

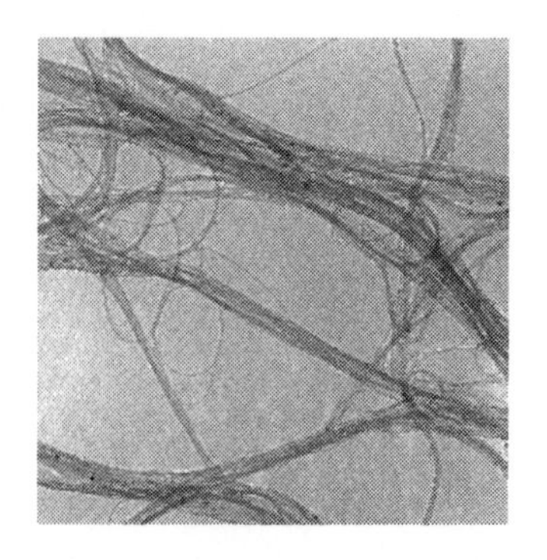

図2　SWNTのbundle状凝集構造

*　Tetsuya Uchida　岡山大学　大学院自然科学研究科　応用化学専攻　准教授

しきれていない。

我々はSWNTを混酸中で切断後[4]，凝集構造を制御することで，SWNTが配向を揃えて凝集し，直線状で細長く，水への分散性が向上したSWNT凝集体（SWNTナノフィラー）を作製することに成功した[5~8]。得られたSWNTナノフィラーはカルボキシル基が導入され，極性溶媒への分散性が向上している。

そこで本論では，SWNTナノフィラーを用いて作製したポリビニルアルコール（PVA）との複合体フィルムを延伸することで，直線状で細長いSWNTナノフィラーを一軸方向に配向させた複合体を作製し，SWNTナノフィラーの配向やフィラーの形状がフィルムの熱物性に及ぼす影響を検討した結果を論述する。

2　SWNTナノフィラー[5~8]

アーク放電法[9]で作製された直径1.4 nmのSWNT（名城ナノカーボン社製）を混酸（98 wt%硫酸：69 wt%硝酸＝3：1）に加え，所定時間の超音波を照射することでSWNTを切断した。切断したSWNTを蒸留水に分散させ，水酸化ナトリウム水溶液を加えた後，メタノールで溶媒置換をし，SWNTナノフィラーを作製した。

SWNTは水に分散せず，ほとんどが凝集し黒い塊として沈殿した。透過型電子顕微鏡（TEM）観察によれば，その形態はbundle状の凝集構造であり，絡み合った形態であった（長さは数～数十μm，太さ約40 nm）（図3）。一方，SWNTナノフィラーの水分散液は均一に色がつき沈殿物は全くなく，水への分散性が向上したことがわかった。TEM観察によればSWNTナノフィラーは絡み合いが解消された直線状の形態であった。もとのSWNT bundleに比べて長さが約350 nmと短くなり，太さも約15 nmと非常に細いことがわかった（図4）。

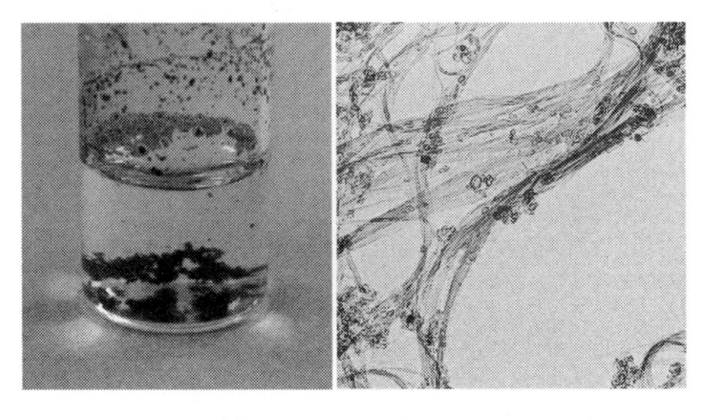

図3　未処理SWNTの水への分散性とTEM写真

図4　SWNTナノフィラーの水への分散性とTEM写真

3　SWNTナノフィラーを用いたPVAとの複合体フィルムの作製とその構造評価

SWNTナノフィラーを用いて溶液キャスト法にて作製したSWNTナノフィラー/PVA複合体フィルムを図5に示す。SWNTナノフィラーの添加量が増えるにつれ，色が濃くなるが，目視で凝集物は観察されなかった。その光透過率は比較的高く，最もSWNTナノフィラー濃度の濃いフィルム（SWNT 0.5 wt%）でも4割程度の光透過率を保持していた。

複合体フィルム中のSWNTナノフィラーの分散状態を光学顕微鏡観察により検討した。作製した範囲内（SWNTナノフィラー濃度0.1～0.5 wt%）の複合体において凝集物は見られず，高い分散性を維持していることがわかった。さらに微細な構造を検討するため，複合体フィルムのTEM観察を行った（図6）。

複合体中に直線状で細長く，絡み合いのない形態のSWNTナノフィラーが観察できた。したがって，複合体フィルム中においてもSWNTナノフィラーは分散状態を維持していることがわかった。

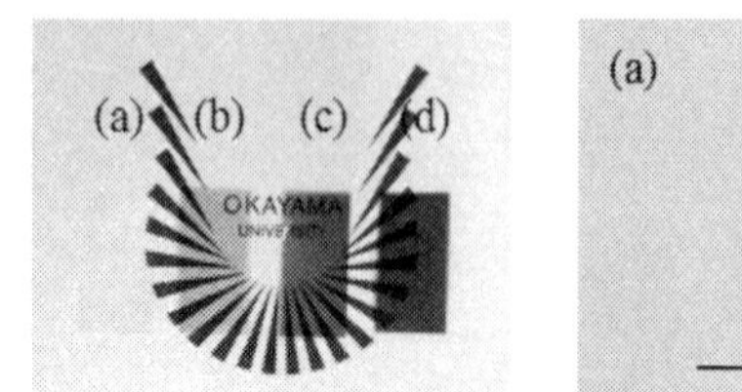

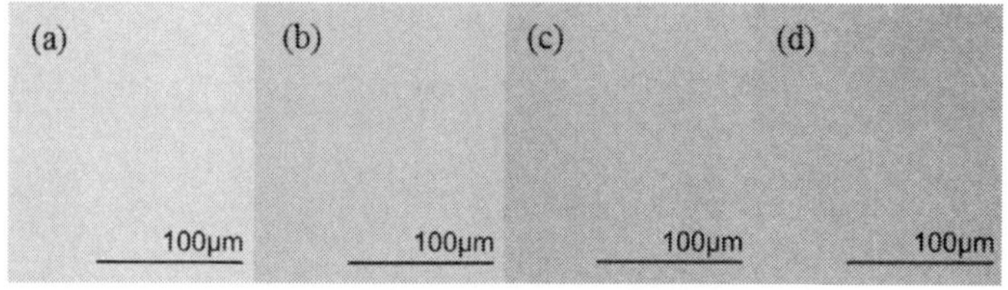

図5　SWNTナノフィラー/PVA複合体フィルムおよびその光学顕微鏡写真
（a）PVAフィルム，（b-d）SWNTナノフィラー/PVA複合体フィルム
（フィラー濃度（b）0.1 wt%，（c）0.3 wt%，（d）0.5 wt%）

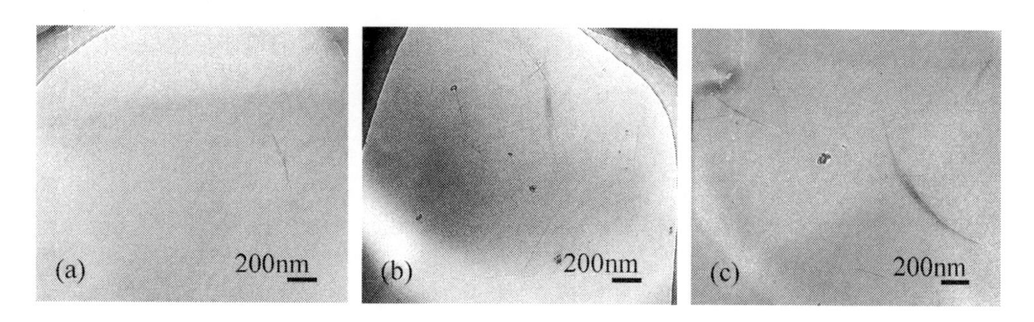

図6　フィルム中のSWNTの形態のTEM写真
PVA/SWNTナノフィラーフィルム（SWNT濃度（a）0.1 wt%，（b）0.3 wt%，（c）0.5 wt%）

4　複合体フィルムの物性評価

4.1　力学物性

作製したフィルムの弾性率を表1に示す。SWNTナノフィラーの添加により複合体の弾性率が向上した。したがって，SWNTナノフィラーは少量の添加でもPVAとの複合体フィルムにおいて優れた添加効果を発揮できることがわかった。

4.2　熱物性

フィルムの熱拡散率を厚み方向と面内方向について測定した（表2）。SWNTナノフィラーを添加することで面内方向の熱拡散率が大きく向上したことがわかった。これはフィルムを溶液キャスト法で作製したため，SWNTナノフィラーが図7に示すように面内配向したためであると考えられる。

表1　フィルムの弾性率

	フィラー濃度（wt%）	弾性率（GPa）
PVA	－	1.81±0.42
SWNTナノフィラー/PVA複合体フィルム	0.1	1.98±0.20
	0.3	2.08±0.57
	0.5	2.37±0.26

表2　フィルムの熱拡散率

	フィラー濃度（wt%）	熱拡散率（$\times 10^{-6}\,m^2s^{-1}$）(a) 厚み方向	(b) 面内方向
PVAフィルム	－	0.16±0.01	0.34±0.05
SWNTナノフィラー/PVA複合体フィルム	0.1	0.19±0.01	0.76±0.02
	0.3	0.19±0.00	0.75±0.05
	0.5	0.15±0.01	0.91±0.04

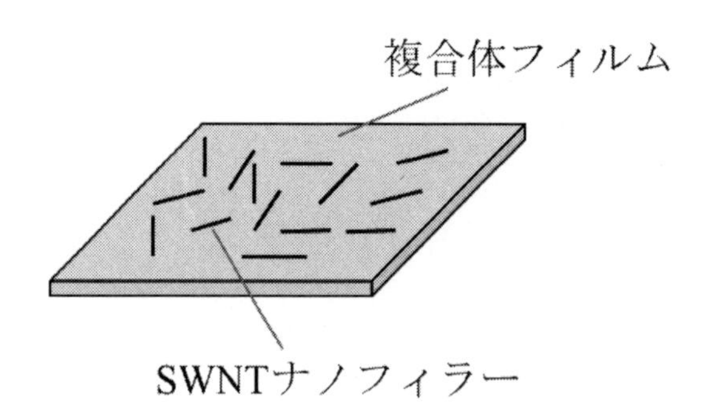

図7　複合体フィルムに添加されたSWNTナノフィラーのモデル図

5　延伸フィルムの物性評価

5. 1　力学物性

2倍延伸フィルムの弾性率を表3に示す。もとのPVAフィルムの弾性率1.81（GPa）と比較すると，延伸PVAフィルムの弾性率は3.37（GPa）と大きく向上していた。これはフィルムを延伸したことで，PVAの分子鎖が配向したためである。複合体フィルムにおいても延伸することで弾性率が向上していた。また，延伸前と同様にSWNTナノフィラーを添加することで弾性率が向上した。これはSWNTナノフィラーがフィルム中で均一に分散しているためである。以上の結果から，延伸フィルムにおいてもSWNTナノフィラーの少量添加でSWNTの持つ優れた性能を引き出すことができることがわかった。

表3　2倍延伸フィルムの弾性率

	フィラー濃度（wt%）	弾性率（GPa）
2倍延伸PVAフィルム	−	3.37±0.68
2倍延伸	0.1	3.57±0.72
SWNTナノフィラー/PVA	0.3	4.45±0.45
複合体フィルム	0.5	4.53±0.93

5. 2　熱物性

延伸フィルムの熱拡散率を厚み方向と延伸方向，延伸方向に対し垂直な方向について測定した（図8）。2倍延伸フィルムの熱拡散率測定結果を図9に示す。

SWNTナノフィラーを添加した複合体の延伸フィルムは延伸方向の熱拡散率が大きく向上することが分かった。特にSWNTナノフィラーを0.5 wt%添加した場合には，添加前と比較すると，垂直方向の熱拡散率が約1.4倍に対し，延伸方向の熱拡散率が約2.1倍と大きく向上した。以上のことから，SWNTナノフィラーを添加し延伸することで，熱伝導に指向性を有するフィルムを作製できることがわかった。

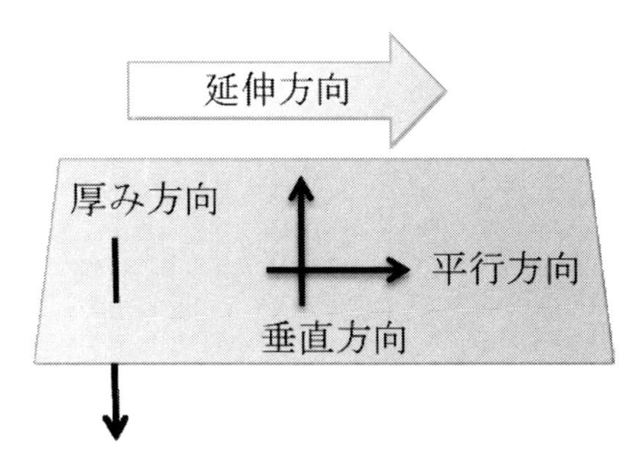

図8　延伸フィルムの熱拡散率測定方向

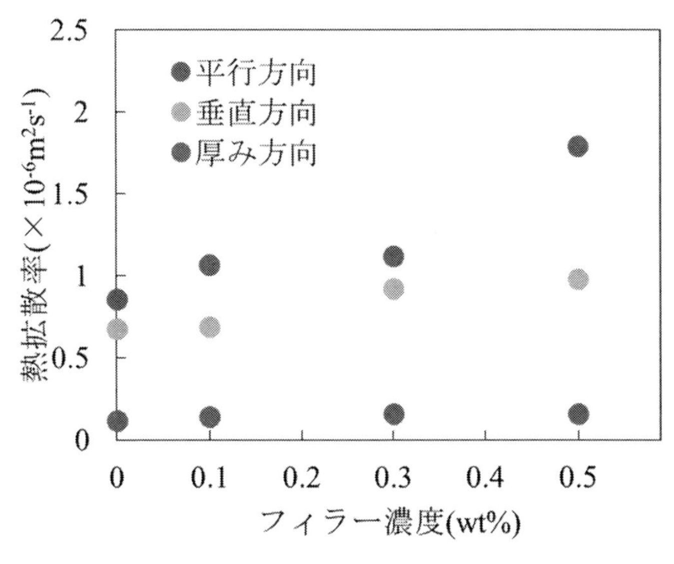

図9　2倍延伸フィルムの熱拡散率

次に，PVA フィルムとフィラー濃度 0.5 wt％の SWNT ナノフィラー/PVA 複合体フィルムの延伸倍率を変化させて熱拡散率を測定した結果を表 4 に示す。

PVA フィルムの延伸倍率を変化させて熱拡散率測定を行った結果，延伸倍率を上げることで，面内方向の熱拡散率が向上することが分かった。また，面内方向の中でも特に延伸方向の熱拡散率が大きく向上し，熱拡散率の異方性が現れた。一般に樹脂は分子鎖を配向させれば配向方向に熱をよく伝える。したがって PVA フィルムにおいても同様に，延伸倍率を上げることで PVA の分子鎖が配向し，延伸方向の熱拡散率が向上したと考えられる。また SWNT ナノフィラー/PVA 複合体フィルム（SWNT ナノフィラー0.5 wt％）の延伸倍率を変化させて熱拡散率測定を行った結果，延伸方向の熱拡散率は向上し，垂直方向の熱拡散率は低下した。これは PVA 分子

表4　PVA フィルムおよび複合体フィルム（SWNT 0.5 wt%）の熱拡散率

フィルム	倍　率	熱拡散率（$\times 10^{-6}$ m^2s^{-1}）		
		平行方向	垂直方向	厚み方向
PVA フィルム	0	0.34 ± 0.13	0.34 ± 0.13	0.16 ± 0.01
	1	0.71 ± 0.13	0.56 ± 0.14	0.25 ± 0.07
	2	0.86 ± 0.07	0.68 ± 0.06	0.12 ± 0.01
SWNT ナノフィラー/PVA 複合体フィルム（0.5 wt%）	0	0.92 ± 0.14	0.92 ± 0.14	0.15 ± 0.01
	1	1.07 ± 0.56	0.68 ± 0.30	0.17 ± 0.03
	2	1.79 ± 0.42	0.98 ± 0.13	0.16 ± 0.02

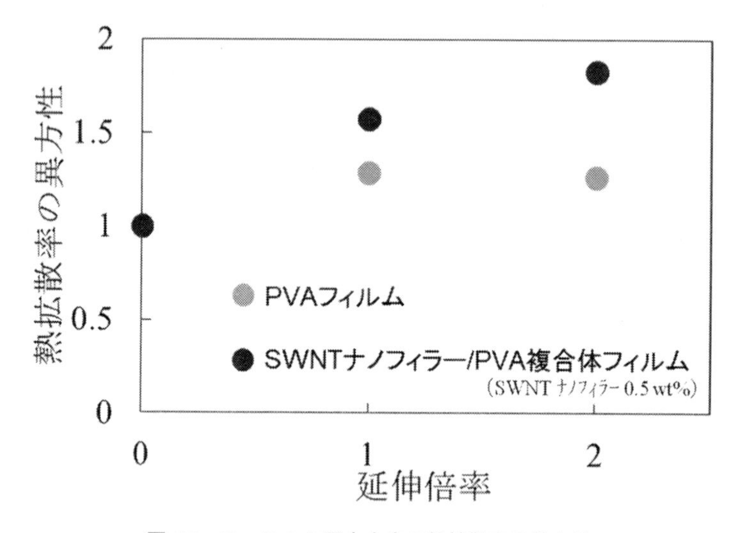

図10　フィルムの面内方向の熱拡散率の異方性

鎖の配向と共にSWNT ナノフィラーが配向し，SWNT の持つ熱伝導の異方性が影響したと考えられる。SWNT ナノフィラーは，長さ方向は共有結合による高い熱伝導率を有し，幅方向は Van der Waals 力による低い熱伝導率を有している。複合体フィルム中で面内配向していた SWNT ナノフィラーが，延伸によって長さ方向の軸を延伸方向に向けて配向したことで，延伸方向の熱拡散率が向上し，垂直方向の熱拡散率が低下したと考えられる。

次に，延伸倍率を変化させて熱拡散率を測定した結果を用いて，平行方向の熱拡散率を垂直方向の熱拡散率で除することで面内方向の熱拡散率の異方性を計算した。その結果を図10に示す。

PVA フィルムは延伸倍率を上げても面内方向の熱拡散率の異方性に変化は見られなかった。それに対し SWNT ナノフィラー/PVA 複合体フィルムは，延伸倍率を上げるにつれて，面内方向の熱拡散率の異方性も大きくなった。

以上の延伸フィルムの熱物性の結果から，複合体フィルム中でSWNT ナノフィラーが延伸方向に配向していることが示唆された。

6　延伸複合体フィルム中のSWNTナノフィラーの配向

SWNTナノフィラー/PVA複合体フィルム中のSWNTナノフィラーの配向を確認するため，2倍に延伸したフィラー濃度0.5 wt%のSWNTナノフィラー/PVA複合体フィルムの顕微偏光ラマンスペクトル測定を行った。

カーボンナノチューブの存在は，炭素原子の六角格子内振動に起因し，1,590 cm^{-1}付近に現れるG-bandが2つに分裂することにより確認される。このラマンバンド強度の偏光特性から，SWNTの軸に対し平行に偏光を当てたものは垂直に当てたものより強度が強く出ることが知られている[10]。したがってこのG-bandの強度の差から複合体フィルム中のSWNTナノフィラーの配向を評価できる。

延伸SWNTナノフィラー/PVA複合体フィルムの延伸方向に対し，レーザー偏光面を平行と垂直に当て，それぞれラマンスペクトルを測定した。その測定結果をそれぞれ図11，図12に示す。

両者の結果を比較すると，複合体フィルム中でSWNTナノフィラーが長さ方向の軸を延伸方向に向けて配向していることがわかった。また，ダングリングボンドを持つ炭素原子に起因し，1,350 cm^{-1}付近に現れるD-bandが非常に小さいことから，SWNTナノフィラーは欠陥が非常に少ないことが考えられる。

以上の結果から，SWNTナノフィラー/PVA複合体フィルムを延伸することで，直線状で細長いSWNTナノフィラーが延伸方向に配向し，複合体フィルムに熱伝導の指向性が発現したことがわかった（図13）。

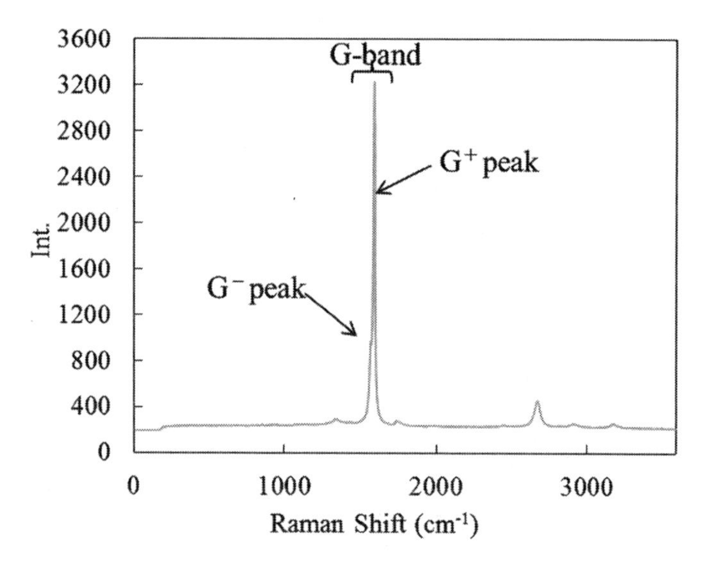

図11　2倍延伸複合体フィルム（0.5 wt%）のラマンスペクトル
（レーザー偏光面：平行方向）

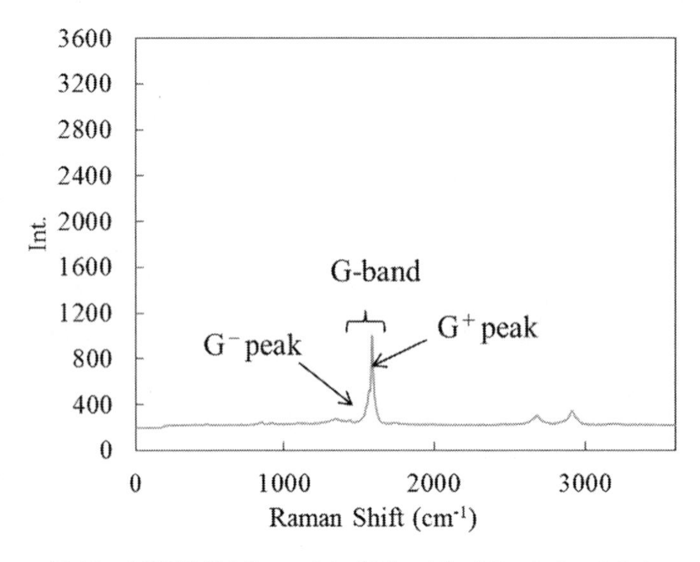

図 12　2 倍延伸複合体フィルム（0.5 wt%）のラマンスペクトル

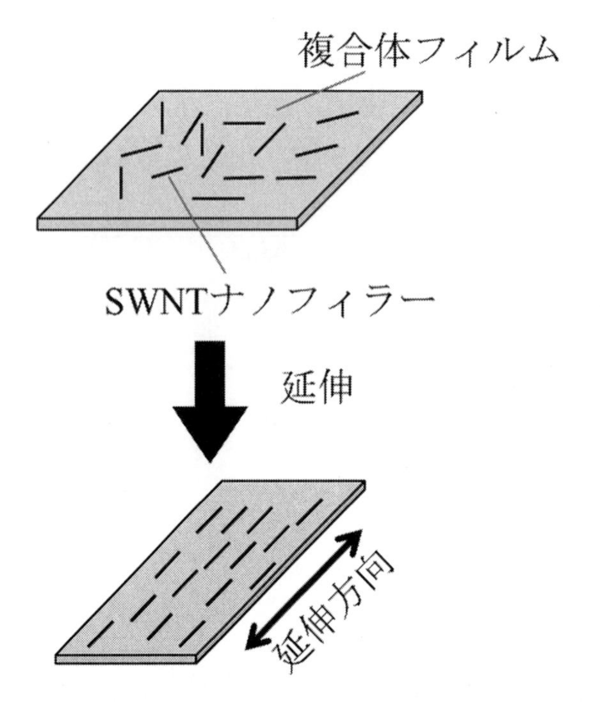

図 13　延伸による複合体フィルム中の SWNT ナノフィラーの配向
（レーザー偏光面：垂直方向）

7　まとめ

SWNTを混酸中で超音波照射し，その後の結晶化による凝集構造の制御をすることで，数十本のSWNTが配向を揃えて凝集した直線状で細長く分散性が高いSWNT凝集体（SWNTナノフィラー）を作製した。得られたSWNTナノフィラーは水への分散性が向上していた。そのSWNTナノフィラーを用いてPVAとの複合体フィルムを作製すると，SWNTナノフィラーが複合体中で凝集することなく分散状態を維持していた。SWNTナノフィラーを添加することで複合体フィルムの弾性率，面内方向の熱拡散率が向上した。SWNTナノフィラー/PVA複合体フィルムを延伸することで，延伸方向の熱拡散率が特に大きく向上した。延伸倍率を上げることで複合体フィルムの面内方向の熱拡散率の異方性が大きくなった。延伸SWNTナノフィラー/PVA複合体フィルム中では，SWNTナノフィラーが延伸方向に長さ方向の軸を向けて配向していた。

以上のようにSWNTナノフィラーは補強効果だけでなく，熱伝導性およびその異方性も付与できるフィラーとして有効であり，幅広い応用利用が期待される。

文　　献

1)　S. Berber *et al.*, *Phys. Rev. Lett.*, **84**, 4613 (2000)
2)　J. P. Lu, *Phys. Rev. Lett.*, **79**, 1297 (1997)
3)　A. Thess *et al.*, *Science*, **273**, 483 (1996)
4)　J. L. Andrew *et al.*, *Science*, **280**, 1253 (1998)
5)　T. Uchida *et al.*, *Polym. Prepr. Jpn.*, **60** (2), 3414 (2011)
6)　T. Uchida *et al.*, *Polym. Prepr. Jpn.*, **61** (2), 4141 (2012)
7)　T. Uchida *et al.*, *Polym. Prepr. Jpn.*, **62** (1), 1483 (2013)
8)　内田哲也，大本崇弘，カーボンナノチューブ集合体及びその製造方法，特開2014-122155，平24. 11. 26
9)　Y. Saito *et al.*, *J. Phys. Chem.*, **B104**, 2495 (2000)
10)　A. R. Bhattacharyya *et al.*, *Polymer*, **44**, 2376 (2003)

第Ⅳ編

コンポジット材料の高熱伝導化

第VI部

第１章　高放熱ナイロン６樹脂

正鋳夕哉*

1　はじめに

近年，電子機器の高性能化，小型化が進み，多くの部品やユニットにおいて放熱性の向上が課題となっている。また，自動車や電子機器では金属から樹脂への代替，すなわち，軽量化が進んでいる。しかし，一般的に樹脂は放熱性が悪く，放熱が必要とされる部品への適用は困難であり，高い放熱性を有する樹脂（高放熱樹脂）のニーズが高まってきている。そのため，各樹脂メーカーを中心に高放熱樹脂の開発が行われ，射出成形用材料として一部採用され始めている。

放熱性を付与するためには，樹脂の熱伝導率を向上させる必要がある。液晶性ポリマーや超延伸など外部力によって結晶構造を高めたプラスチックは熱伝導率を示す[1]ことが知られているが，これらは0.5～2 W/(m・K) 程度であり，放熱部材として一般的に使用される金属（数百W/(m・K) レベル）と比較すると充分とはいえない。そこで，樹脂に高い熱伝導率を付与する方法としては，熱伝導率に優れるフィラー(高熱伝導率フィラー）を配合する方法が一般的となっている。しかし，高い熱伝導率を発現させるためには，多量の高熱伝導率フィラーを配合する必要があり，フィラーを多量に配合した樹脂は，一般的に樹脂の溶融粘度が大きくなるため溶融成形時の加工性が大幅に低下し，樹脂の特長の一つである容易な賦形性が犠牲になる傾向にある。さらに，フィラーを多量に配合することにより強度，特に衝撃強度が大きく低下してしまう。

当社では，自社製品であるナイロン６樹脂を素材に用いた際に，上述したような成形加工性，衝撃強度の低下という問題を改善する方法を開発し，販売を開始している。本章では，開発した射出成形用高放熱ナイロン６樹脂の特徴，材料概要および放熱特性について述べる。

2　高熱伝導率フィラー

高熱伝導率フィラーを選定する際の特性としては，熱伝導率，粒子の形状／サイズ，樹脂との親和性，粒度の均一性，低硬度，耐水性／耐候性／耐熱性などが挙げられる。表１に代表的な高熱伝導率フィラーとして考えられている粒子状物の特性を示した。

高熱伝導率フィラーは導電性，絶縁性に大別される。導電性フィラーの方が熱伝導率は高い傾向であり，導電性フィラーを配合する方がコンパウンド樹脂の熱伝導率も得やすい特徴がある。

＊ Yuya Masai　ユニチカ㈱　高分子事業本部　樹脂事業部　樹脂生産開発部
エンプラ開発グループ　部員

表1　代表的な高熱伝導率フィラー

名　称	組成	形　状	熱伝導率 W/(m・K)	モース硬度	電導性
グラファイト	C	フレーク，繊維	80～200	1～2	電導性
アルミニウム	Al	粒状	230	2～3	電導性
酸化亜鉛	ZnO	粒状	25	4～5	半導体
炭化珪素	SiC	粒状，繊維	160～270	9	半導体
シリカ	SiO_2	粒状	3～5	7	絶縁性
アルミナ	Al_2O_3	粒状，繊維	36	9	絶縁性
酸化マグネシウム	MgO	粒状	60	4	絶縁性
窒化アルミ	AlN	粒状	170	7	絶縁性
窒化ホウ素	BN	フレーク	200	2	絶縁性

表2　グラファイト形状の異なるナイロン6コンパウンドの熱伝導率

形　状	形　態	配合量 vol%	熱伝導率 W/(m・K)
鱗状	薄片	20	5.1
土状	不定形	20	1.9
球状	球形	20	1.5

フィラーの粒子形状／サイズも樹脂にコンパウンドした際の特性値に影響する。一例として，同じグラファイトを用いても熱伝導率に違いが出ることを表2に示す。このように，同じグラファイトでもフィラーの形態が異なると，熱伝導率に影響するケースがしばしば見られるので，フィラー選定の際には注意が必要である。

また，金属酸化物や窒化物には加水分解するものがあり注意が必要である。フィラーメーカーでは耐水処理を施したグレードとして販売している例もあるが，例えば自動車分野での用途など長期の信頼性が問われる用途では慎重な判断が必要であると考えている。

3　高放熱ナイロン6樹脂の概要

3.1　高放熱ナイロン6樹脂の特性

開発した高放熱ナイロン6樹脂は，熱可塑性ナイロン6樹脂に高熱伝導率フィラーを配合した組成が基本となる。

まず，ベース樹脂にナイロン6を用いた場合の特徴として，図1に示すように，ナイロン6樹脂は他の樹脂と比較して高熱伝導率フィラーを配合した際に熱伝導率が発現しやすい傾向がある。これは，フィラーと樹脂の親和性が関係していると考えている。つまり，一定の熱伝導率を得るために必要な配合量は少なくなり，同じ熱伝導率で比較すると機械強度などへの影響が小さくなる。また，ナイロン6樹脂は比較的に靱性が優れるため，高放熱樹脂の課題の一つである靱性の低下を緩和できる。

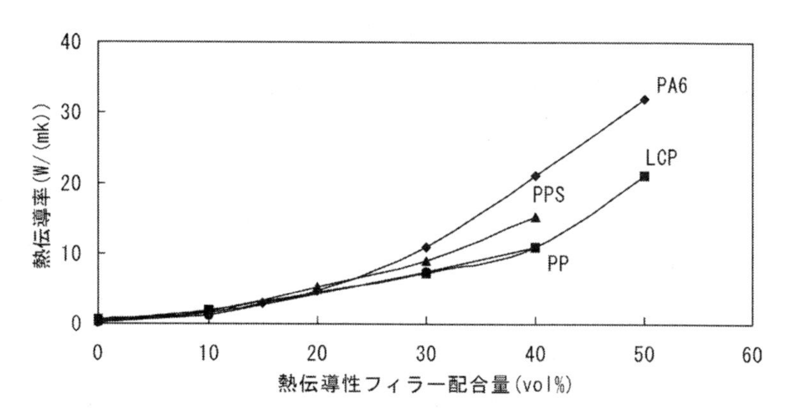

図1　カーボン系フィラーを配合した各種樹脂の熱伝導率（樹脂の流動方向）

表3　ユニチカ高放熱ナイロン6樹脂の一般物性

項　目	試験方法	単　位	標準グレード		高熱伝導グレード			
			N2002G（絶縁）	N1007G（導電）	N2003RG（絶縁）	N2005R（絶縁）	N1020RG（導電）	N1050R（導電）
熱伝導率（平面方向）（厚み方向）	レーザーフラッシュ法	W/(m・K)	2.5 1	7 1.5	3 1.2	5 1.5	22 4	50 10
密度	ISO 1183	g/cm^3	1.72	1.42	1.9	2.07	1.72	1.8
引張応力	ISO 527-1,2	MPa	102	108	80	41	62	40
引張伸度	ISO 527-1,2	%	2.5	3	1.6	0.7	1.2	0.6
曲げ強さ	ISO 178	MPa	180	165	137	76	107	60
曲げ弾性率	ISO 178	GPa	13	10	18	20	23	25
シャルピー衝撃強さ（ノッチ付）	ISO 179-1	kJ/m^2	7	8	3	1.3	2.7	1.1
荷重たわみ温度（1.8 MPa）	ISO 75-1,2	℃	213	210	213	183	205	192
線膨張係数	MD/TD	(10-5/℃)	2/6	2/7	2/5	2/4	2/5	2/3
体積抵抗率	自社法	Ω-cm	>10^{13}	10^8	>10^{13}	>10^{13}	10^1	10^1
成形収縮率（MD/TD）	自社法（2 mm 厚み）	%	0.4/0.4	0.5/0.7	0.2/0.3	0.3/0.3	0.3/0.5	0.3/0.5
バーフロー流動長（280℃，150 MPa）	自社法（1 mm 厚み）	mm	330	295	265	190	130	90

表3に当社で現在ラインナップしている高放熱ナイロン6樹脂の代表的なグレードに関する物性表を示す。前述したようにフィラーの選定により，電気伝導性を有する導電タイプと，電気伝導性を持たない絶縁タイプに分類され，導電タイプは7～50 W/(m・K)，絶縁タイプは2～5 W/(m・K）のグレードをラインアップしている。

3.2 高放熱ナイロン6樹脂の成形加工性

通常，高放熱樹脂には多量の高熱伝導率フィラーが配合される。そのため，射出成形時の金型内での樹脂流動性は低下する傾向となる。これは，高熱伝導率フィラーが流動抵抗となるためである。それに加え射出成形の場合，高熱伝導率フィラーにより樹脂の熱が射出された金型内で速く放熱されてしまい，急速に冷却固化してしまうことも加工性に劣る原因に挙げられる。したがって，同じ程度の溶融粘度を有する樹脂であっても，熱伝導率の高い方が，射出成形時の樹脂流動は劣る傾向にある。表3のバーフロー流動長に示すように，当社の高放熱ナイロン6樹脂は，ベース樹脂であるナイロン6樹脂を最適化することにより高熱伝導率フィラーが多量に配合されることによる流動性の低下を抑え，一定の射出成形性を確保している。

ただし，一般的な繊維強化の熱可塑性樹脂の場合と比較すると，射出成形時には高速射出条件とすることが好ましく，金型はできるだけランナー長は短く，ゲートは大きくするなど，射出成形条件や金型設計で工夫が必要になる場合がある。

3.3 耐衝撃グレードの開発

高放熱樹脂は多量の高熱伝導率フィラーを配合するため，流動性確保の観点からも，その他の補強材の配合量は限定され，従来から熱伝導率と強度や耐衝撃性の両立は困難であった。一般的に耐衝撃性改善にはゴム系の添加剤が使用されるが，機械強度，耐熱性が犠牲になる傾向にあり，かつ，高熱伝導率フィラーが多量に配合された領域では効果が発現しにくいという課題がある。そこで，当社は少ない添加量で耐衝撃性を改善でき，機械強度，耐熱性の低下を最小限に抑えられる特殊な補強材を配合する技術を開発した。高熱伝導率を保持したまま耐衝撃性を付与することに成功し，耐衝撃グレードとしてラインナップしている。表4に耐衝撃グレードの物性を，表5に200 mm(L)×50 mm(W)×8 mm(H) のサイズで製品厚み2 mmのケース材に160 gの重りを取り付け，1.2 mの高さから落下させた場合の破損の状態を示す。表3と表4の対比から，絶縁3 W/(m・K)，導電22 W/(m・K) へ特殊な補強材を用いることで，熱伝導率はそのままにシャルピー衝撃強さ（ノッチ付）が約2倍になり，機械強度の低下も最小限に抑えられていることがわかる。また，表5から明らかなように，耐衝撃グレードは，高放熱樹脂の課題であった落下時の破損に対しても改善されていることがわかる。この耐衝撃グレードは，従来困難であった筐体や，コイルケースなどへの適用が期待される。

4 高放熱ナイロン6樹脂の放熱性

4.1 ヒートシンクでの放熱性評価

近年，自動車部材や電子機器では高性能化，省スペース化に伴う放熱対策が必須になってきている。放熱設計，熱対策の代表例としてヒートシンクが挙げられる。ヒートシンクには熱伝導率に優れ，加工がしやすい点でアルミダイキャストが用いられている場合が多いが，軽量化，形状

表4　耐衝撃グレードの物性

項　目	試験方法	単　位	耐衝撃グレード	
			N2003T（絶縁）	N1020T（導電）
熱伝導率（平面方向）（厚み方向）	レーザーフラッシュ法	W/(m・K)	3 1.5	22 3
密度	ISO 1183	g/cm^3	1.78	1.59
引張応力	ISO 527-1,2	MPa	64	54
引張伸度	ISO 527-1,2	%	1.5	1.1
曲げ強さ	ISO 178	MPa	100	85
曲げ弾性率	ISO 178	GPa	14	22
シャルピー衝撃強さ（ノッチ付）	ISO 179-1	kJ/m^2	7.5	5.5
荷重たわみ温度（1.8 MPa）	ISO 75-1,2	℃	188	196
線膨張係数	MD/TD	(10-5/℃)	2/6	1/5
体積抵抗率	自社法	Ω-cm	$>10^{13}$	10^4
成形収縮率（MD/TD）	自社法（2 mm 厚み）	%	0.5/0.6	0.3/0.4
バーフロー流動長（280℃，150 MPa）	自社法（1 mm 厚み）	mm	274	128

表5　落下衝撃試験結果

グレード	N2003RG	N2003T
	スタンダードグレード	耐衝撃改善グレード
シャルピー（kJ/m^2）	3	7.5
落下衝撃試験	落下時に破損（割れる）	落下時の破損なし（割れない）

自由度の観点から樹脂化のニーズは高い。

当社では，高放熱ナイロン6樹脂を用いて射出成形したヒートシンク型のテストピースを用いて，放熱性の評価を行っている。図2に試験方法の概要図を，図3に放熱性の評価結果を示す。試験方法は，シートシンクの底面にセラミックヒーターを貼り付け，9 W の熱量を一定時間加えた時のセラミックヒーターの表面温度を測定するもので，温度が低いほど放熱性に優れる素材といえる。試験に用いたヒートシンクのサイズは底面が 70 mm × 30 mm，フィンの高さは 10 mm，フィンの枚数は 10 枚となっている。比較にはアルミダイキャストとして一般的に使用されてい

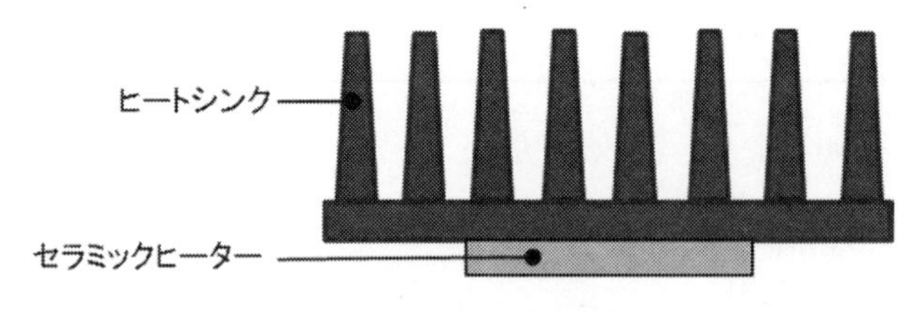

図２　放熱性試験の概要図

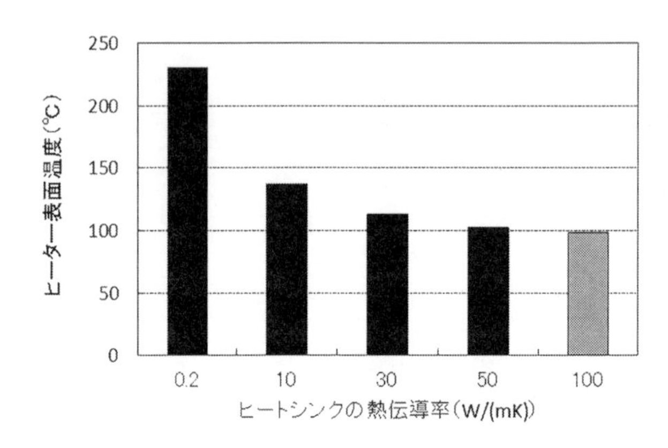

図３　高放熱ナイロン６樹脂の放熱性

る ADC-12 を用いた。

図３より，50 W/(m・K) の高放熱ナイロン６樹脂を用いたヒートシンクでは，ADC-12（熱伝導率：100 W/(m・K)）とほぼ同等の温度までセラミックヒーターの温度上昇を抑制できており，ADC-12 と同等の放熱性が得られることがわかった。これは，金属に対して樹脂が輻射率に優れるためだと考えられる。ファンなどを使用しない自然対流の場合は熱伝導率と輻射により放熱量が決まる。高放熱樹脂は ADC-12 より熱伝導率は劣るが，輻射が優れるため，ADC-12 同等の放熱性が得られたと考えられる。

今回のように比較的小さいサイズの成形体であれば，末端部分までの熱の移動（熱伝導率）の差による影響が小さくなり，輻射率が放熱性に与える影響が大きくなるため，輻射率の優れる樹脂は金属同等の放熱性を得られると考えられる。輻射の観点から考えると，成形物の表面積を大きくすることで輻射効率をより高めることが可能と考えられる。逆に，比較的大きいサイズの成形物では，より遠くまで熱を伝えることが熱源の温度低下に対して支配的になり，輻射率の影響が小さくなる。そのため，熱伝導率が高い金属が放熱性に優れると考えられる。

4.2　金属との一体成形

製品サイズが大きい場合や，機械物性とのバランスのためフィラー配合量を多くできない場合など，軽量化したいが高放熱樹脂だけでは十分な放熱性を得られないケースも考えられる。そのような場合，金属と一体成形することで放熱性を向上させることも可能である。写真1に高放熱ナイロン6樹脂のヒートシンクの底面（受熱面）に1mm厚のアルミをインサートした成形品を，図4に樹脂ヒートシンクとアルミをインサートしたヒートシンクの放熱性の比較を示す。試験は3. 1項に記載の方法で行った。図4よりアルミをインサート成形することで樹脂部の熱伝導率が10 W/(m・K) 程度でヒータの表面温度はADC-12同等になっており，ADC-12相当の放熱性を得られることがわかる。つまり，アルミインサート成形による一体化の技術を用いれば，成形体の大きさが同じとき，樹脂の熱伝導率は比較的低くても十分な放熱性を得られるため，機械物性と熱伝導率の両立が達成できる。また，比較的大きな成形体であっても，より先端部分まで熱を伝えることが可能となることで，金属に匹敵する放熱性を得られることがわかる。このように，製品全体からみると金属部分はわずかであっても放熱性を高めることが可能であり，金属単体と比較すると軽量化できるメリットが見込めるため適用範囲の拡大が期待される。

写真1　アルミインサート樹脂ヒートシンク成形体

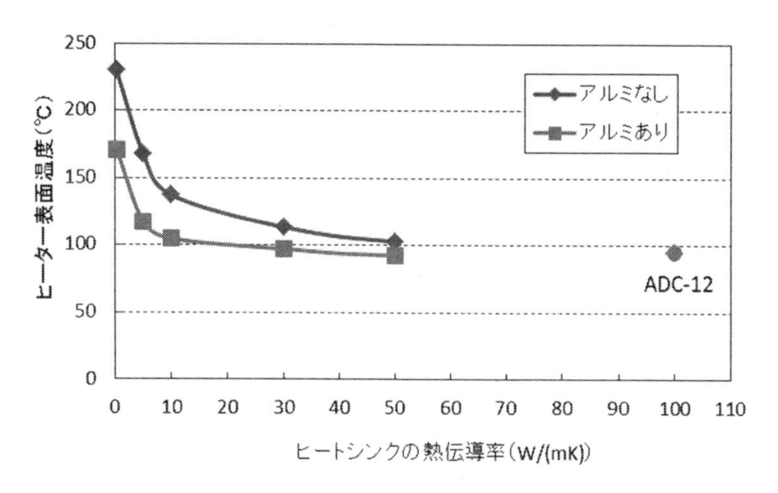

図4　ヒートシンク（樹脂部）の熱伝導率とヒーター表面温度

5　採用事例

高放熱樹脂の市場での認知が進み，一部採用され始めている。当社の高放熱ナイロン6樹脂も，これまでの求評活動を通して採用が進んでいる。一例として，写真2に示すような二輪車のヘッドライト用LEDバルブがある。高放熱ナイロン6樹脂を用いることで十分な放熱が可能，かつ，必要とされる機械物性，および射出成形するための十分な流動性があるため，これまで樹脂化が困難であった製品へ適用することで軽量化も可能という理由で採用いただいている。

写真2　二輪車ヘッドライト用LEDバルブ

6　おわりに

以上，当社で扱っている高放熱ナイロン6樹脂の概説および放熱特性について紹介した。本材料の量産体制は整っており，評価サンプルの提供も行っている。本材料が製品の熱対策・性能向上に貢献できれば幸甚である。

文　　献

1)　飛田雅之，成形加工，**15** (12)，788 (2003)
2)　古川幹夫，プラスチックスエージ，**55** (10), 51 (2009)
3)　古川幹夫，熱伝導率・熱拡散率の制御と測定評価方法，S&T 出版 (2009)
4)　古川幹夫，Material Stage, **11** (8), 44 (2010)
5)　伊藤顕，月間ディスプレイ，**18** (8), 53 (2012)
6)　正鋳夕哉，プラスチックスエージ，**62** (10), 64 (2016)

第2章　高熱伝導高分子複合材料設計のための微構造制御

横井敦史[*1]，小田進也[*2]，武藤浩行[*3]

1　はじめに

近年の粒子製造技術の発展により，ナノサイズで純度が高い原料粒子を安価に入手できるようになり，これらを添加剤とした複合材料の研究・開発が盛んに行われている。エレクトロニクスの分野でも広く普及しており，例えば電気的絶縁性と高熱伝導性を両立した新規な材料開発が急務となっている。エアコン，冷蔵庫，照明および自動車などは現代において快適に生活する上で必要不可欠なものとなっているが，これらの内部の半導体素子は高性能化に伴って発熱密度も向上の一途を辿っている。電子機器に搭載された部品の温度を低下させる手法としては，放熱部の高表面積化など，デバイスの設計変更で対応可能な部分に加え，基板材料の自身の熱伝導率を向上させる必要がある。特に，電子機器においては回路の絶縁性を維持するために高熱伝導性と電気的絶縁性を同時に達成する必要がある。この2つの特性を両立するためには高分子材料とセラミックス系の熱伝導フィラーを混合した材料が期待されている[1~4]。本稿では複合粒子を用いた微構造制御が物性に与える影響を考察するとともに，効果的に熱伝導特性を向上させる微構造の導入法を紹介する。モデル粒子として，マトリックスとなる球状の高分子粒子（PMMA），高熱伝物質として板状のセラミックス（*h*-BN）を用い，それぞれを組み合わせた複合粒子を出発原料として，複合材料内部の微構造を制御し，高熱伝導性付与した高分子複合材料を作製する手法を提案する。

一般的な機械混合などを用いた複合材料の製造方法では，板状等の形状異方性を有する *h*-BN等のフィラーをマトリックス内に分散することが困難となる。そこで，筆者らは各種サイズのマトリックスとフィラーを組み合わせた「複合粒子」を作製し，得られる複合材料の微構造を制御する手法を提案している。微構造制御において重要となる複合粒子を作製する技術として静電吸着複合法[5~8]による複合化技術を確立している。静電引力によって，マトリックスとなる粒子表面に添加するフィラーを吸着させた集積複合粒子を作製することができる簡便な手法であり，種々の複合粒子の形態を変化させることができる。各種形態を有する複合粒子を成形することによって容易に複合体中の熱伝導経路の形状を変化させることが可能となる。これにより，必要と

＊1　Atsushi Yokoi　豊橋技術科学大学　総合教育院　研究員

＊2　Shinya Oda　豊橋技術科学大学　総合教育院　研究員

＊3　Hiroyuki Muto　豊橋技術科学大学　総合教育院　教授

される熱伝導材料を設計することができる。従来法として用いられるマトリックス材料と熱伝導性フィラーを単純に攪拌，混合する製造手法と比較して，物性を厳密にコントロールできるばかりか，熱伝導特性の向上も可能である複合材料の製造手法である。

2 複合粒子作製と微構造設計

2.1 複合粒子作製

交互積層法[9~14)]（Layer-by-Layer method：LbL 法）は，静電相互作用を駆動力とし，原料粒子表面あるいは基板が持つ電荷を利用して，高分子電解質を吸着させる手法として知られており，異なる符号の電荷を持つ高分子電解質を交互に吸着させることにより，ナノレベルで機能性高分子積層薄膜を作製する手法として注目されている。一般には基板など，平面上に高分子電解質を吸着させる成膜技術として用いられるが，粒子や繊維表面への適用も可能である。本研究室では，これまでに，交互積層法による高分子電解質の吸着現象を用いて，粒子表面の表面電荷を自在に制御する技術を確立することで，種々の複合粒子の作製に取り組んできた。例えば，図1に示すような種々の形状（形態），サイズに適用可能である。

2.2 微構造設計

図1で作製した複合粒子を用いることで，微構造の制御が可能となる。一例として図2のような球状マトリックス粒子表面にナノサイズの添加粒子を吸着させた複合粒子を用いれば，成形後の複合材料の微構造は，ナノ添加物が高分散した高分散複合材料となる。相対的なサイズが全く異なる材料（粉末）同士を完全混合することは困難であり，粉末冶金プロセスで常用される従来の機械混合法では困難な微構造制御を可能とする。また，精密に複合粒子を作製することができれば，従来の成形プロセスをそのまま用いることができるばかりか，目的とする微構造を再現性良く導入することができる。目的の材料物性を実現するためには，複合材料の微構造が重要であ

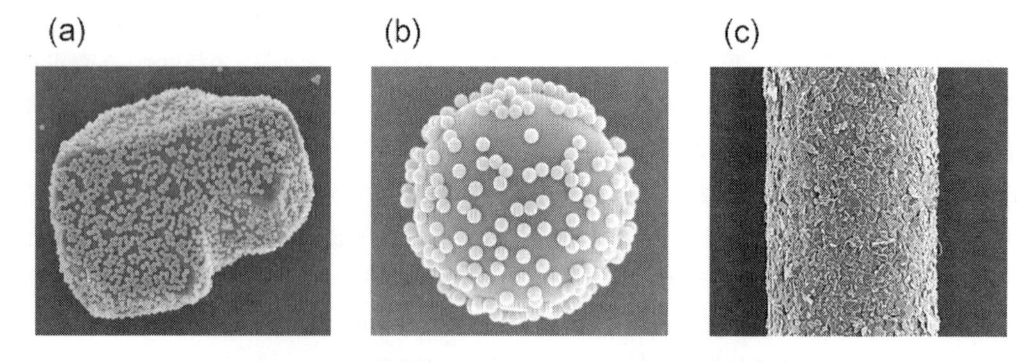

図1　静電吸着複合法により作製した各種複合粒子の一例
(a) PMMA/Al_2O_3, (b) SiO_2/SiO_2, (c) BN/Nylon

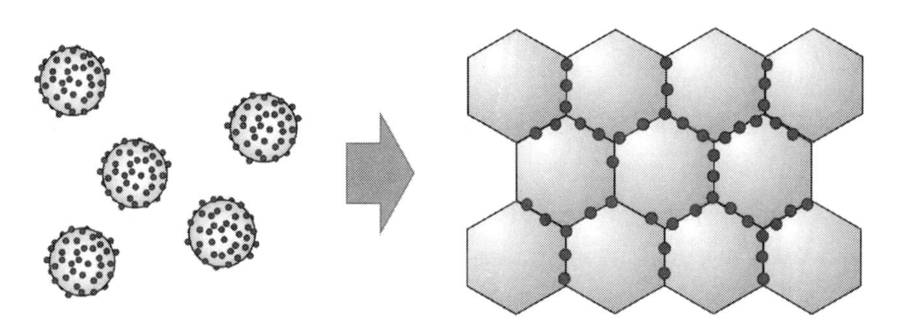

図２　複合粒子を原料とした微構造制御の概略図

り，これを制御するためには，原料とする複合粒子の形状を決定すればよいことになる。図２の例では，高分散複合材料であったが，マトリックス粒子へ吸着させる添加物の量を増やすことで，得られる複合材料の微構造は，マトリックス粒界に連続的に添加物が存在するパーコレーション構造を得ることができる。このように，目的に応じて複合粒子を作製することで，複合材料の微構造を設計することができる。

2.3　静電吸着複合法の利点

提案する静電吸着複合法の利点をまとめると以下のようになる。

① 室温・大気中で，特別な装置を用いる必要がない。
② 溶液プロセスであり，材料の汚染が少ない。
③ 高分子電解質を用いるだけで粒子を複合できるため，環境にやさしい。
④ 母材材料表面に均一にナノ物質を吸着できる。
⑤ 静電相互作用により吸着させるため，作業時間が短い。
⑥ 表面電荷を制御するだけであるため，複合種（材料）を選ばず汎用性が高い。
⑦ 二元系のみならず，複数種のナノ添加物も集積することができる。
⑧ 得られた複合粒子は従来の粉末プロセスで成形，焼結できる。
⑨ 高分子，金属，セラミックスなど，いかなる材料に対しても用いることができる。
⑩ 添加物の形態（e.g. ゾル，粒子，ファイバー）に依らない。
⑪ 従来の機械混合などと比較して，処理時間が短く，量産可能である。
⑫ 複合粒子の形態を制御することで，複合材料の微構造をデザインできる。

このように，我々の提案する複合化手法は，従来の複合材料製造プロセスを一新させるものであると期待されている。

3　複合材料の設計指針

静電吸着複合法を用いた複合粒子を用い，これまでに多くの機能性複合材料を作製してきた。ここでは，熱物性を制御した例について，汎用高分子として知られるポリメタクリル酸メチル（Poly methyl methacrylate：PMMA）をマトリックス，熱伝導性に優れるセラミックスである六方晶窒化ホウ素（Hexagonal Boron Nitride：*h*-BN）を添加物とした系に関して簡単に紹介する。

3.1　*h*-BN-PMMA 複合粒子設計

マトリックスとして用いたPMMAの表面は疎水性であるため，交互積層法を行う前にアニオン性の界面活性剤であるデオキシコール酸ナトリウム（Sodium deoxycholate：SDC）によってPMMAの表面を疎水性から親水性にする必要がある。その後，正の電荷を持つポリジアニルジメチルアンモニウムクロリド（Poly(diallyldimethylanmoniumchloride)：PDDA）および負の電荷を持つポリスチレンスルホン酸ナトリウム（Poly(sodium 4-styrene sulfonate)：PSS）を交互に積層させることで均一，かつ電荷密度の高いPMMA粒子を作製できる。*h*-BNに関しても粒子表面が疎水性であるため，PMMAと同様に，界面活性剤であるSDCで処理することで粒子表面を親水化するとともに負の電荷を与えることができる。上記の手順でPMMAおよび*h*-BNの表面電荷を調整した後，両方の分散液を混合することにより複合粒子を得ることができる。

粒子径が異なるPMMA，*h*-BNをそれぞれ組み合わせることで，種々の形態を有する複合粒子が得られる。例えば，図3に示すように，球状のPMMAの粒子径が板状の*h*-BNよりも十分に大きい場合（図3 (a)），一方，*h*-BNの寸法がPMMAよりも大きい場合（図3 (b)）の組み合わせが基本型となる。さらには，図4に整理するようにPMMA，*h*-BNの相対サイズ比を変えることで最終的には，様々な形態の複合粒子を得ることができる。

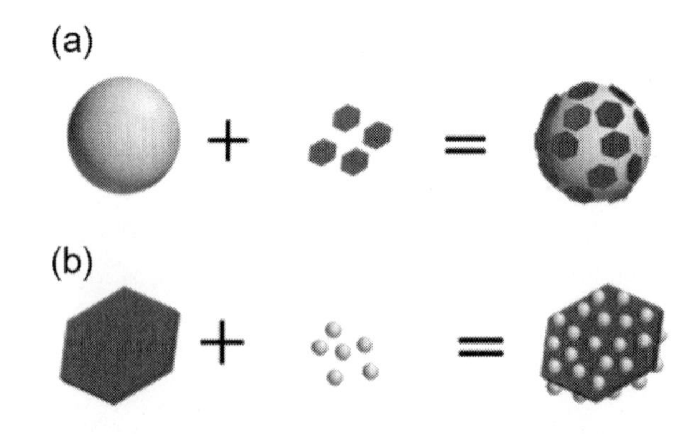

図3　球状PMMAおよび板状*h*-BNにより作製できる複合粒子の形状
(a) Type I：PMMAが*h*-BNよりも大きい場合，
(b) Type II：*h*-BNがPMMAよりも大きい場合

3.2　*h*-BN-PMMA 複合材料の作製

図4の示すような各種形態の複合粒子を原料として用いることで，複合粒子の形態を反映した各種異なる微構造を有した複合材料を得ることができる。ここでは，一例として，単純な一軸加圧成形（ホットプレス成形）することによって得られる複合材料の微構造の模式図を複合粒子の形態との対応として図4にまとめておく。図中上下方向がプレス方向としてある。例えば，図4中，Type I として示すように，PMMA の表面に *h*-BN 複合粒子が吸着したような複合粒子を用いた場合，プレス成形後に得られる複合材料の微構造は，板状の *h*-BN がマトリックスであるPMMA 内に網目状の熱伝導経路（パーコレーション構造）が導入される。一方，Type II のように，*h*-BN の表面上に PMMA が吸着した複合粒子を用いた場合，加圧成形時に *h*-BN の面内方向が加圧方向に対して垂直に配向することで，熱伝導性に異方性を持たせた配向構造になる。また，マトリックス，添加物の相対比が変わることで図4に示すように種々の添加量の異なる複合材料を作製することが可能であり，目的とする複合材料の熱伝導度，強度，重量，または，コストに応じた材料設計が可能となる。

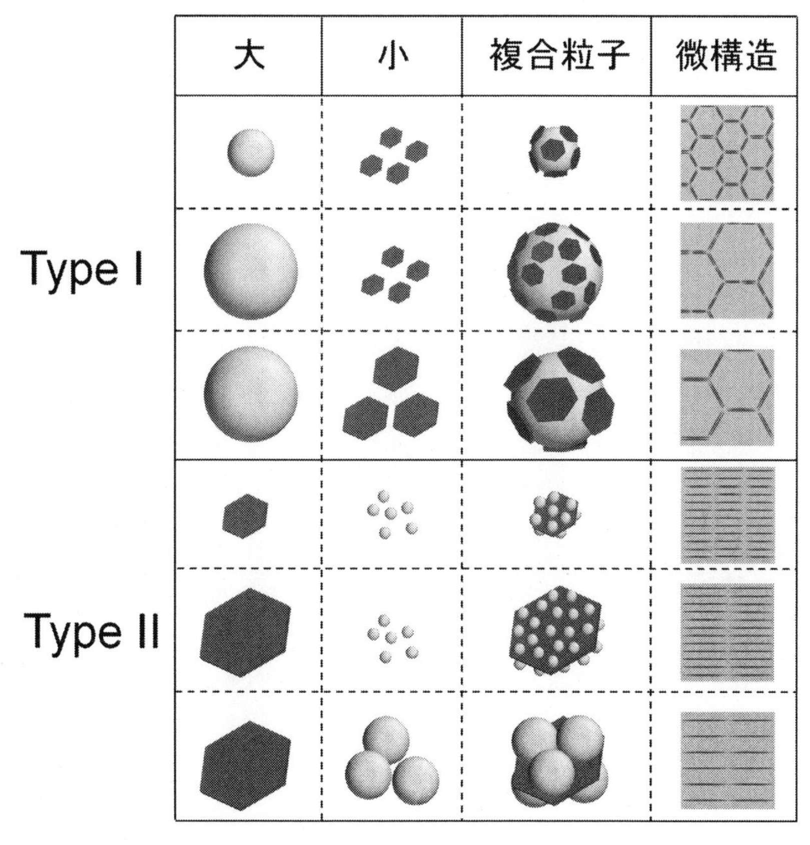

図4　PMMA および *h*-BN の相対サイズの違いによる複合粒子，および，得られる微構造

3. 3　パーコレーション構造および配向構造

上記の設計指針に基づき，*h*-BN-PMMA 複合材料を作製した例について簡単に紹介する。用いたPMMA，*h*-BN 原料粒子を図5に示す。それぞれ，粒径の大きさが3種類の原料粉末を用いた。先に示した静電吸着複合法により得られた複合粒子の例をTypeⅠ，TypeⅡに分類して図6に示す。図4にて模式的に示したように，目的とした各種の複合粒子を得ることができている。これらをホットプレス成形することで得られた複合材料の微構造の一例を図7に示す。球状のPMMAの表面に板状の*h*-BNが吸着した複合粒子（TypeⅠ）を用いてプレス成形することで，図7（a）に示すように，球状のPMMAマトリックス粒子の界面に*h*-BN粒子が連続的に存在するパーコレーション構造を導入することができている（PMMA：5μm，*h*-BN：0.5μm）。一方，板状の*h*-BNの表面に球状のPMMAが吸着した複合粒子（TypeⅡ）では，配向した*h*-BNの間にPMMAが存在するような配向構造が得られている（PMMA：0.35μm，*h*-BN：5μm）。その他，各種複合粒子を用いて作製した複合材料に関しても図4に示すような微構造の導入ができており，提案する手法により種々の複合材料を開発できることが明らかとなっている。得られた複合材料の熱特性に関する詳細は今後報告していく予定である。

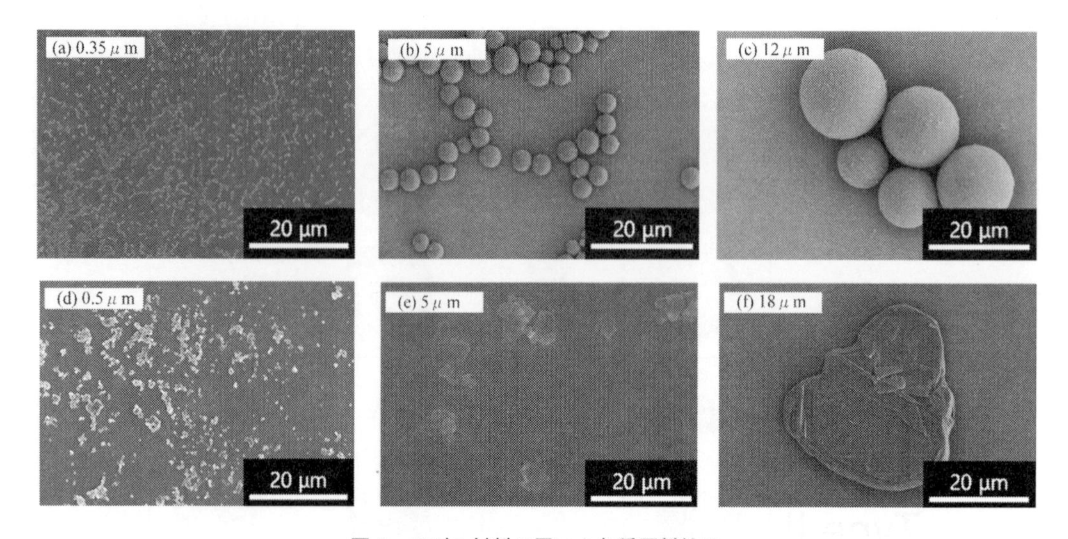

図5　モデル材料に用いた各種原料粒子
PMMA：(a) 0.35，(b) 5，(c) 12μm，および *h*-BN：(d) 0.5，(e) 5，(f) 18μm

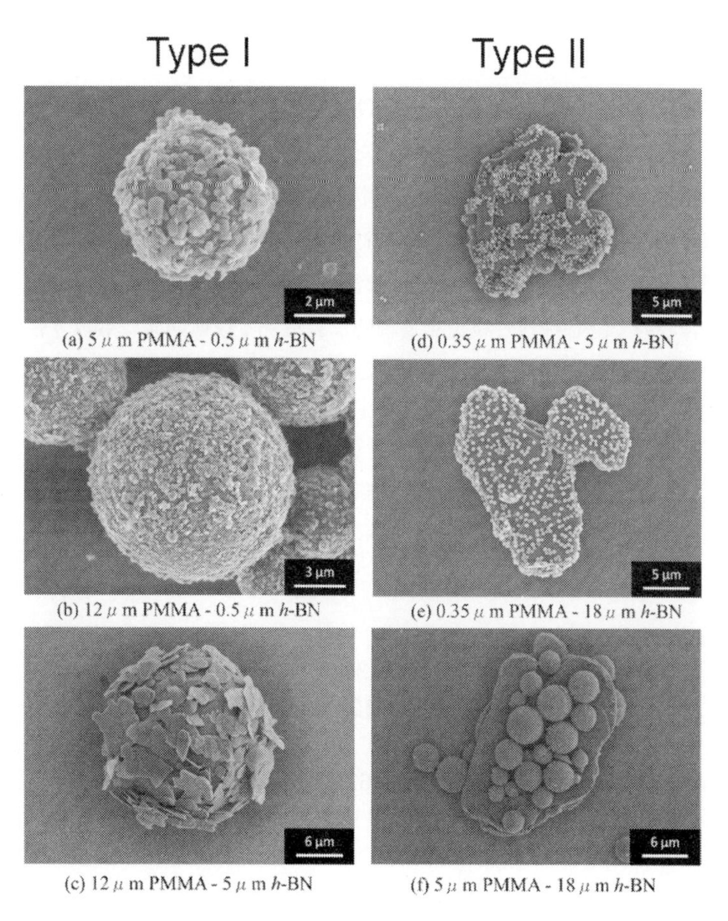

図６　図５の原料粒子の組み合わせにより作製された PMMA-*h*-BN 複合粒子
(a)：5 μm PMMA-0.5 μm *h*-BN，(b)：12 μm PMMA-0.5 μm *h*-BN，
(c)：12 μm PMMA-5 μm *h*-BN，(d)：0.35 μm PMMA-5 μm *h*-BN，
(e)：0.35 μm PMMA-18 μm *h*-BN，(f)：5 μm PMMA-18 μm *h*-BN

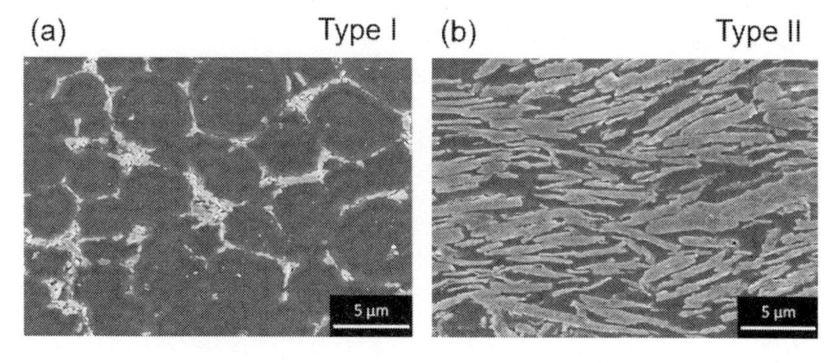

図７　(a)：5 μm PMMA-0.5 μm *h*-BN，(b)：0.35 μm PMMA-5 μm *h*-BN の複合粒子を用いて作製した PMMA-*h*-BN 複合材料の微構造

4 おわりに

本章では，複合粒子を用いた微構造制御が物性に与える影響を考察するとともに，効果的に熱伝導特性を向上させる微構造の導入法を提案した。モデル粒子として，マトリックスとなる球状の高分子粒子（PMMA），高熱伝物質として板状のセラミックス（*h*-BN）を用い，それぞれを組み合わせた複合粒子を出発原料として，複合材料内部の微構造を制御し，高熱伝導性付与した高分子複合材料を作製する手法を提案した。筆者らは現在，内閣府 SIP（革新的設計生産技術）のプロジェクトにおいて，各種複合粒子を連続的に製造する技術開発にも取り組んでおり，高品質な複合粒子の量産が間近であり，今後，高熱伝導材料以外にも多くの分野に展開する計画である。

文　献

1) Y. Xu *et al., Composites Part A*, **32**, 1749 (2001)
2) A. Shimamura *et al., J. Ceram. Soc. Jpn.*, **123**, 908 (2015)
3) C. Y. Hsieh & S. L. Chung, *J. Appl. Polym. Sci.*, **102**, 4734 (2006)
4) E. S. Lee *et al., J. Am. Ceram. Soc.*, **91**, 1169 (2008)
5) 武藤浩行，羽切教雄，ケミカルエンジニアリング，**57**, 456 (2012)
6) 小田進也ほか，粉体および粉末冶金，**63**, 311 (2016)
7) 横井敦史ほか，セラミックス，**51**, 381 (2016)
8) 武藤浩行，羽切教雄，セラミックス，**47**, 608 (2012)
9) R. K. Iler, *J. Colloid Interface Sci.*, **21**, 569 (1966)
10) G. Decher *et al., Thin Solid films*, **210-211**, 831 (1992)
11) G. Decher, *Science*, **277**, 1232 (1997)
12) K. Ariga *et al., Phys. Phys. Chem. Phys.*, **9**, 2319 (2007)
13) K. Liang *et al., Adv. Mater.*, **26**, 1901 (2013)
14) P. Schuetz & F. Caruso, *Colloids Surf. A*, **207**, 33 (2002)

第3章　セルロースナノファイバー／h-BN 複合絶縁性放熱材

林　蓮貞[*1]，林　裕之[*2]

1　はじめに

近年パソコン，テレビやモバイル機器等の電子製品の高機能化・薄型化・小型化に伴い，搭載される電子部品の熱問題が深刻化している。電子部品は高温環境に長時間さらされると機能低下を招き，寿命も低下するため，高効率な放熱材の需要が急速に高まっている。今後，非接触充電機能搭載機器，LED 搭載機器，車載電装部品と，電気自動車やハイブリッド自動車用のバッテリーなど高い絶縁性が求められる用途に牽引され，絶縁性放熱シート材の市場が拡大すると予想される。

絶縁性放熱シート材として絶縁熱伝導性無機粒子と樹脂の複合体が良く知られている。現在はシリコーン系複合化放熱材が主流であるが，高温環境に曝されることによりシリコーンが劣化し，低分子シロキサンが揮散する問題がある。そのためシロキサンフリーの放熱材の研究開発が進んでいる。シロキサンフリーの代表格として，アクリルベース系やエポキシ系等の樹脂をマトリックスとした放熱材がある。ただ，これらの樹脂も無機粒子を高充填すると成形性が悪くなり，得られた複合材は硬くて加工性や柔軟性を失う問題がある。

また，メソゲン骨格を導入した結晶性エポキシ樹脂のようにマトリックス樹脂材料自体の高熱伝導化の技術開発[1,2]も進んでおり，1.0 W/m・K 超と高い熱伝導率を発現する。ただし価格が非常に高く，取扱いや無機フィラーとの複合化において課題がある。液晶性樹脂や特殊な分散処理技術を用いた以外，既存絶縁性放熱材の熱伝導率は 1.0～3.0 W/m・K 程度で，直面する熱問題に対して十分な熱伝導性を持つとは言えない。

セルロースは木材等の陸上植物の細胞壁の主要な構成成分である。細胞壁繊維において，セルロース分子鎖は約 40 本が平行に配列し，水素結合でまとまった直径 3～4 nm 程の強固なエレメンタリーフィブリル（elementary fibril）を形成している。さらに，エレメンタリーフィブリルが数～数十本で配列して直径数～30 nm，長さ 1～数 μm ほどのセルロースミクロフィブリル（microfibril）を形成している。エレメンタリーフィブリル間隙の幅は約 1 nm，ミクロフィブリル間隙の幅は約 10 nm である。解繊条件やせん断力により，ミクロフィブリルからエレメンタリーフィブリルが得られ，エレメンタリーフィブリル，ミクロフィブリルの何れもセルロースナ

＊1　Lianzhen Lin　㈱KRI　ナノ構造制御研究部　シニア研究員
＊2　Hiroyuki Hayashi　㈱KRI　ナノ構造制御研究部　シニア研究員

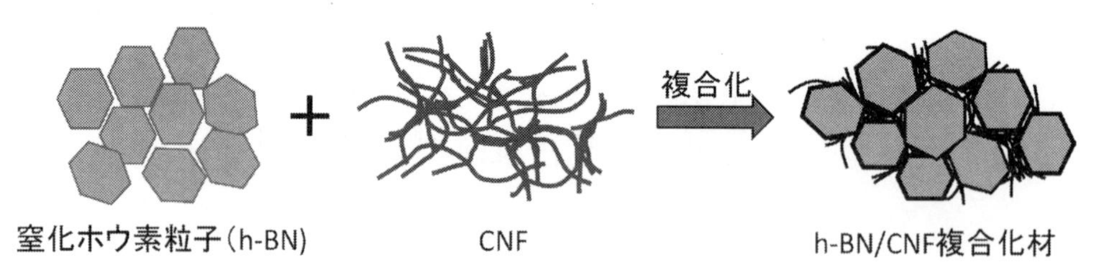

図1　窒化ホウ素粒子と CNF の複合化イメージ

ノファイバー（CNF）と呼ばれる。CNF は軽量な素材でありながら鋼鉄の5倍以上の強度と，ガラスの1/50程度の線膨張係数，大きいアスペクト比等の特性を持ち，自動車部品，家電製品筐体，住宅建材，内装材，食品や医薬品用の増粘剤，透明紙等への応用が高く期待されている。

高い結晶性を持つ CNF の熱伝導率は，セルロース原料によりバラつきはあるものの 1.0～3.0 W/m・K ほどで，汎用樹脂と比べ 10～20 倍高く，液晶性樹脂より同等以上である。さらに，極性の高い無機粒子との親和性に優れる。CNF と熱伝導性無機粒子との複合化イメージを図1に示す。図1のように CNF をマトリックスとして用いることで，無機フィラーの熱伝導性をよく引き出し，低充填で優れた放熱特性と汎用樹脂系複合化放熱材では得られない折り曲げ性を併せ持つ複合化放熱材を得ることが期待される。

2　CNF の製造およびその特性について

CNF の製造法は大きく分けて機械的解繊法[3]と化学的解繊法[4]の2つがあり，両者を併用した手法も採用されている[3]。機械的解繊法とはセルロース繊維の水分散液を強いせん断力を持つ解繊装置を用いて処理する手法である。高圧ホモジナイザー，ウォータジェット，ディスクミル，グラインダー，遊星ボールミル等が用いられる。

一方，化学的解繊法とは，化学的な処理により CNF を水素結合または非結晶性成分の結束から解放させ，弱いせん断力または解繊エネルギーでナノファイバー化する手法である。化学的解繊法としては，主に酸加水分解[4,5]，TEMPO（2,2,6,6-テトラメチルピペリジン-1-オキシラジカル）酸化法[6]，リン酸エステル化修飾法[7]が良く知られている。

加水分解法とは，セルロースの水分散液に酸触媒または加水分解酵素であるセルラーゼを加えて加水分解することによりセルロースナノファイバー間の非結晶性糖を水溶性糖に変換して除去する方法である。酸触媒は原料コストが低いが，環境や設備に悪く，加水分解酵素は環境や設備に良いが，低生産性や高コストのメリット，デメリットがある。

特に，酸加水分解法の研究開発は北米や北欧がリードしている。高濃度の硫酸や塩酸水溶液中でセルロースを加水分解反応することで，フィブリルの間の水素結合だけでなく，セルロース分子鎖のグリコシド結合も激しく切断され，得られるフィブリルの直径は約 10 nm，長さは約

100 nmである。通常，CNFではなく，セルロースナノクリスタル（CNC）とよばれている。アスペクト比が低いため補強効果が低く，成膜にすると脆い。

TEMPO触媒酸化反応法は，CNF表面に露出しているC6位の1級水酸基のみを選択的にカルボン酸塩に変換することにより，低エネルギーでナノファイバーを得ることができる。TEMPO触媒酸化されたセルロースはエレメンタリーフィブリルの間が静電反発により緩くなるため，ミキサーで攪拌処理することで繊維径が数nmのアスペクト比が大きいCNFが得られる。TEMPO酸化CNFは高ガスバリア性と透明性に加え，生分解性を有するため，オールバイオマス系包装材料としての利用が高く期待され，研究開発が行われている[6,8,9]。

リン酸エステル化法は王子ホールディングス社により開発され，リン酸エステル化による化学的解繊方法である。今後は量産化に向け年産能力40トンの実証プラント設備を導入し，事業化に向けたサンプルワークを拡大・加速することが予定されている。リン酸エステル化解繊法はTEMPO酸化法と異なり，リン酸エステル官能基の導入によりセルロースのエレメンタリーフィブリルの間に静電反発が生じ，セルロースが解繊されて直径数～10 nmのCNFが得られる。リン酸エステル化CNFの形状および透明性，水分散性はTEMPO酸化CNFと類似するが，金属に対する吸着性が大きいためその特性を生かした用途開発も進められている。TEMPO酸化CNFとリン酸エステル化CNFは，表面陰イオン官能基を持ち，吸水または吸湿性が極めて高いため，増粘剤または分散剤として医薬品と化粧品，食品等の分野への応用にも注目が集まっている。

一方，絶縁放熱材のマトリックスとして熱伝導性以外に低吸湿性と低イオン性も重要な特性である。CNFを疎水化するため，CNFの表面に露出する水酸基をエステル化修飾する方法が良く採用されている。さらにエステル化修飾によりCNFの耐熱性を向上することも可能である。表面エステル化修飾方法について，機械解繊または加水分解法により得られたCNFをさらにエステル修飾する方法が一般的である。しかし，水との競合反応を避けるためエステル化修飾の前にCNFの水分散液を脱水処理し，非プロトン性有機溶媒に再分散する必要がある[10]。

3　表面エステル化修飾CNFの一段階調製法について

筆者らは，既存法とは異なり，非プロトン性極性溶媒とセルロースの溶剤であるイオン液体を含む解繊溶液をセルロースミクロフィブリルの間に浸透させ，ミクロフィブリルの間の水素結合を解除したり，非結晶性部分を選択的に溶解したりすることによって，CNFを抽出する手法を開発した。非プロトン性溶媒を利用することにより，解繊と共にCNFの表面水酸基を修飾することができる。前記の従来法と異なり煩雑な溶媒置換をする必要がなく，一段階[11]で表面修飾CNFを得られるため，従来法と比べてコストを削減することが可能となる。さらに，この方法では，強いメカニカル処理を必要としないため，セルロース繊維にダメージを与えることなく分離することができる。

ここで，具体的な解繊方法の一例[11,12]を紹介する。

リンターパルプを乾燥や粉砕等前処理することなく塩化 1-ブチル-3-メチルイミダゾリウム，N-ジメチルアセトアミドと無水酢酸の混合溶媒に投入し，80℃で 60 分間程度の攪拌の後，さらにエム・テクニック社製の分散・乳化機（クレアミックス　CLM-0.8S，回転速度 12000 rpm）で 30 分処理すると結晶性の高いアセチル化修飾 CNF が分散している溶液が得られる。その後，洗浄により溶解した非結晶性成分や解繊溶液を除去すると，表面アセチル化修飾 CNF が得られる。上記工程は，ミキサーやホモジナイザーなどせん断力の強い解繊機器を用いるとより短時間での処理が可能となる。得られたアセチル化修飾 CNF（Acetyl-CNF）の形状の SEM 像を図 2（右）に示した。図 2（右）の SEM 像が示すように Acetyl-CNF の繊維径は約 20 nm で長さは数百ナノからミクロンオーダーである。Acetyl-CNF は DMAc，ケトンや環状エーテル等の溶

図 2　Acetyl-CNF の DMAc 分散液と SEM 像

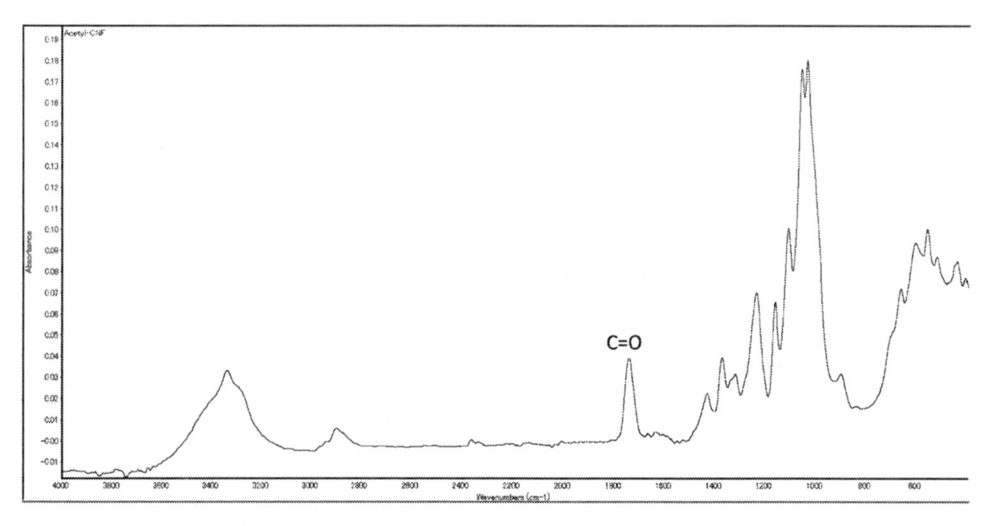

図 3　Acetyl-CNF の IR スペクトル

媒に再分散でき，そのDMAc分散液の外観を図2（左）に示す。またAcetyl-CNFをFT-IRで分析したIRスペクトルを図3に示す。1730 cm^{-2}のアセチル化修飾に由来するカルボニル基が検出された。同Acetyl-CNFの固体NMR分析でも修飾されていることが確認されている。

Acetyl-CNFの熱分解温度（5％減量温度）をTG-DTA分析により評価し，修飾されてないCNF（302℃）と比べ40℃ほど高温側（340℃）へシフトすることが確認されている。XRD分析によりAcetyl-CNFの結晶パターンと結晶化度を評価し，図4と図5に示すように，Acetyl-CNFはI型の結晶パターンを有し，結晶化度は約83％である。

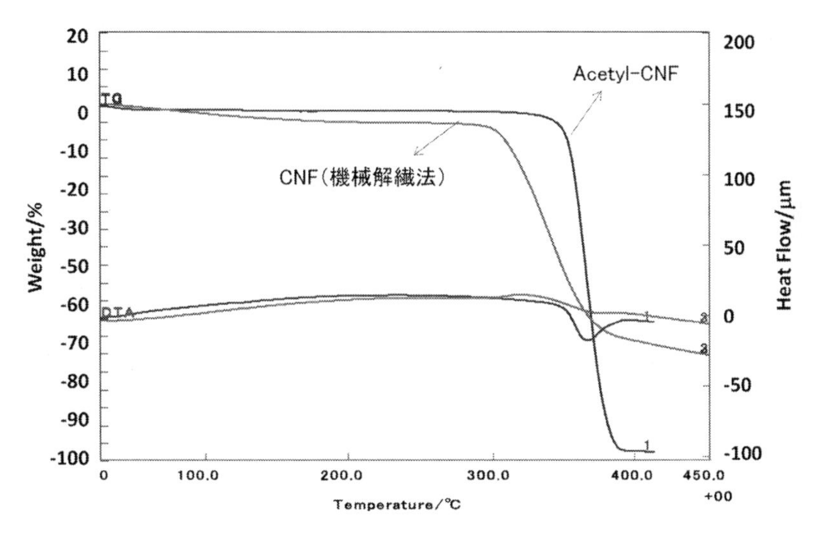

図4　Acetyl-CNF の TG-DTA

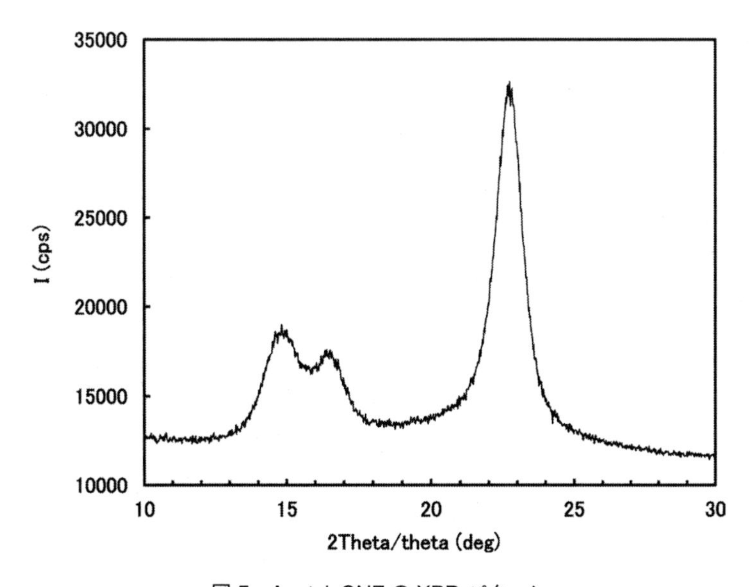

図5　Acetyl-CNF の XRD パターン

4　アセチル化修飾 CNF をマトリックスとした複合化放熱材

4.1　複合化放熱材のマトリックスとする CNF のメリット

複合化放熱材の熱伝導率は，使用する熱伝導性フィラーおよびマトリックスの熱伝導率と配合比率に依存する。これらの関係は，Bruggeman の式を一般化した金成の経験式(1)[13]で表される。

$$1-v=\frac{\kappa_{\mathrm{comp}}-\kappa_{\mathrm{f}}}{\kappa_{\mathrm{m}}-\kappa_{\mathrm{f}}}\times\left(\frac{\kappa_{\mathrm{m}}}{\kappa_{\mathrm{comp}}}\right)^{\frac{1}{1+x}} \tag{1}$$

式(1)に基づいて CNF と六方晶窒化ホウ素（h-BN）を出発材料とした複合化材の熱伝導率をシミュレーションし，h-BN/エポキシ樹脂複合化材と比較した。図 6 に示すように，複合化材の高熱伝導化には，高い熱伝導率を発現するマトリックス材が効果的であることが予想される。h-BN/CNF 複合化材で，比較的窒化ホウ素粒子の充填率が低い領域においても，高い熱伝導率を示すことが期待できる。例えば，同じ 10 W/m・K の熱伝導率を得るために，エポキシ樹脂をマトリックスとすると，h-BN の充填量は 70 vol%と見積もられるのに対し，CNF を用いた場合，h-BN の充填量は 30 vol%とエポキシ系の半分以下と見積もられる。このように，汎用樹脂の代わりに CNF を使用すれば熱伝導性無機粒子の低充填化に繋がり，成形性，加工性，柔軟性を備える複合化放熱材を得られると考えられる。

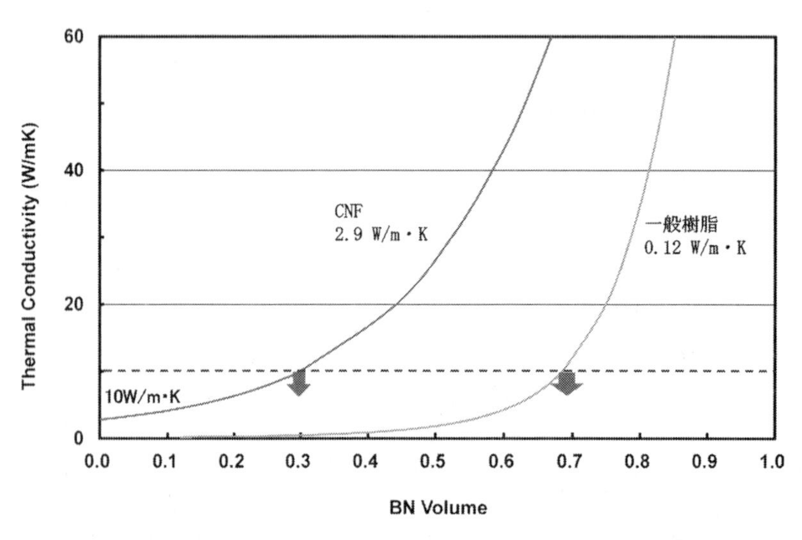

図 6　金成の経験式に基づいた h-BN 複合化放熱材の熱伝導率の予測結果

4.2　Acetyl-CNF をマトリックスとした複合化放熱材の作製と評価

筆者らが開発したKRI一段階法により調製したAcetyl-CNFを複合化放熱材のマトリックスとする放熱材への応用例を以下に紹介する。ここでは，絶縁性放熱材を意識して絶縁性と熱伝導性を兼ね備える窒化ホウ素（h-BN）を用い，Acetyl-CNFとの複合化について述べる。なお，窒化ホウ素は，平均粒径5 μm，厚さ数百nmのデンカ社製HGPグレードを用いた。複合化放熱材の熱伝導率は光交流法で測定した。

DMAcにAcetyl-CNFと窒化ホウ素（h-BN）粉末を投入し，室温で1時間攪拌することにより，h-BN/Acetyl-CNFの複合化スラリーを調製した。このスラリーを基板に流涎し，120～150℃のホットプレートの上に放置しDMAcを揮発させた。次に，送風乾燥機内で165℃，3時間乾燥することにより50 wt%（40 vol%）のh-BNを配合したAcetyl-CNF複合化放熱シートを得た（図7）。複合シートの表面形態をFE-SEMで観察した結果（図7）からh-BN粒子はAcetyl-CNFが形成したネットワークに分散していることが判明した。

また，得られた複合化放熱シートとAcetyl-CNF単独フィルムは図8に示すように，何れも折り紙のように繰り返して折り曲げることが可能であった。

複合化放熱シートの熱伝導率，体積抵抗と線膨張係数の測定結果を表1に示す。窒化ホウ素50 wt%（40 vol%）の複合化放熱シートの密度，熱伝導率，線膨張係数と体積抵抗はそれぞれ1.30 g/cm^3，6.0 W/m・K，4 ppm/℃，10^{12} Ω・cmであった。熱伝導率の値は72 wt%（63 vol%）の窒化ホウ素粉末を配合したエポキシ樹脂複合体[14]より大きい。CNFを用いることで窒化ホウ

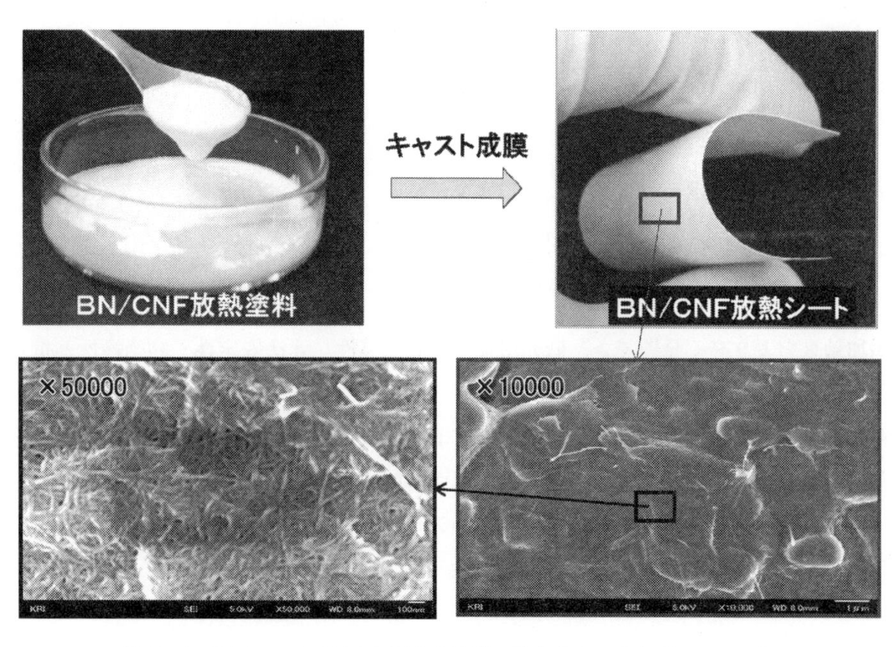

図7　h-BN/Acetyl-CNFの複合化塗料，複合化シートとそのSEM像

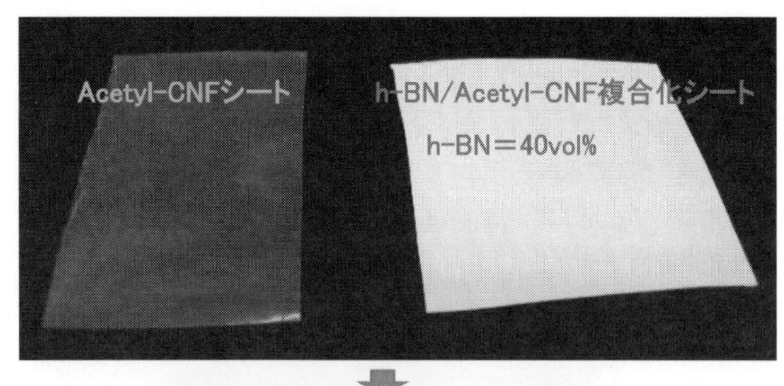

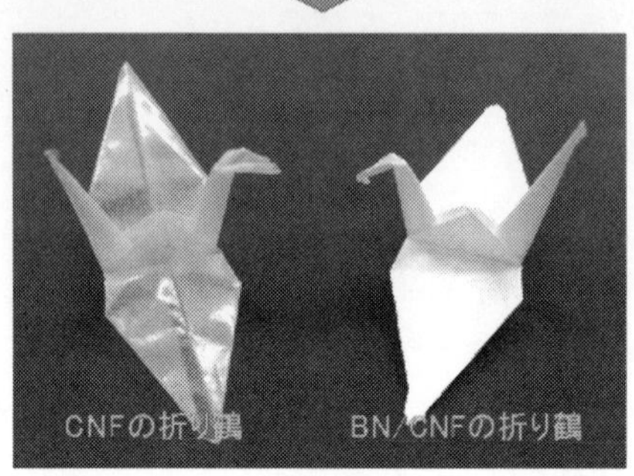

図８　Acetyl-CNF シートと h-BN/CNF 複合化シートの比較

表１　h-BN-CNF/Acetyl-CNF 複合化放熱シートの評価結果

評価項目	評価結果
BN 配合量（vol%）	40
シート厚さ（μm）	150
密度（g/cm³）	1.30
熱伝導率（W/m・K）	6.0
線膨張係数（ppm/K）（30～200℃）	5.5
体積抵抗（Ω・cm）	6×10^{12}

素の添加効果をより高く発揮でき，低充填量で高熱伝導性，寸法安定性，高絶縁性と折り曲げ性を兼ね備える複合化放熱シートが得られた。

Ｘ線 CT を用いて複合化材中の窒化ホウ素粒子の分散状態を解析し，面方向の断層像を図９に示した。断層像中の白いコントラストは窒化ホウ素粒子であり，その分布が小さくて均等に配置していることが確認された。また，白いドメインのサイズから，窒化ホウ素粒子は凝集することなく分散していることが考えられる。

図9　h-BN/CNF 放熱シートの面方向の X 線 CT 断面画像

5　おわりに

現状では，複合化放熱シートの実測密度は理論密度よりはるかに低いため，複合化材中に空隙が多く存在し，窒化ホウ素と CNF の熱伝導特性を十分に発揮できていないといえる。CNF をマトリックスとした複合化放熱材の熱伝導率をさらに向上するためには，溶媒や成形温度等の成形条件の最適化や樹脂との併用により，空隙率を減らす改良が必要である。

しかしながら，h-BN/Acetyl-CNF 複合化放熱シートは放熱材に求められる性能をバランス良く備え，従来のエポキシ樹脂またはアクリル樹脂系複合材料と比べ，窒化ホウ素粒子低充填でも熱伝導率が大きい。また，折り曲げ性を確保していることから，複雑形状の放熱面への対応が期待できる。今後の研究開発に期待したい。

文　　献

1)　竹澤由高，日立化成テクニカルレポート，No.53 (2009-10)
2)　辻雅仁，川平哲也，新神戸テクニカルレポート，No.19 (2009-2)
3)　H. P. S. Abdul Khalil *et al.*, *Carbohydr. Polym.*, **99**, 649 (2014)
4)　近藤哲男，木材学会誌，**54**, 107 (2008)
5)　J. Y. Zhu *et al.*, *Green Chem.*, **13**, 1339 (2011)

6） (*a*) 磯貝明，高分子，**58**, 90 (2009)；(*b*) 磯貝明，柴田泉，繊維と工業，**57**, 163 (2001)
7） 盤指豪，特開 2013-253200
8） 斉藤継之，磯貝明，*Cellulose Commun.*, **14**, 62 (2007)
9） 河崎雅行，*Cellulose Commun.*, **17**, 121 (2010)
10） 中坪文明，生物が創り出すナノ繊維，p. 1, Nanocellulose Symposium 2013, Kyoto, Japan, February 27, 2013
11） L. Lin *et al., RSC Adv.*, 14379 (2013)
12） 山口日出樹，林蓮貞，特許第 5676860 号
13） 金成克彦，高分子，**26**, 557 (1977)
14） 花ヶ崎裕洋ほか，広島県立西部工業技術センター研究報告，**49**, 70 (2006)

第4章　単層カーボンナノチューブの複合化によるゴムの熱伝導性向上

阿多誠介*

1　緒言

カーボンナノチューブ（CNT）の構造が飯島博士により明らかにされてから，その高い対称性からCNTが高い熱伝導性を有していることは多くの科学者によって予想された。実際，直径約0.8 nmから100 nmの直径をもつナノ炭素材料の一種であるCNTは，それまで最も高い熱伝導率を有しているといわれていたダイヤモンドの熱伝導率（1,000～2,000 W/mK）よりも高い，2,000～5,000 W/mKであることが報告されている[1,2]。因みに金属の中でも熱伝導性が高い銅の熱伝導率が約400 W/mKであり，CNTがいかに高い熱伝導性を有しているかがお分かりいただけると思う。

このCNTの高い熱伝導率を生かした放熱，伝熱材料が近年注目されている。一例を挙げると，近年のデバイスの小型化，高集積化によって単位面積当たりの発熱量が非常に大きくなっているため，この熱を排熱する用途がある。例えばPentiumⅢの単位面積当たりの発熱量は約50 W/cm^{2}であり，一般的な家庭用ホットプレートの発熱量30～40 W/cm^{2}を上回っている。この熱がデバイスから排熱されず蓄積された場合，デバイスの短寿命化や動作不良，配線のマイグレーションによる断線などの問題が起こると言われている。一般的にデバイスで発生した熱は，ヒートシンクによって空気と交換され排熱される。ヒートシンクは熱伝導率の大きな材料が用いられることが多いが，デバイス上にヒートシンクを単純に載せただけでは，界面に空気層が残留する。この空気層は断熱層として働くために排熱効率が極端に悪化する。そこで空気層の代わりにデバイスからヒートシンクに効率よく熱を伝える材料が必要であり，これを熱界面材料（thermal interface material：TIM）とよぶ。TIMに求められる特徴は「熱伝導性が高いこと」「柔らかく自己接着性があること」そして「絶縁性であること」である。一般に柔らかく自己接着性がある材料として知られているゴムや熱可塑性エラストマーは熱伝導率は低い。そこで，ゴムやエラストマーに熱伝導性の高いフィラーを加えることにより，TIMに適した材料を作製する試みが行われている。この熱伝導性の高いフィラーの一つとしてCNTが注目されている。残念ながらCNTは集合としては電気伝導性であるためTIMとして用いるには材料設計上絶縁化するなどいくつかの工夫が必要であるが，それでもCNTの高い熱伝導性は魅力的である。

＊　Seisuke Ata　産業技術総合研究所　技術研究組合　単層CNT融合新材料研究開発機構　研究員

そこで本稿ではCNTを用いた熱伝導材料の設計について，その指針と製造法とともに紹介を行う。

2 CNTを用いた柔らかく熱伝導性の高い材料開発

2.1 CNTの熱伝導率

ここまでCNTが優れた熱伝導性材料であることを述べてきた。しかし，前言を撤回するようであるが，実際に私たちが購入可能な市販品のCNTの熱伝導率は前述したような高い値ではなく，せいぜい100 W/mK程度である[3)]。まずその理由について説明する。

CNTの熱伝導の主な担体はフォノンであるが（金属の場合には主に自由電子），このフォノンはCNTの欠陥におけるフォノン散乱を起こすため，欠陥の多いCNTの熱伝導率は低くなる。一般にCNTの欠陥密度と，そのコストは反比例する（実際には欠陥密度と合成速度が一般的には反比例）ため市販されているCNTには多くの欠陥が存在している。市販されているCNTには結晶性が高く，高い熱伝導率を持つものもあるが，非常に高価であり，また生産量も少ないため，材料を使う側からすると現実的ではない。そのため，実は購入してきたCNTの熱伝導率は物理学の教科書に書かれているほどには高くなく，せいぜい金属と同等かそれ以下の値なのである。もちろん，炭素繊維が辿った歴史をなぞるように，将来CNTの合成技術が向上し，欠陥の少ないCNTが安価に大量に供給されるような日は必ず来ると思われる。しかし，現状では市販のCNTのみを熱伝導性フィラーとして高い熱伝導性をもつTIM材料を作製することはできない。

しかし，CNTを熱伝導分野において使い物のないフィラーと判断するのは性急である。CNTにはCNTの使い方がある。

2.2 CNT/CFハイブリッド材料

CNTと同じ炭素材料であるピッチ由来の炭素繊維（CF）は，近年航空機などに導入され注目されているPAN系CFと比べて脆いという欠点があるが，結晶性が高いために800 W/mKもの高い熱伝導率を有する材料である。この炭素繊維をゴムに複合化すると高い熱伝導率とゴムの柔らかさを併せ持つ材料ができることが期待される。しかし，炭素繊維だけを添加してもやはり高い熱伝導率を得ることはできない（図1）。フッ素ゴムをマトリクスとして70 wt%の炭素繊維を添加しても熱伝導率はせいぜい10 W/mKを若干超える程度である。図2に我々が調べた市販のTIM材料の熱伝導率を示す。市販のTIMと比較すると10 W/mKはそれほど高い熱伝導率ではないため，さらなる熱伝導率の向上が必要となる。

複合材料の熱伝導率を予測する式はいくつか報告されているが（一例としてHatta-Taya式[4)]など），図1に示したCFとゴムの複合材料の熱伝導率は，これら理論式から予測される熱伝導率を大きく下回っている。この原因についてはいくつかの可能性が考えられるが，最も大きい可

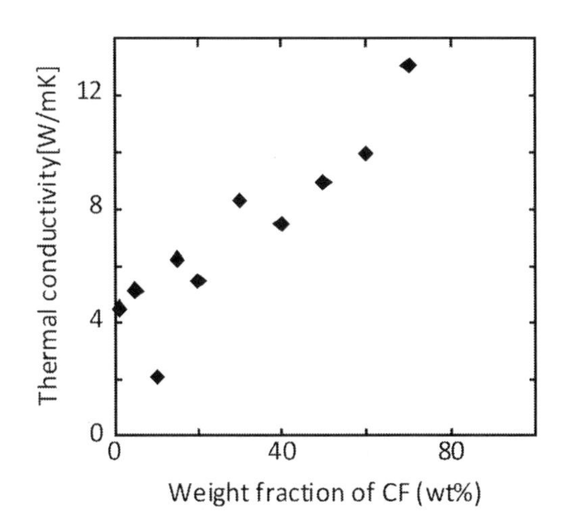

図１　炭素繊維重量分率に対するフッ素ゴムと炭素繊維複合材料の熱伝導率の関係

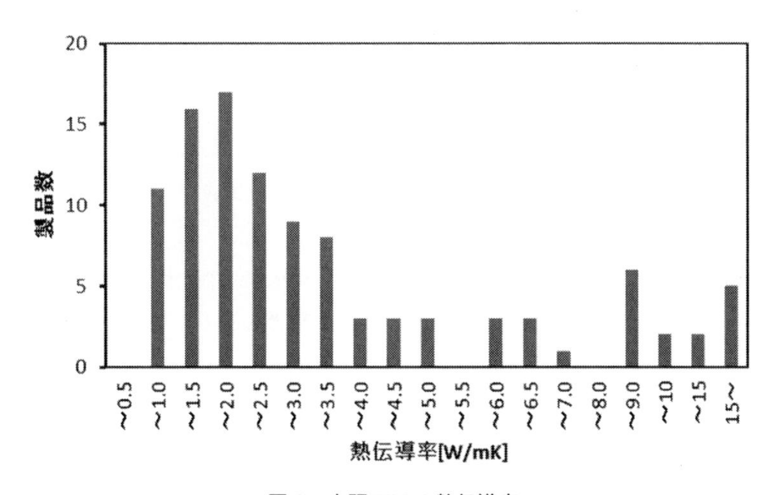

図２　市販 TIM の熱伝導率

能性は炭素繊維間での熱輸送がうまくいっていないことが考えられる。炭素繊維も他のカーボン材料と等しくフォノンにより熱を輸送する。この点，金属材料が自由電子によって熱輸送を行うことと異なっている。自由電子の場合はある程度自由にフィラーからフィラーに移動することが可能である。しかし，フォノンが熱の担体である場合にはフィラーからフィラーへの移動の効率が悪い。特に炭素繊維は直径 7～10 μm の円柱状であるため，フィラー同士の接触面積は極めて小さい。そのため，炭素繊維から炭素繊維への熱移動効率は非常に低くなることが予想される。これが炭素繊維とゴムの複合材料において熱伝導率が期待された値よりも低くなった原因であると考えられる。

炭素繊維間での熱移動を効率化するためには，同じ格子定数をもち，さらに炭素繊維間の接触

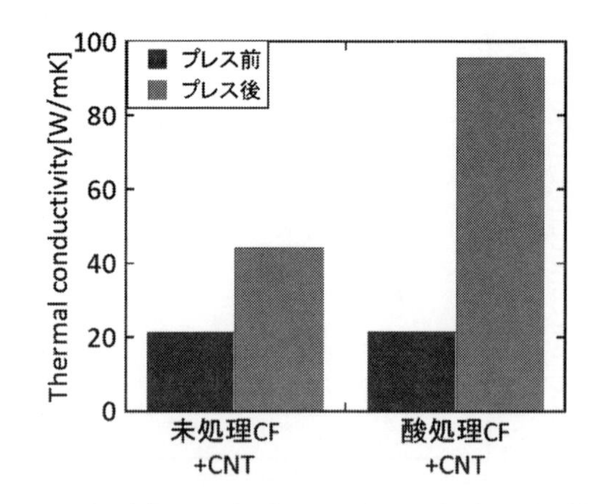

図3　CNT（5）／CF（20）／フッ素ゴム（75）の熱伝導率
酸処理の有無と，プレス処理の有無の影響を示している。

面積を増やすような材料を第三成分として添加することが有効である。CNTと炭素繊維（特にピッチ系炭素繊維）は主に SP^2 混成軌道をもつ炭素から構成されていることから，同じ格子定数を持つため，フォノンを効率よく伝達することが期待される。また，CNTは直径が炭素繊維のおおよそ1/1,000程度であることから，比表面積が大きく炭素繊維との総接触面積を大きくできることが期待される。

実際に炭素繊維20 wt%にCNTを5 wt%程度添加してみると熱伝導率は大きく向上し20 W/mK程度に達する。さらにCNTと炭素繊維の接触面積を増加させるために熱プレスで圧縮すると熱伝導率は40 W/mKを超える値を示す。これは炭素繊維だけの場合に比べて，同程度のフィラー添加量で比較した場合8倍以上の熱伝導率の向上を意味している。

さらに，炭素繊維表面にはサイジング剤と呼ばれる樹脂が付着しているが，これは炭素繊維とCNTの近接を阻害し熱輸送効率を悪化させていると思われる。そこで，炭素繊維を酸で処理し，CNTとハイブリッド化すると熱伝導率は22 W/mKとなり，サイジング材がある場合に比べて若干向上する。これをさらにプレス処理を行うと熱伝導率は95 W/mKまで改善する。この値は鉄（78 W/mK）や黄銅（85 W/mK）よりも高い値となっている（図3）。

このCNT/CF/ゴム複合材料の熱伝導率と密度を他の材料と比較してみる。図4に種々の材料の熱伝導率と密度を記載しており，これに今回作製した材料の結果を記載した。一般に熱伝導率が大きな材料は密度が高いが，今回作製したCNT/CF/フッ素ゴム複合材料は組成としては75 wt%がゴム材料であるために比較的軽量であるが，熱伝導率では金属に匹敵する値となっている。このため，この材料を用いることにより効率よい熱輸送が可能になるだけでなく，排熱機構の軽量化にも貢献できることが期待される。

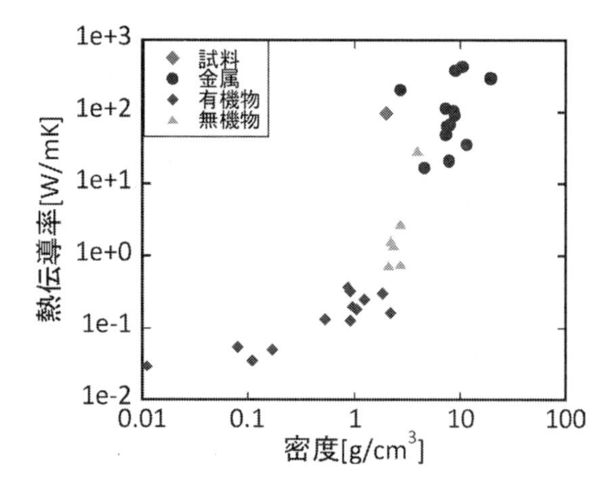

図4　各材料と，今回開発したCNTハイブリッド複合材料の密度と熱伝導率

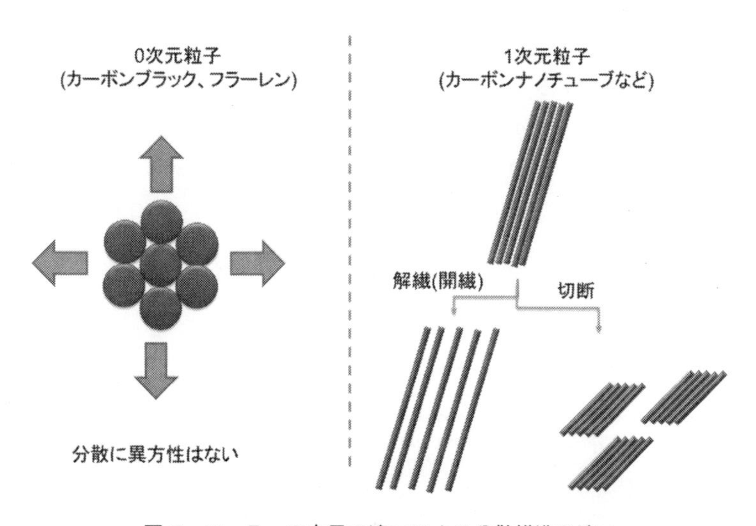

図5　フィラーの次元の違いによる分散構造の違い

2.3　熱伝導材料としてのCNTの分散処理

CNTを扱う際に最も重要となるのは「分散」である。1次元材料であるCNTは0次元材料であるカーボンブラックなどの既存材料とは異なる概念で分散を考える必要がある。

図5にその概念を示す。0次元材料を分散する際にはどの方向にせん断力を加えてもフィラーは分散される。そのため一般的には強いせん断力を加えれば加えるほどフィラー同士は乖離し分散する傾向にある。しかし，CNTの場合には1次元の構造を持っていることから，分散には異方性がある。CNTは合成直後にはCNT同士が束になったバンドルと呼ばれる束状構造になっている。このバンドル化したCNTにせん断力を加えるとCNTは束がほぐれる分散（解繊と呼ぶ）と，束が切断される，つまりCNTが短くなる方向に分散する2種類の分散が起こる。CNT

は一般的には非常に高い機械強度を持っていると考えられることが多いため，CNT にいくら強いせん断力を加えても解繊のみが起こると誤解されるが，実際には CNT には多くの欠陥構造が存在しているためこの欠陥を起点として切断が起こる。また切断まで至らなくても欠陥量が増加してしまうなどの問題が生じる。前述したように，CNT の熱伝導性はわずかな欠陥によって大きく低下することから，CNT を熱伝導性のフィラーとして利用する場合においては欠陥をいかに減らして，かつ解繊を進めるかがカギになる。

CNT を分散するのに最も容易な方法は有機溶媒中で分散を行うことである。そこで，今回は CNT を有機溶媒中で分散する場合において，どのような分散機を選定すべきか，そしてどのような評価を行うべきかについてこれまで我々が得てきた知見について報告を行う。

産総研で合成しているスーパーグロース法による単層 CNT[5] をメチルイソブチルケトン（MIBK）を溶媒として，種々の分散機で分散した際の構造を図 6 に示す。このように同じ CNT であっても全く異なる構造となる。例えば左上では CNT は解繊されており，右下に進むにつれて太いバンドルが多く観察される。また，右下では CNT の繊維はあまり観察されず，ぐしゃぐしゃになった黒い塊しか観察することはできない。この CNT の分散状態を定量化するためには，レーザー回折法とラマン散乱分光法が有効である。レーザー回折は CNT の粒子径のサイズを測定するものである。一方ラマン散乱法では結晶構造に由来する G バンドの強度と，欠陥に由来する D バンドの強度比，G/D 比が CNT の欠陥の多寡を反映している。それぞれの結果を図 7，8 に示す。CNT が解繊し，かつ欠陥導入が少ない分散状態においては，レーザー回折で観測さ

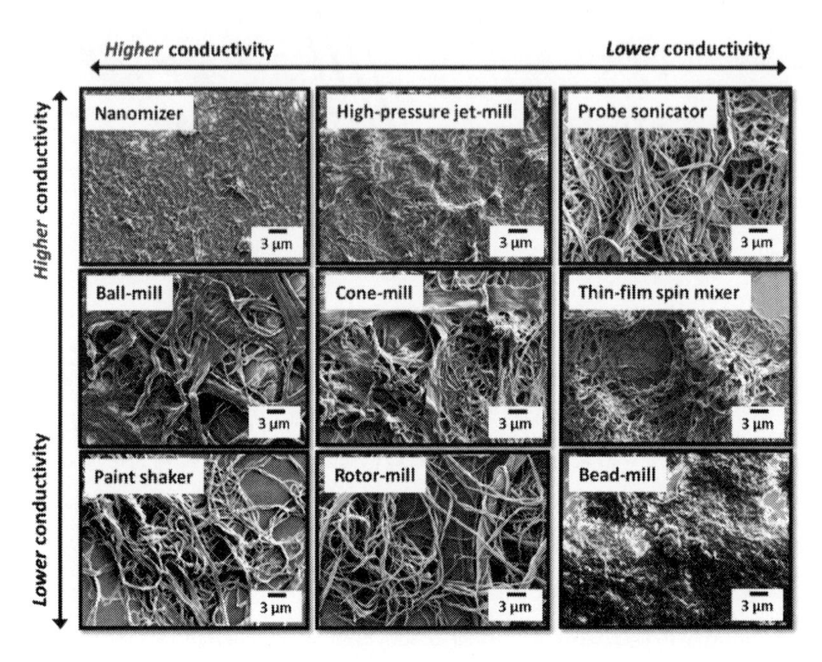

図 6　CNT を種々の分散機で分散させた場合の構造

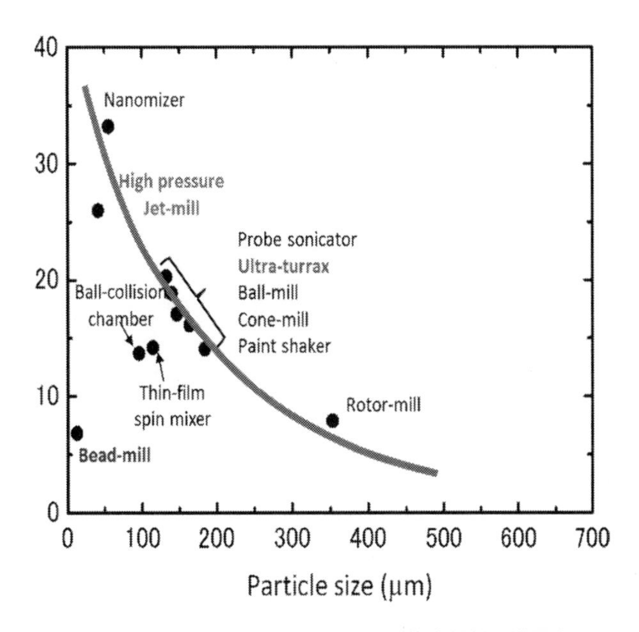

図7　CNT分散液中のCNT粒径と複合材料の導電率

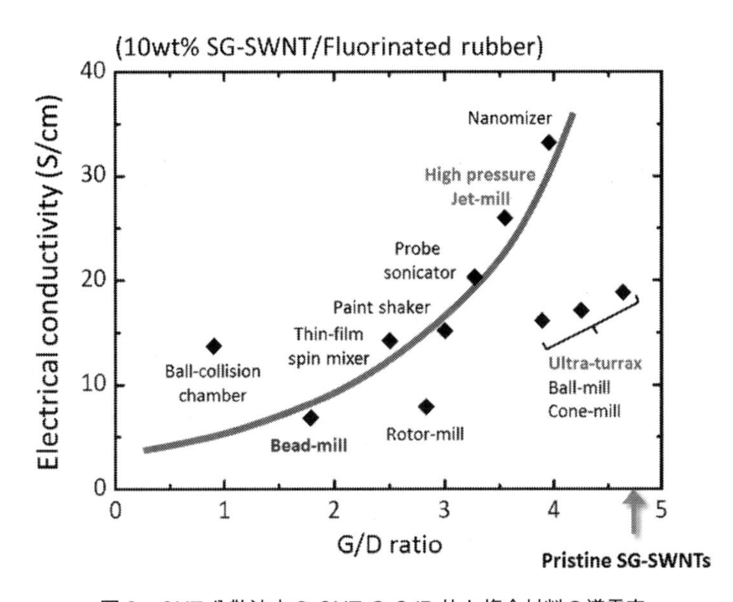

図8　CNT分散液中のCNTのG/D比と複合材料の導電率

れる粒形が小さく，かつラマン散乱法におけるG/D比が大きいことが必要である。実際にこのCNT分散液をゴムに複合化して導電率を測定すると，粒形が小さく，かつG/D比が大きな分散液を用いた場合には高い導電率が得られている。

CNTの解繊が欠陥導入に比べて優位になる分散法は，ジェットミルなどの乱流によってせん

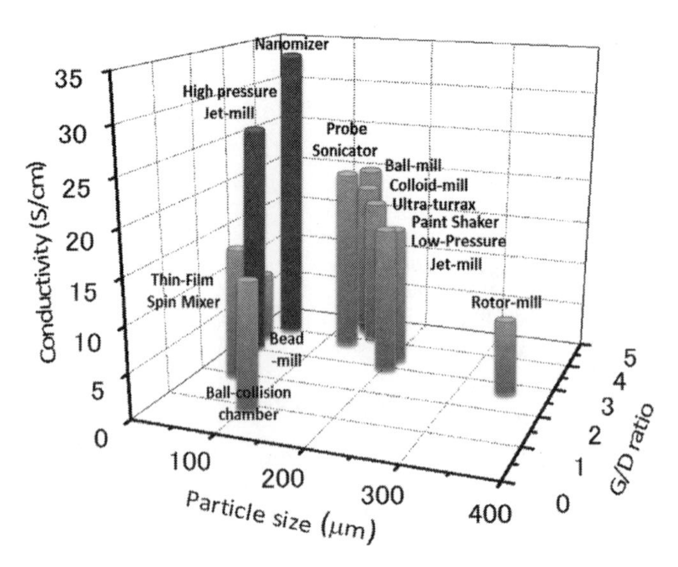

図9　CNT の粒径，G/D 比および導電率
粒径が小さく，かつ G/D 比が大きなものほど機能が発現しやすい。

断力を加える分散機構が該当する。これは CNT に対して複数軸のせん断力を加えることができるため解繊が効率よく起こるためである。逆に機械的なせん断を印加する分散機構では CNT に対して一軸のせん断力しか印加できないために CNT の欠陥が増加する傾向にある。しかし，機械的なせん断においても条件を最適化することにより適切な分散処理を施すことは可能である。重要な点としては，CNT の評価手法と分散処理をリンクさせて，フィードバックをかけながら最適な分散条件を見つけ出していくことである。

3　まとめ

CNT は残念ながら現状においては期待されたほどの高い熱伝導性を持ってはいない。しかし，ナノサイズの直径と数万以上のアスペクト比という特異な構造から，炭素繊維など他の熱伝導性フィラーとハイブリッド化することにより高い熱伝導性を得ることが可能である。

CNT の合成技術はこれからも進歩していくことが予想されており，その一つの方向として結晶性の高い CNT がある。結晶性が高くなれば熱伝導性も同時に高くなることが予想されるため，CNT を用いた熱伝導部材が普及していくことが期待される。

しかし，結晶性が高くなれば CNT の解繊も困難になり，適切に処理しなければ分散過程において結晶性を落とすことも懸念される。CNT の合成技術，分散技術，そして CNT の評価技術を適切にリンクさせながら発展させていくことによって CNT の優れた特徴を生かした材料開発が進んでいき，一つの出口として熱伝導材料が発展していくことを期待している。

謝辞

この成果は，独立行政法人新エネルギー・産業技術総合開発機構（NEDO）の委託業務の結果得られたものです。また，共同研究者のHowon Yoon博士，研究の指導を頂いた畠賢治センター長に感謝いたします。

文　　献

1) N. Kondo *et al., e-J. Surf. Sci. Nanotechnol.,* **4**, 239 (2006)
2) S. Berber *et al., Phys. Rev. Lett.,* **84**, 4613 (2000)
3) M. Akoshima *et al., Jpn. J. Appl. Phys.,* **48**, 05EC07 (2009)
4) H. Hiroshi & T. Minoru, *Int. J. Eng. Sci.,* **24**, 1159 (1986)
5) K. Hata *et al., Science,* **306**, 1362 (2004)

第5章　CNT分散構造制御による絶縁樹脂の高熱伝導化技術

福森健三*

1　はじめに

樹脂，ゴムを含めた高分子材料は，軽量（低比重），易成形性（良流動），高延性（高靱性）などの特長を活かして，多くの産業分野の製品・部品に広く採用されている。最近は，それらの特長と電気，熱，磁気，光などの様々な機能を併せもつこと（高機能化）が要求される用途が増加している。各種樹脂へ狙いとする機能付与を実現する汎用的な方法として，高機能性充てん剤（フィラー）の配合・複合化に関わる配合設計が挙げられる。特にその大きさ（粒子径）が1 nm（ナノメートル）～100 nmの範囲にある機能性ナノフィラーは，フィラーを構成する物質がもつ優れた機能に加えて，同一物質のバルク状態では得られない，nmサイズの大きさに依存した特異な機能発現（量子サイズ効果）や，樹脂中における高分子鎖の広がりと同等の大きさを有するナノフィラーの微細分散に伴い，ポリマー／フィラー界面での強い相互作用が樹脂の階層構造（結晶および非晶構造，相分離構造など）に直接影響を与えることにより，ナノフィラーの少量添加で樹脂の効率的な高機能化が実現される。カーボンナノチューブ（CNT）は，1～10 nmオーダの直径に関連して極めて高いアスペクト比（長さ/直径：10^2以上）を有することから，機能を伝達する長い経路（パス）の役割を示すため，数多くのナノフィラーの中で最高レベルの導電性や熱伝導性，そして力学的な高補強性（強化材機能）の発現が期待できる。

自動車産業分野に関わる大気中へのCO_2排出量削減に有効なハイブリッド車（HEV）や電気自動車（EV）の普及において，車両のコンパクト化・軽量化とともに，車両全体での効率的な熱マネージメントに向けた技術開発が積極的に進められている。電気・電子系部品の小型化，高出力化への対応が強化されており，特に発熱部位から外部へ熱を逃がす放熱性向上が極めて重要な技術課題の一つに位置づけられている。電気・電子部品用途において，樹脂材料は，高い電気絶縁性（絶縁性）が要求される部位に用いられるが，その熱伝導率の値は，無機・金属材料が示す値の1/10～1/1,000程度の極めて低いレベルにある。したがって，系の放熱性向上の達成には，樹脂材料（絶縁樹脂）の高熱伝導化がキー技術になるといえる。

本稿における筆者らによる絶縁樹脂の高熱伝導化技術は，ナノフィラーの中で最高レベルの熱伝導率と導電率を併せもつCNTの活用に独自性があり，実用系で一般的なポリマーブレンドの

---

*　Kenzo Fukumori　㈱豊田中央研究所　材料・プロセス2部　高分子成形・力学研究室　主席研究員

配合設計・構造制御により，樹脂の特長である高絶縁性に影響を与えることなく，CNTの少量添加で効率的な熱伝導率向上を実現する手法について解説する。

2　樹脂の高熱伝導化技術

2.1　従来手法－無機系熱伝導性フィラーの配合－[1,2]

樹脂単独の熱伝導率は，ほとんどの場合0.2～0.3 W m^{-1} K^{-1}の範囲にあり，通常は，アルミナ（Al_2O_3），窒化ホウ素（BN）等の無機系熱伝導性フィラー（粒子径：μm（マイクロメートル）～10 μmオーダ）を大量（50 vol%以上）に配合して1 W m^{-1} K^{-1}以上の熱伝導率を示す絶縁樹脂組成物（絶縁樹脂）として実用に供されている。その場合，フィラー同士の接触を通じて熱が伝わる熱伝導パスを効率よく形成するため，フィラーの種類，形状や粒子径，配合量などの適正化が検討される。しかしながら，得られる熱伝導性フィラー／樹脂系複合体に関して，フィラーの大量配合に伴う系の成形時の流動性低下，高比重化，高コスト化などへの適切な対応が実用的に不可欠となる。

2.2　新規手法－マトリックス樹脂の高熱伝導化－

上述の従来手法では，マトリックス樹脂の低い熱伝導率λ_mはそのままの状態で，無機系熱伝導性フィラーによる熱伝導パスを形成する方法が主体であったが，最近はマトリックス樹脂自体の熱伝導率λ_mを高めるための取り組みが活発化している。ここで，マトリックス樹脂自体の熱伝導率λ_mを高める（ベースUP）効果の実用的な活用方法として，図1に示すA，Bのケースが想定される。

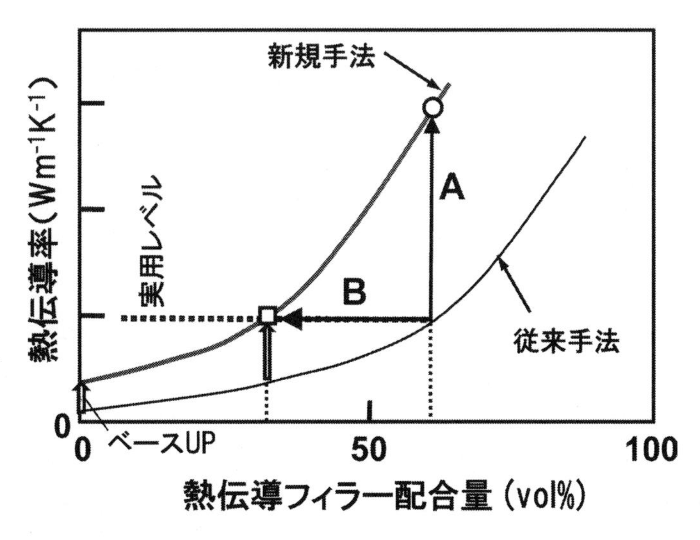

図1　系の熱伝導率に対するマトリックス樹脂のベースUP効果とその利用方法

ケースA：同一の熱伝導性フィラー量において，系の熱伝導率を飛躍的に高めることができる。
ケースB：目標レベルの熱伝導率を得るために，従来の無機系ナノフィラー配合量を大幅に削減できる。

以下に，マトリックス樹脂の熱伝導率を高める手法として，まず最近の樹脂の分子構造制御技術を取り上げ，つぎに筆者らによるマトリックス樹脂中におけるCNT（ナノフィラー）の分散構造制御技術の詳細について述べる。

2.2.1 樹脂の分子構造制御技術－液晶性分子骨格の導入－

樹脂自体の熱伝導率 λ_m を高めることで，絶縁樹脂（熱伝導性フィラー配合樹脂）の熱伝導率 λ_c を効率的に高める目的での最近の技術動向として，高分子の分子構造中にビフェニル基のような剛直で液晶性を発現するメソゲン骨格を導入した熱硬化性樹脂（エポキシ樹脂）[3]や熱可塑性樹脂（液晶ポリエステル）[4]の開発が上げられる。フィラー／樹脂系複合体の熱伝導率 λ_c を予測する理論式の一つであるBruggeman式[5]に基づく計算により，例えば，上述のメソゲン基の導入により樹脂の熱伝導率 λ_m を0.2 W m^{-1} K^{-1} から1.0 W m^{-1} K^{-1} まで5倍に向上させると，無機系熱伝導性フィラーの50 vol%配合での λ_c を1.0 W m^{-1} K^{-1} から4～5 W m^{-1} K^{-1} レベルまで高めることが可能と見積もられる。

2.2.2 高熱伝導性と高絶縁性を両立する新規CNT分散構造モデルと材料創製[6]

筆者らは，特定樹脂を対象とする高度な分子構造設計・制御技術が不要で，かつ既存の市販樹脂へ広く適用可能な新規手法の確立に向けて，最高レベルの熱伝導率（λ_f＝3,000～5,000 W m^{-1} K^{-1}；銅の10倍以上）をもち，樹脂の熱伝導率向上に有効なナノフィラーとして，CNTに着目した。すなわち，CNTのマトリックス樹脂への少量添加（分散）により，樹脂の高次構造に直接影響を与えて，上述の樹脂の分子構造へのメソゲン基導入の場合と同様に，樹脂自体の熱伝導率 λ_m を大幅に上昇させる効果を期待した。ただし，これまで世の中では，CNTが高い導電性を併せもつこと，そして必然的に樹脂の絶縁性が大幅に低下すること（導電性発現）から，CNTの絶縁樹脂の高熱伝導化への応用はほとんど見られなかった。代表的な高耐熱性樹脂であるポリフェニレンサルファイド（PPS）を対象に，価格面での実用性を考慮した上で，高熱伝導化に有利な構造欠陥が少ない多層CNTの選定と少量（1 vol%以下）の複合化を基本的アプローチとした。単純にPPSと1 vol%のCNT（多層CNT，平均直径：約65 nm）との溶融混練により得られたCNT/PPS系複合体では，CNTはPPSマトリックス中に比較的均一に分散した状態にあるが，一部でチューブ形状のCNT同士が接触している様子が観察された。その場合，わずか1 vol%の添加条件においても，CNTの相互連結を通じて，系内での電気伝導パスの形成（絶縁性低下）が生じる。そこで，実用系樹脂材料の高性能化・高機能化に有効な方法として，単独系にて実現が困難な総合性能（例えば，耐衝撃性，剛性，耐熱性，耐久性，コスト等）の実現や，両立が困難な複数機能の同時発現を可能とするポリマーブレンド技術を応用した。実用系の場合，非相溶な複数のポリマーの組合せによる相分離型ポリマーブレンドの適用が一般的であり，その相分離構造を利用した導電性カーボン系ナノフィラーの少量添加による効率的な導電性付与を実現するダブルパーコレーション手法[7]が提案されている。この手法では，非相溶系ポリマーブレンド（Aポリマー／Bポリマー）における両ポリマーの配合比，ブレンド作製時の溶融粘度比やせん断流動条件[8]，ナノフィラーと界面親和性（界面張力）の差[7]などを適正な範囲に制御することにより，図2に示すような両ポリマー成分が連続相となる①共連続相構造と②Aあるいは Bポリマー相内に選択的にナノフィラーを局在化させ，かつフィラー同士が連結したネットワーク構造を同時につくることで，①と②の二重効果により系全体を横切る帯状のポリマー相内にナノフィラーによる導電パスが効率的に形成されるという原理である。このダブルパーコレーション構造は，導電パスと同時に熱伝導パスの形成を促すものであるので，当然，系の絶縁性は維持されなくなる。

筆者らは，CNTの少量分散（1 vol％添加）による樹脂の熱伝導率向上（マトリックス樹脂の熱伝導率 λ_m を高める）効果を発揮させ，かつ系の絶縁性維持との両立を図るため，電圧印加時のCNT同士の接触に起因した系全体への電気伝導パス形成を完全に抑制する方法として，図3に示す新規CNT分散構造モデルを考案した。すなわち，樹脂マトリックス中に配置されたCNTとの親和性が高い分散相内に少量のCNTを局在化させ，さらにCNTに対する排除作用をもつ殻層がCNTの樹脂マトリックスへの移行を阻止する形で界面に存在する構造モデルである。このモデルでは，CNT添加による熱伝導率向上効果が発揮される一方，分散相内に閉じ込められたCNTと別の分散相内のCNTが相互連結し導電パスを形成することが殻層の存在により阻止されるため，系全体の絶縁性は維持される。

本モデルを基に，2軸押出機を用いて，各構成樹脂（マトリックス樹脂，分散相樹脂および殻層形成樹脂）とCNTを混練することにより，PPSをマトリックス樹脂とする高熱伝導と高絶縁の両立を実現したCNT/PPS系複合体を創製した。CNTの分散構造を制御したCNT/PPS系複

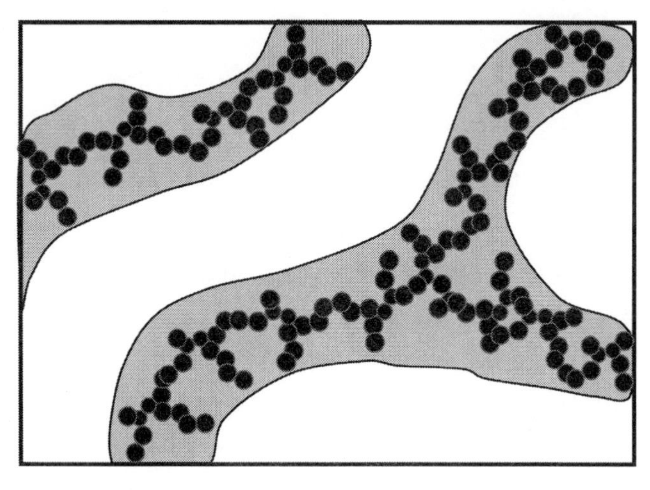

図2　ポリマーブレンドの共連続構造とナノフィラー局在化相内のナノフィラー連結構造の組合せによるダブルパーコレーション構造

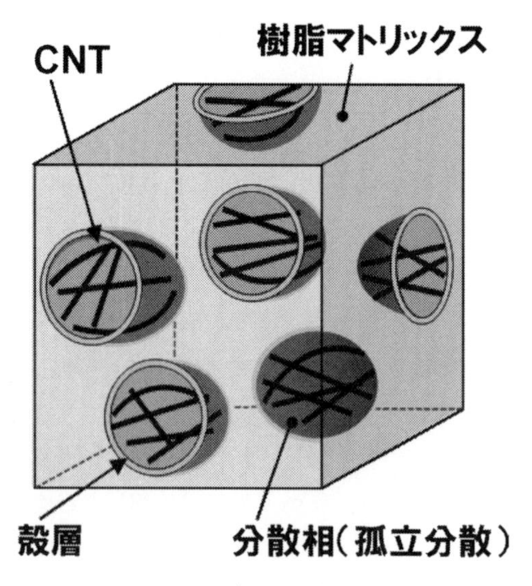

図3　新規考案のCNT分散構造モデル

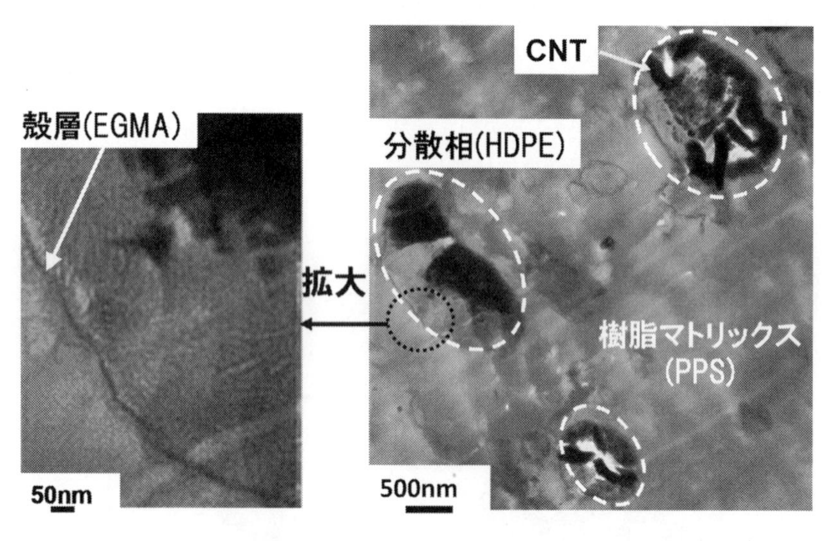

図4　CNT/PPS/HDPE/EGMA系の透過電子顕微鏡写真

合体では，図4に示す透過型電子顕微鏡（TEM）写真で確認できるように，PPSマトリックス中に，PPSの脆い性質を改善する軟質の分散相（高密度ポリエチレン（HDPE）相）がμmオーダの大きさで存在し，さらにHDPE分散相内に複数のCNTが局在化した状態，すなわち図3のCNT分散構造モデルに対応した状態が実現されている。またPPSマトリックスとHDPE分散相との界面領域を拡大すると，CNTを分散相内に閉じ込める役割をもつ殻層に相当したエチレン-メタクリル酸グリシジル共重合体（EGMA）成分の存在（TEM観察用のRuO_4染色処理により暗く見える領域に相当）が確認できた。

2. 2. 3　CNT分散構造制御PPS系複合体の熱伝導性と絶縁性[6)]

PPS単独，PPSにCNTを1 vol％添加したCNT/PPS系複合体（分散構造制御なし：単純分散）および同一のCNT添加量で，図3に示した構造を有するCNT/PPS/HDPE/EGMA系複合体（分散構造制御）について，各系の熱伝導率と絶縁性（体積抵抗率）に関する比較を図5に示す。CNT/PPS系（単純分散）では，系の熱伝導率はPPS単独に比べて約1.6倍に向上するが，同時に系の絶縁性の尺度となる体積抵抗率は大きく低下した。一方，新規手法に基づくCNT/PPS/HDPE/EGMA系（分散構造制御）では，PPS単独と同等の絶縁性を維持したまま，熱伝導率の更なる向上（PPS単独の約1.8倍）が達成された。

CNT/PPS/HDPE/EGMA系で絶縁性が維持される挙動をさらに精密に検証するため，上述の体積抵抗率を指標とする系全体の平均的な絶縁性評価に加えて，CNTの分散構造制御のスケールに対応したnm～μmオーダでの絶縁性評価として，図6に原理図を示す走査プローブ顕微鏡（SPM）の微小電流測定モードを利用し，電圧印加時の電流パスの有無を観察した。この測定では，Auコートした試料断面とPtコートした探針（プローブ）の間にDCバイアス電圧を印加し，それに伴い観察面内に生じる微小電流像をSPM法で観察する。CNT添加量が1 vol％にあるCNT/PPS系とCNT/PPS/HDPE/EGMA系との微小電流像の比較において，前者では500 mVの電圧印加条件で電流パス像が観測され，一方後者では10倍以上の10 Vの電圧印加条件でも電流パス像は全く観測されなかった。これらの絶縁性評価結果は，同一のCNT添加量において，図2に示した新規CNT分散構造モデルに基づき，CNT／樹脂系複合体の階層構造を制御するこ

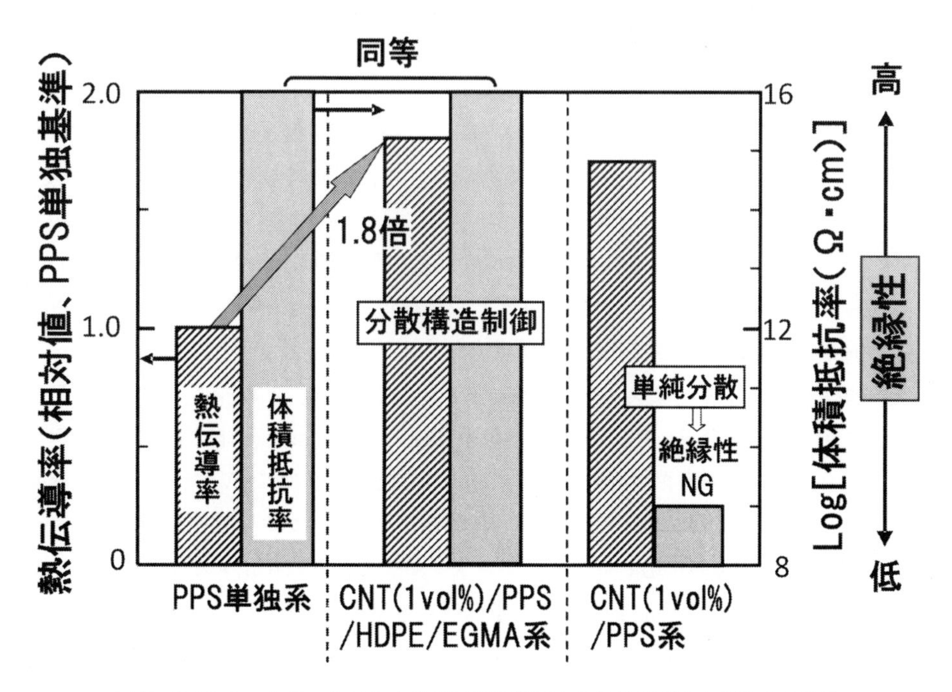

図5　PPSをマトリックスとする各種樹脂系における熱伝導性と絶縁性の比較

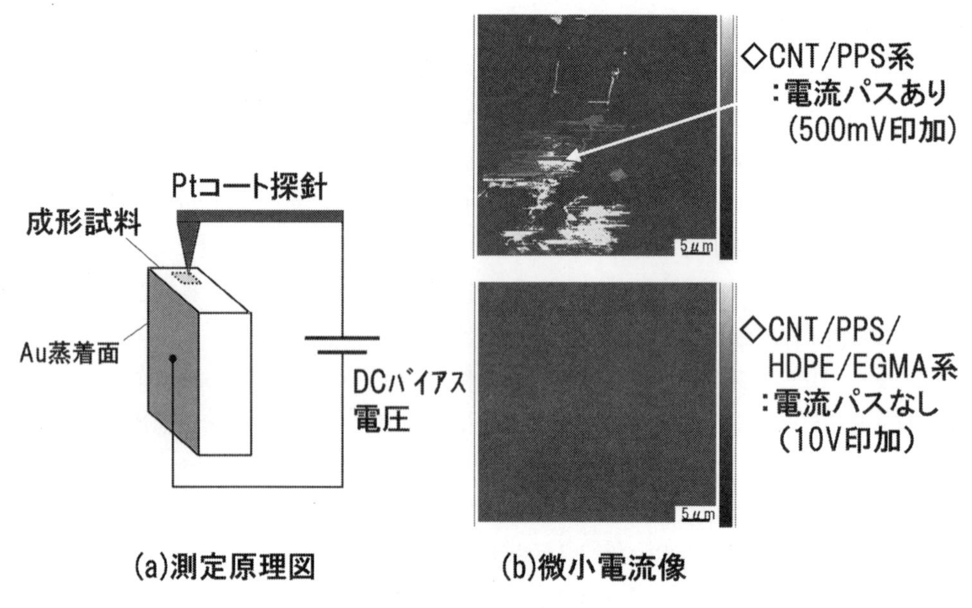

図6　SPMを用いた微小電流像観察

とで，系の熱伝導率向上と絶縁性維持の両立が可能となるという仮定を確実に支持するものである。

2.2.4　新規手法の応用

2.2.3項にて取り上げたPPSをマトリックス樹脂とするCNT/PPS/HDPE系では，混練過程における溶融状態にある各構成樹脂成分のCNTとの親和性の大きさは，分散相樹脂（HDPE）＞マトリックス樹脂（PPS）＞殻層形成成分（EGMA）の関係にあるものと推定される。この関係が成り立つ場合，狙いとするCNT分散構造制御は，各種樹脂に対象を広げることができる。CNTとの親和性がPPS＞ポリアミド6（PA6）の関係にあるマトリックス樹脂（PA6）と分散相樹脂（PPS）とのブレンド系において，適切な殻層の配置のもと，図7の走査型電子顕微鏡（SEM）写真に示すようなPPS分散相内にCNTが局在化した図4と同様な構造が形成されることで，系の高熱伝導化と絶縁性維持の両立が達成されることが確認できた[9]。

ここで，相分離型ポリマーブレンド（ポリマーA／ポリマーB）とカーボン系ナノフィラーである，カーボンブラック（CB）やCNTとの複合系について，Sumitaら[7]は，いずれかのポリマー相あるいは両ポリマーの界面領域にナノフィラーが局在化する挙動について，各構成成分間の界面張力の値（小さいほど濡れやすい，すなわち親和性が高い：エンタルピー的効果）に基づき算出される濡れ係数ω_aの範囲に応じて，ナノフィラーが優先的に局在化する位置を予測・確認している。ただし，この濡れ係数ω_aの範囲から予測される挙動と異なる場合があり，ナノフィラー表面への吸着前後のエントロピー変化（エントロピー損）が小さいポリマーほど親和性が高くなることを考察している。おそらく，PPS系に用いた極性が低いポリマーであるHDPEは，上述

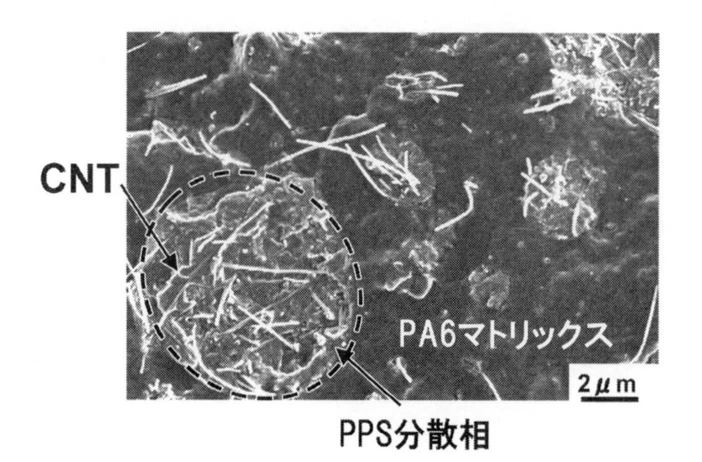

図7　CNT/PA6（マトリックス）/PPS（分散相）/殻層樹脂系のSEM写真

の濡れ係数ω_a値から判断すると，PPSに比べてCNTとの界面親和性が低いと予想されるが，実際は高分子鎖の屈曲性（分子運動性）が高い性質をもつため，CNTとの界面でエントロピー的な親和性の寄与が支配的になるものと考えられる。

3　おわりに

本稿で紹介したCNTの分散構造制御による絶縁樹脂の高熱伝導化技術は，CNTがもつ最高レベルの熱伝導率に着目したことに始まり，樹脂へのCNT分散・複合化において従来両立が困難とされていた絶縁性維持の課題に対して，ポリマーブレンド技術を基に，独自の発想を展開したものである。本技術は，特定の樹脂に液晶性の分子骨格を導入する分子構造制御技術との比較において，様々な樹脂系を対象に，少量のCNTの分散構造制御を可能とする樹脂配合設計と汎用的な加工プロセス（例えば，2軸押出機を用いた混練方法）の組合せにより実現可能であり，絶縁樹脂の高熱伝導化への幅広い応用が期待される。

文　　献

1）技術情報協会編，電子機器・部品用放熱材料の高熱伝導化および熱伝導性の測定・評価技術，技術情報協会（2003）
2）竹澤由高監修，高熱伝導性コンポジット材料，シーエムシー出版（2011）
3）M. Akatsuka & Y. Takezawa, *J. Appl. Polym. Sci.*, **89**, 2464（2003）

4） 吉原秀輔，プラスチックスエージ，**DEC. 12**, 92 (2012)
5） D. A. G. Bruggeman, *Ann. Phys.*, **24**, 636 (1935)；**25**, 645 (1936)
6） T. Morishita *et al.*, *J. Mater. Chem.*, **21**, 5610 (2011)
7） M. Sumita *et al.*, *Polymer Bulletin*, **25**, 265 (1991)
8） Y. J. Li & H. Shimizu, *Macromolecules*, **41**, 5339 (2008)
9） 森下卓也ほか，第60回高分子討論会予稿集，**60**, 2504 (2011)
10） G. Wu *et al.*, *Macromolecules*, **35**, 945 (2002)

第6章　CARMIX熱拡散シート

近藤　徹*

1　はじめに

近年，各種電子部品の高性能化・小型化・高密度化に伴い，発生する熱が増えるとともに部品単体では排熱することが困難となっている。そのため，スマートフォンやテレビなど多くの電気製品の内部には熱拡散シートが用いられている。

熱拡散シートは，高い熱伝導性を持ち，被接触部の熱を自らの内部に拡散して熱を逃がすとともに，温度の低い方へ熱の移行を促進することにより，対象物の過剰な発熱を抑えることができるシートである。熱拡散シートの多くは，機器内部の熱を筐体外側まで運ぶのを補助する役割を持つ。

熱拡散シートには，大きく下記の3種類が存在する。

① 金属系
- アルミ箔や銅箔などがある。
- 熱伝導率が高く，面方向・厚さ方向の差もない。
- 折れ曲がりなど塑性変形しやすいのが欠点である。

② 黒鉛系
- 黒鉛100%であり金属より軽くでき，面方向熱伝導率が1,000 W/(m·K) を超えるものも存在する。ただし，製法や黒鉛の組織・構造から，一般的に厚み方向熱伝導率は面方向の2～3桁下回る値になる。
- 柔軟性はあるが，折り目がつくと割れやすくなるのが欠点である。

③ 有機系
- ゴムや粘着シートにセラミック粉末などを練りこみシート化したものが多い。
- 熱伝導率はおおむね低めであるが，絶縁性を持ち，かつ柔軟であり密着させやすいのが特徴である。

それぞれ特徴があるも一長一短であり，用途や使用部位あるいは価格によって使い分けられているのが現状である。

当社では，現行熱拡散シートの欠点を補完したシートの製品化を目的とし，黒鉛を主原料とした「CARMIX熱拡散シート」を開発した。本章では，「CARMIX熱拡散シート」の特徴，およびその特性から期待できる用途展開について解説する。

---

* Toru Kondo　阿波製紙㈱　研究開発部　事業創造課　チーフ

2 「CARMIX 熱拡散シート」各グレードの特徴

2.1 グレードと基本物性

「CARMIX 熱拡散シート」は，表1の3種類を取りそろえている。

「CARMIX 熱拡散シート」は，密度がアルミニウムの約1/2であり，熱伝導率は劣るものの，部材として使えば金属代替として軽量化を図ることが可能である。

3種類とも黒鉛と難燃性有機繊維を主体とする配合であり，シートとしても UL94V-0 相当の難燃性を持っている。

また，黒鉛単体の輻射率は0.6程度であるが，「CARMIX 熱拡散シート」は黒鉛を上回る輻射率を持っているため，それを利用した使用形態も考えることが可能である。

2.2 各グレードの特長

① AH8S7F10
- 最薄のグレードである。
- シートへ表面加工などを施すのに適したグレードである。

② AH12S11F15
- 最も熱伝導率の高いグレードである。
- 厚めでコシもしっかりしており，様々な用途に使用可能である。

③ AH6S22F30
- 最も厚いグレードであり，黒鉛比率を上記2種類よりも下げている。熱伝導率は低めであるが強度が大きいため，折加工やコルゲート加工など各種の成形・加工に用いることができる。

その他，難燃性を持たない一般グレードにも対応可能である。また，上記にはない厚みにも対応可能である。

表1 「CARMIX 熱拡散シート」の種類と物性

タイプ		AH8S7F10	AH12S11F15	AH6S22F30
		難燃性（UL94 V-0 相当）		
厚さ	μm	65	105	220
密度	g/cm^3	1.5	1.5	1.4
熱伝導率（面方向）	W/(m・K)	80	120	60
熱伝導率（厚さ方向）	W/(m・K)	1.3	1.3	1.6
引張強度（MD）	MPa	12	10	12
引張強度（CD）	MPa	9	9	11
電気伝導度（面方向）	S/cm	2.6×10^{2}	2.3×10^{2}	2.0×10^{2}
電気伝導度（厚さ方向）	S/cm	1.5×10^{-2}	2.4×10^{-2}	8.1×10^{-2}

「CARMIX 熱拡散シート」の製品仕様は下記の通りである。

・ 紙巾：min 40 mm～max 1,200 mm
・ 1巻あたりの長さ：min 10 m～max 2,000 m
・ その他，A4 サイズなど平版製品にも対応可能。

2.3　構造

「CARMIX 熱拡散シート」の断面写真を図1に示す。

繊維成分により邪魔される形にはなっているが，黒鉛によりほぼ空隙なく層間を埋める形となっている。

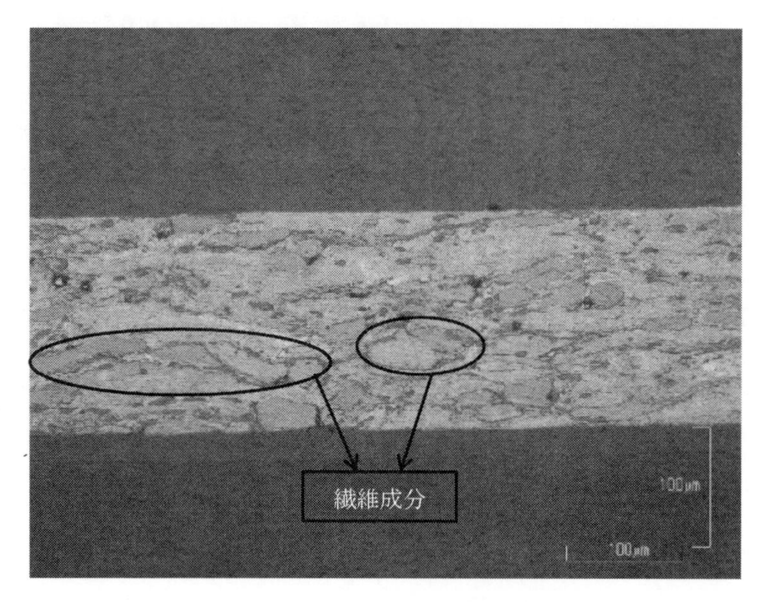

図1　AH12S11F15 の断面顕微鏡写真

2.4　表面加工

「CARMIX 熱拡散シート」は，黒鉛を使用しているため，強い摩擦などの外力により黒鉛粉が脱落する。それを抑えるべく，樹脂含浸または PET フィルム貼り合わせや PE ラミを施すことが可能である。また，粘着加工も可能である。

加工例を表2に挙げる。

2.5　性能比較

2.5.1　ヒーターを用いた放熱テスト

下で述べる表3と図2は，セラミックヒーターを加熱し，各シートがどの程度の熱を逃がすかを測定した結果である。

表２　「CARMIX 熱拡散シート」のオプション加工例

タイプ	単体	樹脂含浸タイプ	ラミネート加工タイプ
上面加工	加工なし	樹脂含浸	PET フィルム
下面加工	加工なし	樹脂含浸	PET フィルム
構成	CARMIX放熱シート	CARMIX放熱シート 樹脂含浸	CARMIX放熱シート PETフィルム

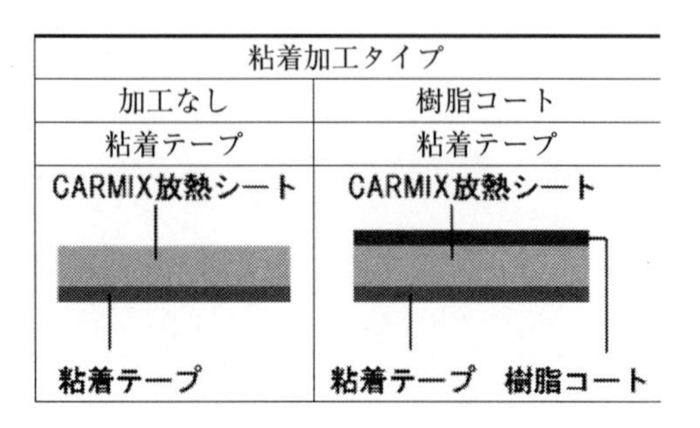

粘着加工タイプ	
加工なし	樹脂コート
粘着テープ	粘着テープ
CARMIX放熱シート 粘着テープ	CARMIX放熱シート 粘着テープ　樹脂コート

表３　消費電力データ

材料	ヒーターのみ	アルミ箔	AH8S7F10	AH12S11F15	AH6S22F30
厚さ（mm）	–	0.035	0.07	0.11	0.22
100℃時の出力（W）	2.1	3.1	3.2	3.5	3.9

表３は，2.1 W で 100℃となるヒーターに対し，当社品３種とアルミ箔をその上に載せてヒーターが 100℃になる時の消費電力を記載した。

アルミ箔で１W を放熱していることとなるが，「CARMIX 熱拡散シート」はアルミ箔と同等以上の放熱性能を示すことがわかる。

図２は，上記と同じ試験方法にて，ヒーターに５W の電力を与えた時のヒーター温度と時間のグラフである。

ここでも，上記同様，アルミ箔以上の放熱性能を認めることができる。

2. 5. 2　ヒートシンクとして比較

次に，「CARMIX 熱拡散シート」とアルミニウムで，ヒートシンクを作製し比較した。

図３と図４が作製したヒートシンクである。なお，異なるのはフィン部に用いる素材が「CARMIX 熱拡散シート」かアルミニウムかであり，底板としては共通で同じ厚さのアルミニウム板を用いた。

筐体に，ファンおよびセラミックヒーターを設置し，筐体内部でヒーターが 60℃平衡となる電力条件で比較した。ヒーターにヒートシンクを貼付し，時間経過を測定したものが図５である。アルミと同等性能であることが示された。

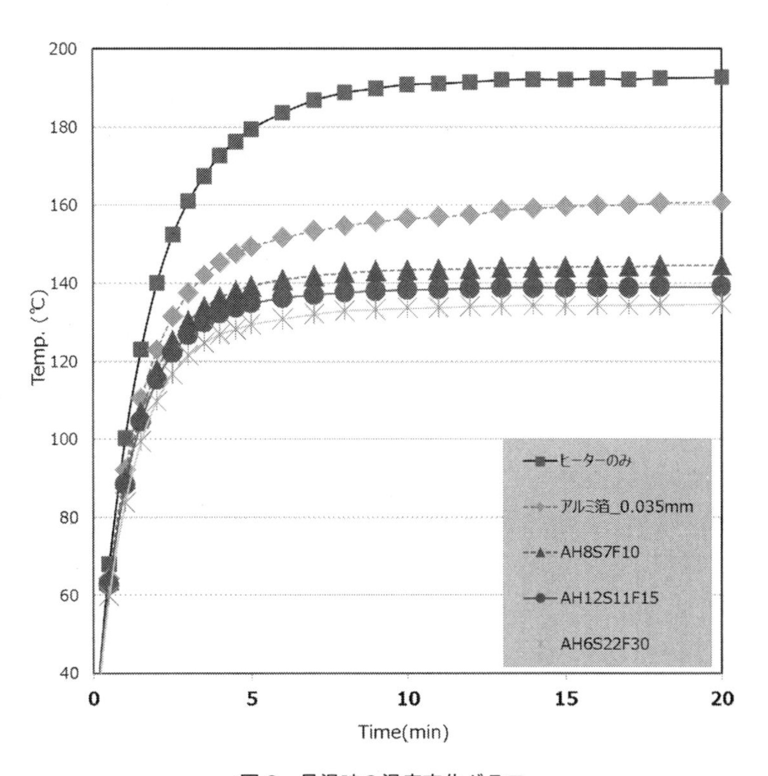

図 2　昇温時の温度変化グラフ

図 3 「CARMIX 熱拡散シート」製ヒートシンク

図４　アルミニウム製ヒートシンク

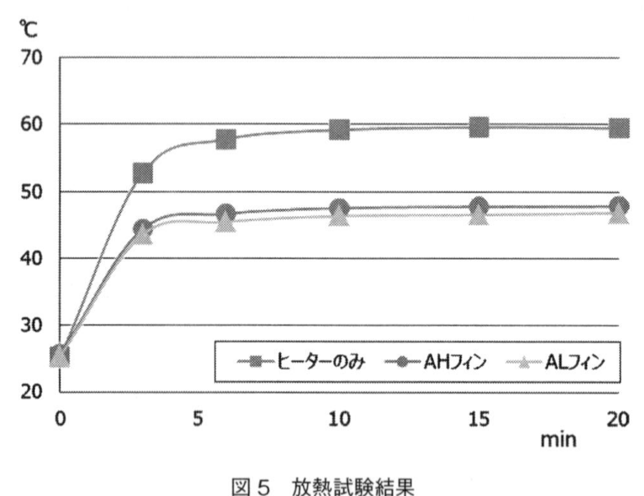

図５　放熱試験結果

3　まとめと今後の展開

電子部品の高性能化・小型化の流れは当面止まることはないと予想され，それとともに熱対策関連市場も拡大していくものと考えられる。

「CARMIX 熱拡散シート」は標準品の販売から２年ほど経過したが，質的量的にまだ開発品の域を出ておらず，今後も薄さ・熱伝導率・使いやすさの面で性能 UP に向け開発を継続していく予定である。

また，「CARMIX 熱拡散シート」は，高い熱伝導性と同時に高い導電性も持ち合わせている。これらの特徴を合わせ，電子機器内で発熱対策・電磁波対策を同時に行うことも可能であると考えられる。これからの市場拡大に期待するとともに，当社も市場展開および販促活動に力を入れていく所存である。

第Ⅴ編

応用別放熱設計

第１章　パワーエレクトロニクス機器の放熱設計と樹脂材料

藤田哲也*

1　パワーエレクトロニクス機器とその動向

一般的にパワーエレクトロニクスとは，半導体デバイスを用いた電力関連技術を扱う工学全般のことを指す。過去には整流器として真空管などが用いられていたが，現在ではほぼ半導体に置き換わっている。これまでは主に送電・変電や鉄道などのインフラとして用いられていたため認識が薄かったが，最近は太陽光発電や風力発電，電気自動車などで注目され，身近なものになりつつある。図１はインバータの動作原理を示している。(1)(3)のトランジスタをONにした時と(2)(4)のトランジスタをONにした時では，負荷に加わる電流方向が逆転する。この２組のトランジスタを時間間隔を制御しながら交互に開閉することで，直流を交流に変えるだけでなく，周波数や最大電圧が制御可能となる。この結果，モータなどの制御ができるだけでなく，電源などの効率を高めることができるので，省エネのためには必要不可欠な技術となっており，また機器の小型化にも寄与している。

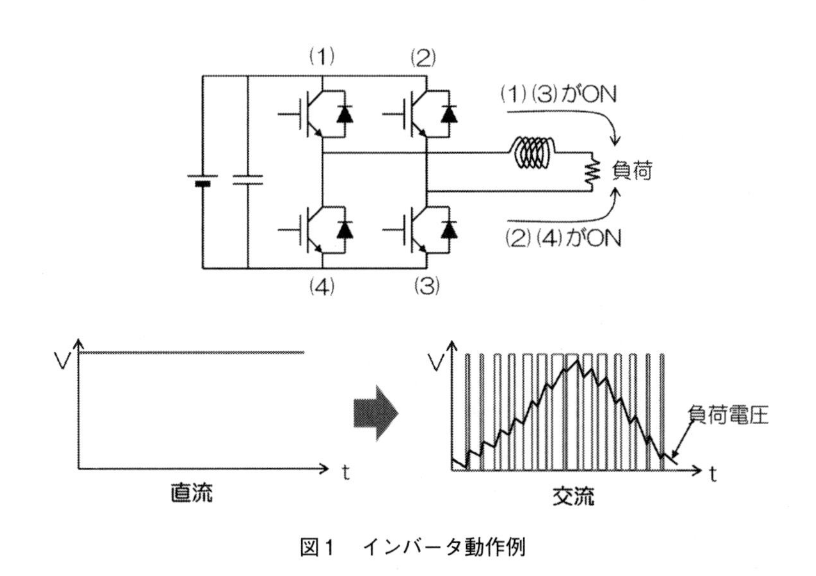

図1　インバータ動作例

*　Tetsuya Fujita　㈱ジィーサス　技術統括部　統括部長

1.1　パワーエレクトロニクスの課題

パワーエレクトロニクスの課題は白熱電球がLED電球に置き換えられたときの課題とほぼ同じで，半導体を使うことで許容温度が真空管（電球）に対し極端に低くなったこと，および図2に示すように半導体のスイッチングによる損失が半導体チップという狭い範囲で発生するため，放熱が難しいことである。さらにスイッチングによるノイズが周囲の機器に影響を与える場合もあるため，熱対策とノイズ対策が必須となる。またパワーエレクトロニクスは電力を扱うため，損失を少なくするための導通路の低抵抗化と，安全性確保のための絶縁部の高抵抗化が必要であり，特に絶縁に対しては細心の注意を払った設計が必要である。

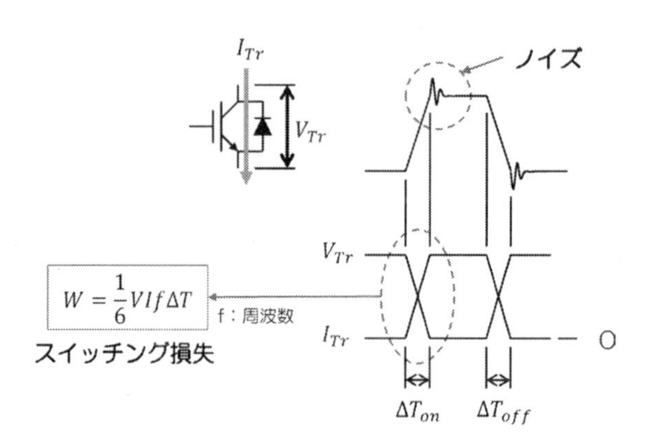

図2　半導体のスイッチング損失とノイズ

2　製品の熱設計の考え方と放熱部材としての樹脂

2.1　製品の熱設計の考え方

製品の熱設計の目的は，変動も含めた周囲環境温度に対し，製品の機能が正常に動作すること（品質確保），定められた期待寿命の間その状態を維持すること（信頼性確保），人体が触れる部分の温度が危険温度以下に維持されること（安全性確保）の3つである。したがってこの3つの目的に対し，それぞれ目標値が決まっている必要がある。また製品である以上，利益を確保する必要があるため，コスト目標と納期を決めて，その中でいかに品質・信頼性・安全性を満足させるかを設計することになる。エレクトロニクス製品は電気部品と機構部品で構成されるが，電気部品には期待寿命に対する動作保証温度が決められているので，具体的な熱設計は一定の動作モードで製品が電力を消費している状態で，それぞれの部品が動作保証温度を超えないようにすることである。これは電気部品だけでなく機械部品も同様で，例えば熱可塑性樹脂なら軟化点に安全率を加味して決めた許容温度以下に設計する必要があるし，外装筐体のように人間が直接触れる可能性のある部品の場合は，安全性の面から筐体表面の許容温度を決める必要がある。

2.2　熱設計の原理

2.2.1　消費電力（発熱量）の把握

「熱」はエネルギーそのものであり，エレクトロニクス製品の場合，熱設計とは電気エネルギーを使うことによって熱となったエネルギーを，いかに効率よく装置から周囲空気に移動させるか，の設計ということになる。また「温度」は，その測定点におけるエネルギーの平均値を表す値であるが，具体的な熱設計は設計対象となる製品や部品の温度を許容値以下に保つための設計を行うことになる。一般製品ではその消費電力がほぼ100％熱となるが，パワーエレクトロニクスの場合は電力を供給する装置を扱うことが多く，この場合は入力電力と出力電力の差がその製品の温度上昇原因となる消費電力に相当する。例えば入力電力が100 Wで出力電力が85 Wの電源の場合，電源内部で15 W消費されるので，これが電源の温度上昇原因となる。この場合の電源効率は85％となるが，効率が良ければそれだけ温度上昇も小さくなるので，パワーエレクトロニクス製品の設計目標の一つは効率を向上させることであり，具体的には回路構成や部品選定の検討による効率改善や，大電力製品の場合は導電部のジュール熱損失が大きいため，配線距離の短縮や端子など接続部の接触電気抵抗の低減などを検討することになる。以上のように熱設計の第一歩は，その製品のどこでどれだけ電力を消費するのかを把握することである。

2.2.2　目標熱抵抗の算出

水の流れを例にとると，たとえば図3のような状態を考えたとき，効率よく水を流す（単位時間に大量に流す）ためには，パイプの距離は短く，太さ（断面積）は大きく，そして水位の差は大きいほうがいい。一般に液体の流量を Q としたとき，パイプの距離は反比例し，太さと高さの差は比例するので

$$Q=\frac{太さ}{距離}\times 比例定数\times 高さの差$$

と書ける。比例定数は液体では粘性の差などに相当する。水の場合，水位の差は水が持つ位置エネルギーの差であって，このエネルギー差が水の移動の原動力となる。このエネルギー差を一般にポテンシャルと呼んでいる。また流量とポテンシャルを関係付ける「$\frac{太さ}{距離}\times 比例定数$」は流れやすさを表し，その逆数が「流れにくさ」，すなわち抵抗となる。これを図4のように電気の場合で考えると流量 Q は電流に，水位の差は電位差 V に相当し，流れやすさはコンダクタンス C となる。コンダクタンスの逆数が抵抗 R となるので，$Q=CV=\frac{V}{R}$ となり，これをオームの法

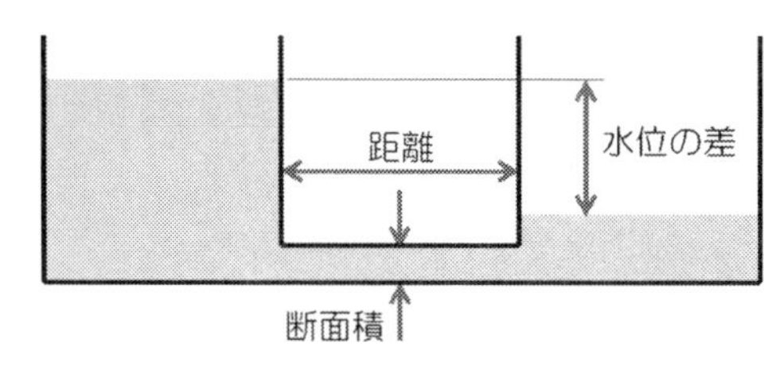

図3　水の流れやすさ

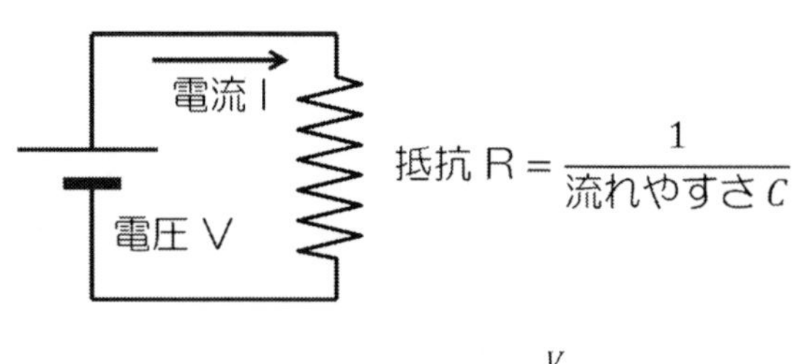

オームの法則　$I=CV=\frac{V}{R}$

図4　電圧・電流・抵抗の関係

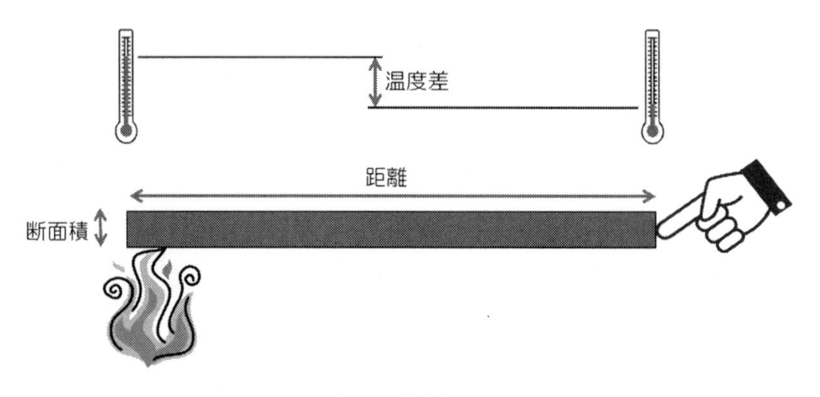

図5　熱の場合

則と呼んでいる。同じことを熱で考えると図5のようになる。簡単のために熱は固体内の伝導のみで移動すると仮定すると，熱の流量も距離に反比例し，断面積と温度の差に比例するので

$$Q=\frac{断面積}{距離}\times 比例定数\times 温度の差$$

と書ける。この場合ポテンシャルは温度差となり，また比例定数は物質の違いによる熱の伝わりやすさの違い，つまり熱伝導率となる。このとき「$\frac{断面積}{距離}\times 比例定数$」を熱コンダクタンスと呼び，その逆数を熱抵抗と呼ぶ。水や電流と違い，熱は固体内を伝導で伝わるだけでなく，流体への熱移動（熱伝達），電磁波による熱移動（熱放射）もあるため，熱抵抗も

$$伝導熱抵抗=\frac{距離}{断面積\times 熱伝導率}$$

$$対流熱抵抗=\frac{1}{表面積\times 対流熱伝達率}$$

$$放射熱抵抗=\frac{1}{表面積\times 放射熱伝達率}$$

の3つが定義できる。このうち対流熱伝達率は風速に，放射熱伝達率は放射率に比例するため，放熱量を増やすには表面積，風速，放射率を大きくすることが具体策となる。伝導熱抵抗につい

ては伝導距離を短く，断面積を大きく，熱伝導率の大きな材料を使うことが低熱抵抗化の対策となる。

2.2.3　エレクトロニクス製品の熱回路

エレクトロニクス製品は電気部品を接続して回路を構成することで機能を実現するため，電気的接続とその保護構造で構成されているとみなすことができるが，これを放熱という観点で見ると，エレクトロニクス製品は発熱部と熱抵抗で構成されていることになる。たとえば図6のような構成の製品の場合，発熱部を電池の回路記号で表現すると図のような抵抗網回路で表現できる。熱抵抗の合成は電気抵抗と同様に直列則・並列則が成り立つので，発熱部の発熱量と熱抵抗がわかれば周囲空気温度に対する温度差が計算できる。このようにして各部の温度を計算する手法を熱回路網法と呼ぶ。前項からもわかるように，放熱量を増やすには温度差を大きくするか熱抵抗を小さくすればよいが，周囲空気温度に対して温度差を大きくするということは製品温度が上がることになり，安全性の面から制限される。このため一般には熱抵抗を小さくする対策が取られる。

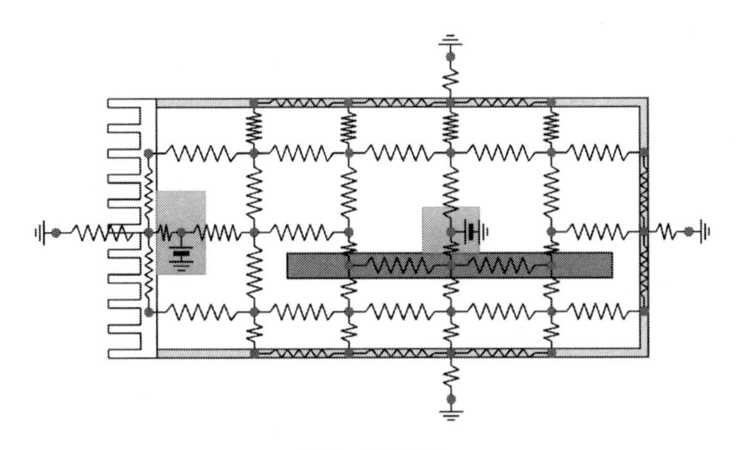

図6　熱回路網

2.3　樹脂材料に求められる絶縁性と熱伝導の両立性

樹脂材料は一般に鉄鋼などの金属材料に対し素材価格は高価だが，生産性が良いのと軽量であることから筐体材料に使われるが，それだけではない。エレクトロニクス製品では回路を構成する必要があるが，そのためには電気に対し伝導性と絶縁性の両方の材料特性を必要とする。したがって電気絶縁性を持つ樹脂はエレクトロニクス製品に必要不可欠な材料である。しかし放熱という観点で見た場合，樹脂は金属に対し2桁ほど熱伝導率が悪い。これは金属の場合，エネルギー伝搬は格子振動だけでなく自由電子の移動も関与するのに対し，樹脂では自由電子の移動がないからである。このため樹脂は断熱部材として用いられることは多いが，熱伝導材料として用いられることは少なかった。しかし最近はエレクトロニクス製品が小型化し，製品内部の空間が減少する傾向にあり，従来は電気部品の熱を装置内空気に放熱し，その空気を通風孔から外に換気することで放熱を行ってきたが，それができなくなってきている。また製品小型化により空間による絶縁性確保も難しくなっている。このため近年では絶縁性と熱伝導性の両方を兼ね備えた材料を必要としているが，従来このニーズに使われていたセラミック等の無機材料は重く脆いため，小型軽量ニーズには向かない。このような背景から，最近は樹脂の高熱伝導率化が望まれるようになってきている。

3　パワーエレクトロニクス装置の熱設計例とその課題

3.1　太陽光発電システムとその熱設計例

図7は太陽光発電システムの例である。太陽電池の構造はダイオードと同じでp型とn型の半導体を接合した構成となっており，太陽光による光電効果により接合部付近で電子と正孔が発生し，電流が発生する。この太陽電池セルを複数組み合わせた太陽電池パネルを，さらに複数組み合わせて太陽電池アレイを形成し，得られた直流電流を交流に変換して送電網に接続する。太陽電池は文字通り太陽光で発電するため天候等による変動が大きく，この変動が送電網に影響しないように，発電設備の送電網への接続については系統連系規定等で技術基準が定められている。太陽電池で発電した電力を送電網に接続するために直流を交流に変換し，かつ送電網への接続条件を満たすために設置される装置を「パワーコンディショナー」と呼んでいるが，この装置を例にとって熱設計方法および熱伝導樹脂の利用例を説明する。

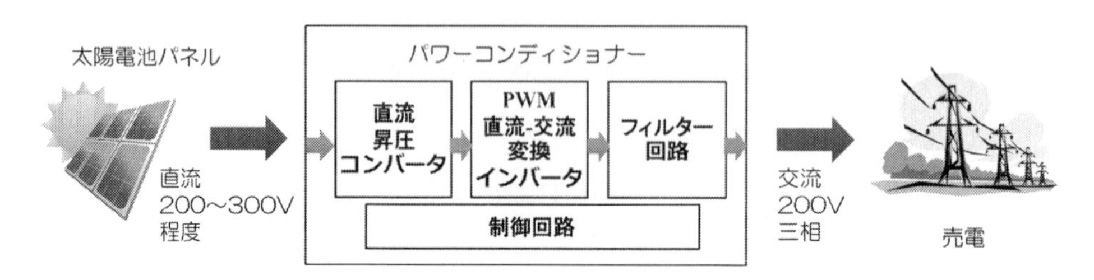

図7　太陽光発電システムの構成とパワーコンディショナー

3.2　パワーコンディショナーの構成

パワーコンディショナーは太陽電池からの直流電流を交流に変換するだけでなく，変動する太陽電池パネルの発電能力に対して最大電力を得るための電圧制御や，設備や送電網の異常時に適切に遮断する機能を有するものもある。図7はトランスレス方式といわれるパワーコンディショナーの回路構成例で，太陽電池パネルの入力電圧を交流変換に適する電圧に昇圧するDC/DCコンバータ回路と，交流変換するインバータ回路，リアクトルとコンデンサで構成されるフィルター回路と，それらを制御する制御回路で構成される。コンバータ，インバータはPWM制御

（パルス幅変調制御）のためのスイッチとなるFETまたはIGBTが搭載され，これが主な発熱源となる。そのほかの発熱源としてはコイル，コンデンサ，リレー，制御回路上の半導体等がある。一方で許容温度の低い部品も半導体やコンデンサであり，半導体を多用する最近の製品では発熱体の許容温度を守るために熱設計を行うことになる。

3.3　熱設計の例

たとえば図8のようなパワーコンディショナーの構成を考えたとする。このうちインバータ基板にTO-247タイプのIGBTが4個搭載され，1つの部品の損失が最大20Wになるとする。設置環境温度は10～40℃，IGBTの許容素子温度が175℃の場合の熱設計を考える。なおIGBTの熱抵抗はヒートシンクがない場合のジャンクション-周囲空気間熱抵抗R_{ja}が41℃/W，ヒートシンクを付けた場合のジャンクション-ケース間熱抵抗R_{jc}が0.67℃/Wとする。ヒートシンクがない場合，IGBTが20W発熱すると温度上昇は41℃/W×20W＝820℃となるため，ヒートシンクは必須となる。そこでIGBTは4個とも1つのヒートシンクに取付け，ヒートシンクは筐体の外に露出する構造を考える。するとヒートシンクは電気用品安全法の技術基準による「外被」とみなされ，「充電部」（2次側）であるIGBTとの間には「外傷を受ける恐れのない部分」の場合でも0.3mm以上の絶縁物を必要とする。このためIGBTとヒートシンク間には厚さ0.3mm以上の絶縁熱伝導シートが必須となる。ここで簡単にIGBTの必要熱抵抗を考えてみる。IGBT素子から周囲空気までの概略熱回路は図9のようになる。素子で発生した熱はヒートシンクを介して直接外部に放熱する経路1と，筐体内部空気を介して外部空気へ放熱する経路2が考えられる。

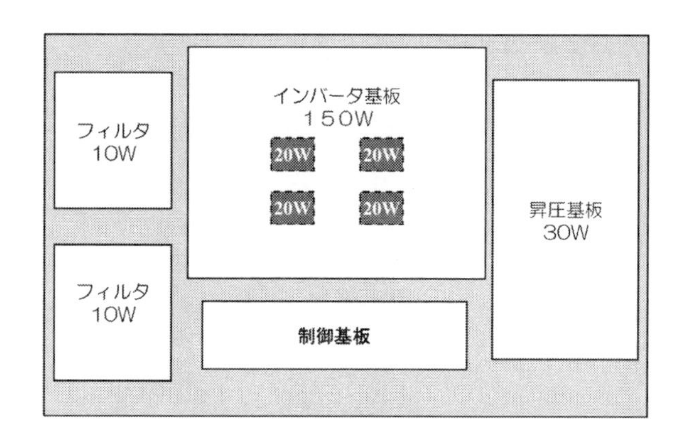

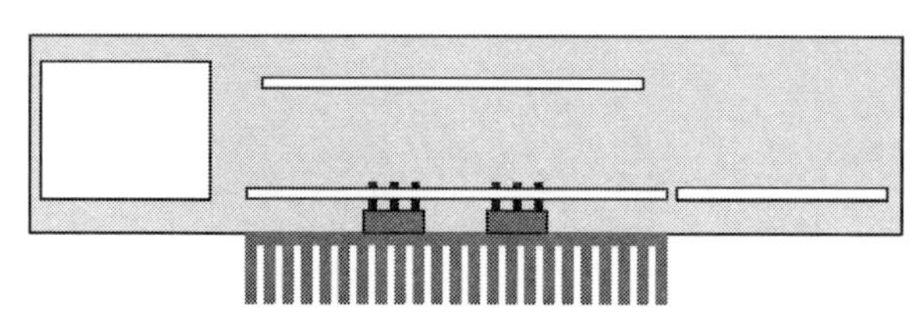

図8　熱検討を行うパワーコンディショナー構造例

今回のようにIGBTを取り付けたヒートシンクを筐体外へ出す構造の場合，系路2より経路1の方が合成熱抵抗は小さいため，素子の発熱はほぼ経路1を通ると考えられる。そこで簡単に経路1に熱が100％流れると考え，またIGBT4個が1つのIGBTにまとまっていると考えると，素子許容温度が175℃で周囲温度が40℃，素子の発熱量が80 Wの場合，系全体の必要熱抵抗は $R \leq \frac{175-40}{80} \approx 1.7$℃/Wとなる。熱伝導シートの熱伝導率が1 W/mKだとした場合，IGBT4個の接触面積が $0.00032 \times 4 = 0.00128$ m^2，厚さ0.3 mm（＝0.0003 m）とすると熱伝導シートの熱抵抗 R_{cf} は約0.23℃/W，ヒートシンクが付く場合のIGBTの熱抵抗 R_{jc} は0.67℃/Wなので，図10からヒートシンクの必要熱抵抗は $1.7-0.23-0.67=0.8$℃/Wとなる。この熱抵抗を自然空冷で実現する場合は放熱面積をかなり大きくする必要があり，実際の製品ではパワーコンディショナーの背面をすべてヒートシンクにしている場合が多い。実際にはIGBTは筐体内にあるため，図9の経路1，経路2の両方を考慮した熱回路網を解く必要があるが，絶縁性の要求から熱伝導シートの厚さが規定されることで，結果的にヒートシンクの熱抵抗を小さくする必要があり，これがヒートシンクの寸法やコストに大きく影響することが理解していただけると思う。

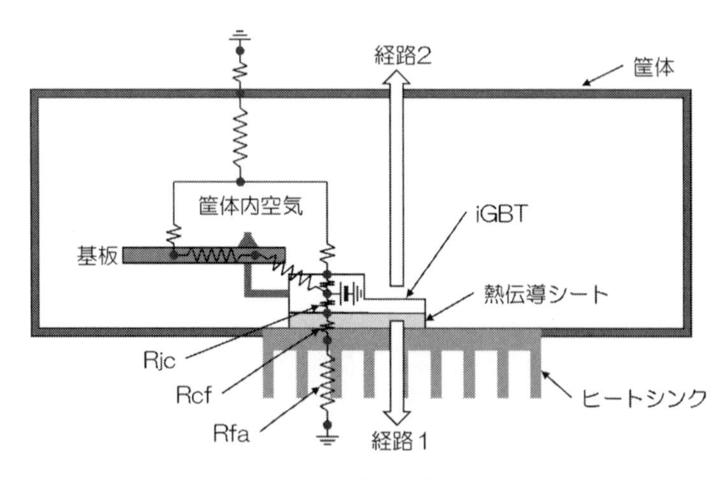

図9　iGBT周りの熱回路

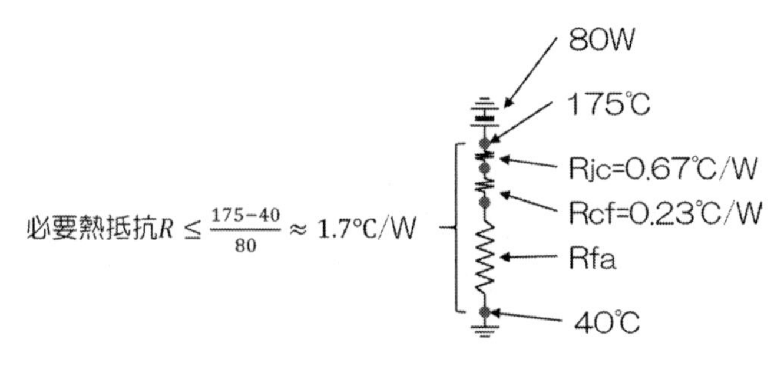

図10　経路1の熱回路

3.4 実装構造上の課題

図11に一般的なIGBTとヒートシンクの取付構造例を示す。組み立て性を考慮した場合，IGBTは先に基板へはんだ付けしたいところであるが，放熱の観点からIGBTはヒートシンクとのギャップを必要最低限の絶縁物厚さで固定する必要があるため，図11の構造ではIGBTをヒートシンクに仮止め後，基板にIGBTのリードを通した後にIGBTを必要トルクで固定し，その後基板を固定したあとにIGBTを基板へはんだ付けする。一度組込み後に部品交換等で基板を外した場合は，再度同じ作業をする必要があり，非常に作業性が悪い。逆に基板側にIGBTを固定後にヒートシンクを取付けようとすると，どうしても寸法公差を熱伝導シートで吸収する構造となるため，厚く弾性のある熱伝導シートを選定せざるを得ず，結果的に熱伝導シートの熱抵抗が大きくなる。このようなヒートシンクの取付構造問題はIGBTに限らず，オーディオのパワーアンプICなども含め大型ヒートシンクを必要とする高発熱部品全般で問題となる部分である。

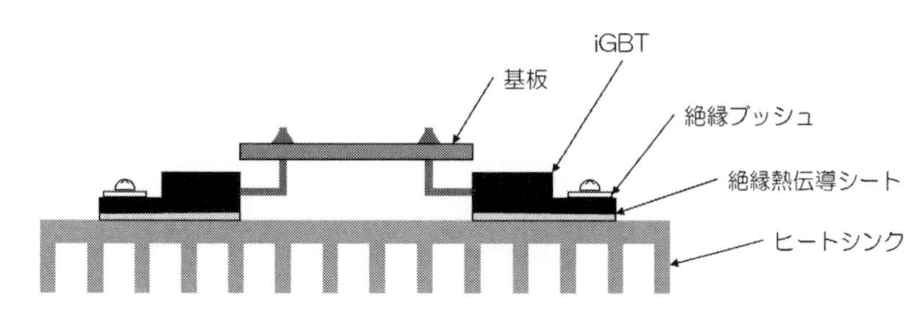

図11　iGBT取付構造例

3.5 製品設計に必要な高熱伝導性材料の性能と樹脂の可能性

以上のように，エレクトロニクス製品の具体的な熱設計の場面では熱伝導性と絶縁性だけでなく，機械的な性質である柔軟性をも兼ね備える素材が求められる。製品設計ではこのように複数の要素技術の共通解を求める場面が多くあり，その場合の解決方法は問題を個別要素ごとに分けて解を求め，その解を組み合わせるか，複数課題を解決できる素材または構造を見出す方法の2通りになる。たとえばIGBTの放熱構造においては，絶縁距離と必要熱伝導率を満足することを優先して硬い熱伝導シートを選び，柔軟性の代わりに製造性を犠牲にして組立後にはんだ付けを行う場合が多い。逆に理想的な熱伝導シートとは，自由電子を持たず，分子量が多く，かつ柔軟性を持つ素材ということになり，要求自体に矛盾があるように思われるが，樹脂にはこの可能性が秘められている。固体間の接触熱抵抗を低減するために使われるPCM（Phase Change Material）は，その充填すべき体積が小さいため高温で液化しても問題ないが，熱伝導シートは絶縁距離が必要なため液化は許されない。そこでたとえば熱硬化性樹脂等で常温状態では分子鎖間の架橋が少ない状態に保つことで柔軟性のある固体を維持し，組立後の発熱による二次加熱で架橋が増えて熱伝導率が向上するOne-Time-PCM樹脂のような素材が開発されれば，発熱部品へのヒートシンク固定構造で悩む多数の実装設計者が救われることになると思われる。

第2章　次世代自動車のパワーモジュールにおける放熱設計と求められる樹脂材料

門田健次*

1　はじめに

地球規模の環境問題の一つに温暖化がある。1880年から2012年までに地球の気温は0.85℃上昇したと見積もられている[1)]。二酸化炭素（CO_2）はこの温室効果ガスの一つであり，1970年から2010年の期間における全温室効果ガス排出増加量の78％を占めているとみられている[1)]。2013年に，運輸部門では，最終エネルギー消費の約23％を占め，74億トンの直接CO_2排出があった。2050年までにベースライン排出が約2倍に増加すると予測されている[1)]。CO_2排出低減を進め，低炭素社会を実現するために，次世代自動車の普及が期待されている。

次世代自動車といっても，駆動形式の異なる様々な車種が存在する。クリーンディーゼル自動車や天然ガス自動車（NGV）の場合，走行時のCO_2排出量はガソリン車の20～30％減となり，ハイブリッド自動車（HEV）では，50％減となる。電気自動車（BEV）の場合，走行時のCO_2排出量はゼロとなるが，走行距離が百数十km～200kmに留まることや充電施設の整備が課題となる。2014年度に発売された燃料電池自動車（FCEV）も走行時のCO_2排出量はゼロであり，走行距離は700kmに及ぶが，水素ステーションの整備が課題となる。プラグイン・ハイブリッド自動車（PHEV）は，十数km程度の電気走行距離があり，電気走行時のCO_2排出量はゼロで，長距離走行ではハイブリッド自動車として機能する。図1に示すように目指す低炭素社会では，これらが用途に応じて共存すると考えられている[2)]。

2014年に経済産業省より公表された自動車産業戦略2014[3)]では，新車販売台数に占める次世代自動車の車種別普及目標（政府目標）を表1のように設定していた。2011年3月の東日本大震災と震災に伴う原子力発電所の事故を受けて国民の省エネルギーへの関心が高まるとともに，優遇制度の適用，さらには，自動車メーカー各社の取組もあり，これを上回る状況となってきている。2015年度に日本国内で最も売れた車種は，1，2位ともHEVであり，新車販売登録台数の2割以上をHEVが占めるに至った[4)]。また，2014年度にはFCEVも市販開始されている。

今後の世界市場でのHEV，PHEV，BEVの販売台数推移の予測を表2に示す[5)]。現状ではHEVが市場の大半を占めており，2025年頃まではHEVが次世代自動車の中心になるとみられる。ただし，HEVは一部の日本メーカーが注力するにとどまり，今後の市場の伸びは緩やかになると予想される。一方，PHEVやBEVは2025年以降市場の伸びが加速し，2030年頃には

＊　Kenji Monden　デンカ㈱　先進技術研究所　主幹研究員／グループリーダー

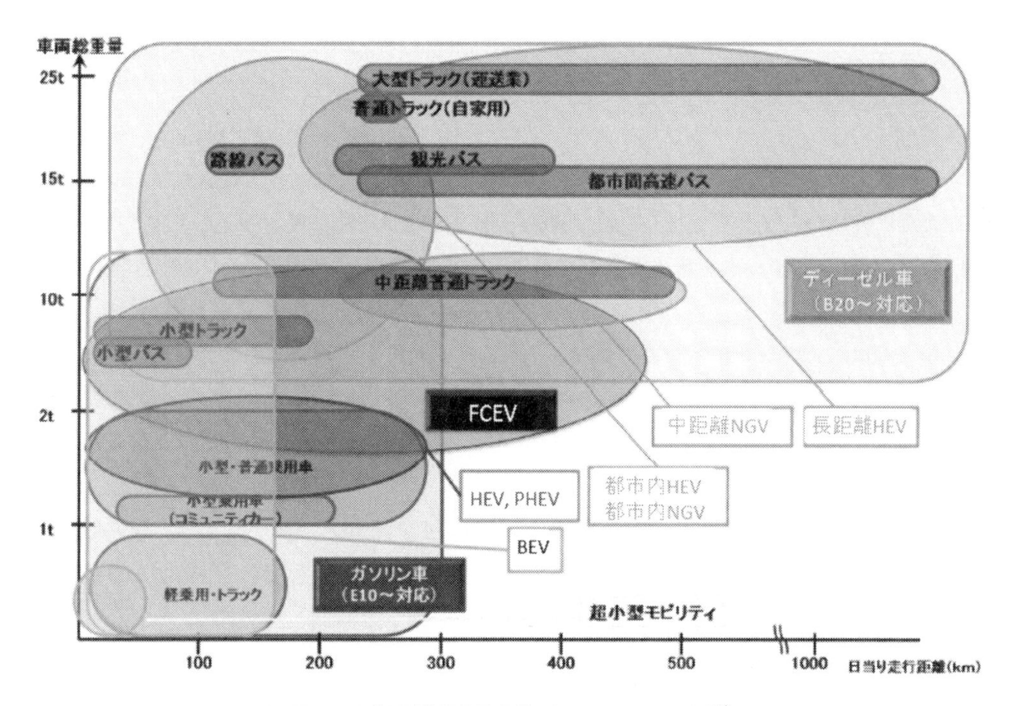

図1　目指す低炭素社会像（2040～2050年）[2)]

表1　次世代自動車車種別普及目標（政府目標）[3)]

		2020年	2030年
従来車		50～80%	30～50%
次世代自動車		20～50%	50～70%
	ハイブリッド自動車	20～30%	30～40%
	電気自動車 プラグイン・ハイブリッド自動車	15～20%	20～30%
	燃料電池自動車	～1%	～3%
	クリーンディーゼル自動車	～5%	5～10%

＊新車販売台数に占める比率

表2　HEV, PHEV, BEVの販売台数推移（世界市場）[5)]

	2015年	2035年予測	2015年比
HEV	159万台	468万台	2.9倍
PHEV	21万台	665万台	31.7倍
BEV	34万台	567万台	16.7倍
合計	214万台	1,700万台	7.9倍

HEV，PHEV，BEVがほぼ拮抗するとみられる。2035年には北米や欧州，中国が需要の中心となりPHEVやBEVの市場が拡大し，PHEVは665万台，BEVは567万台が予想される。HEVは日本や北米が需要の中心となり468万台が予想される。

2 HEV/PHEVに用いられるインバータ

BEVおよびHEVのシステム構成を図2に示す[6)]。BEVは，モータを動力源としており，バッテリからの電力のみで駆動する。減速時にはモータは発電機として働き，電力をバッテリに回生する。充電は外部からプラグで行う。BEVのバッテリを燃料電池に置き換えるとFCEVとなる。HEVは，エンジンとモータを動力源としており，その組み合わせ方により，主に3種類に分けられる。シリーズ方式は，エンジンで発電機を回し，発電した電量でモータを駆動し走行する。パラレル方式は，エンジンが走行の主体で，バッテリを充電する動力源としても使用され，発進や加速時にモータが作動し駆動力を補助する。シリーズ・パラレル方式はモータと発電機を持ち，低速時はモータで走行し，速度が上がるとエンジンが回転し始め，駆動負荷が軽くなると発電しながら走行する。

PHEVは，HEVよりバッテリの容量を増やし，コンセントからバッテリへの充電を可能にすることで，短い走行距離であればBEVとして走行でき，長距離走行ではHEVとして走行することができる。

HEVおよびPHEVは，BEVやFCEVと同様，モータとそれを制御するインバータが用いられているが，内燃機関が併置されるため，モータやインバータの配置スペースは限られており，小型化，軽量化，高出力化が不可欠である。HEVおよびPHEVでは，内燃機関の冷却系だけでなく，モータ，インバータの冷却系と，バッテリの冷却系が必要になる。バッテリは，送風ファンで空気を送る空冷方式であるが，一部には水冷もある。モータ出力の低いHEVでは，インバータとバッテリを一緒に空冷し，モータは自然冷却の場合もある。モータ出力の大きいHEVでは，冷媒の温度が100℃を超える内燃機関の冷却系を共有できないため，専用のラジエータでモータとインバータを冷却している[7)]。

駆動モータは三相交流モータが使われる。固定子の巻線に三相交流電流を流して回転磁界を作

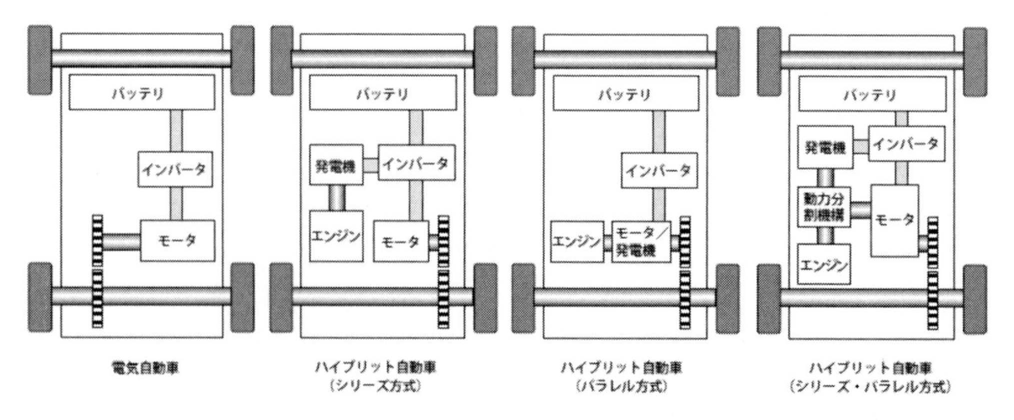

図2 HEV，BEVのシステム構成[6)]

り，回転子の磁極を固定子の回転磁界が引張り，回転子を回転させる。小型高効率で高速領域までの運転を求められるため，回転子の中に磁石を埋め込んだ埋込型永久磁石（Interior Parmanent Magnet：IPM）モータが使用されることが多い。半導体素子を用いた電力変換回路であるインバータによって，三相交流モータを駆動する。インバータが，モータを目的にかなった回転速度とトルクで運転させるため，電圧と周波数を制御する。このように，モータとインバータは密接に関連しており，個々の機能向上はもちろん，放熱設計を含めシステムとして設計することが重要となってくる。

3　インバータの放熱設計

HEVに用いられるインバータは，モータを目的にかなった回転速度とトルクで運転させるため，バッテリからの直流を交流に変換し，電圧と周波数を制御するモジュール型パワーデバイス（パワーモジュール）である[7,8]。インバータのヒートシンクはネジ止接触で，デバイス片面から冷却して使用される。小チップ（マルチチップ）で実装され，電流容量はチップ並列で対応し，主として並列化して使用され，高電流化しやすい。インバータの代表的な実装構造を図3(1)に示す。数mm角から十数mm角のSi素子が高温半田を介してセラミックス基板に実装されている。セラミックス基板はセラミックス板の両面に金属箔を接合し，一方を回路に，もう一方を放熱板とした基板で，高出力のインバータでは熱伝導率の高い窒化アルミニウム（AlN）を用いることが多い。セラミックス基板の放熱板は，低温半田によりベース基板に接合されている。素子や素子表面に接合されているワイヤーを外部環境から保護するため，ケース内に柔らかいシリコーンゲルが充填されており，さらに電極等を機械的に保護するためエポキシ樹脂が充填されている。ケースはポリフェニレンサルファイド（PPS）等の樹脂製である。ベース基板の底面には必要に応じてヒートシンクが取り付けられる。HEV，BEVでは振動対策のためにシリコーンを使用せずに，エポキシ樹脂等でフルモールドすることも検討されている。

インバータの小型・大容量化により，両面水冷構造として放熱密度を稼がなければならないほど出力密度が高くなり，両面冷却モジュール型インバータがHEV自動車に搭載された[9]。代表的な実装構造を図3(2)に示す。出力配線を素子と直結させ，熱伝導率の高い銅板で熱を拡散させ，絶縁板を外に持ってきて冷却器との間に置いている。このような工夫をしなければならないのは，Siパワー素子の動作限界温度（Tjmax）が150〜200℃であることに起因している。このTjmaxは物理的な限界温度であり，Tjmaxに対するマージンあるいは製品信頼性を考慮した製品としての最高使用温度（Tj）は125℃程度である。そのため，実装材料の耐熱温度も半田実装プロセス時など短時間に高温になる場合を除き，200℃以下で設計されている。

インバータに用いられる放熱部材とその要求特性を表3に示す。放熱部材は，電極，半田，導電性接着剤，放熱ベース板など導電性を持つものと，基板，絶縁シート，封止樹脂，接着剤，グリースなど電気絶縁性のものとに分けられる。

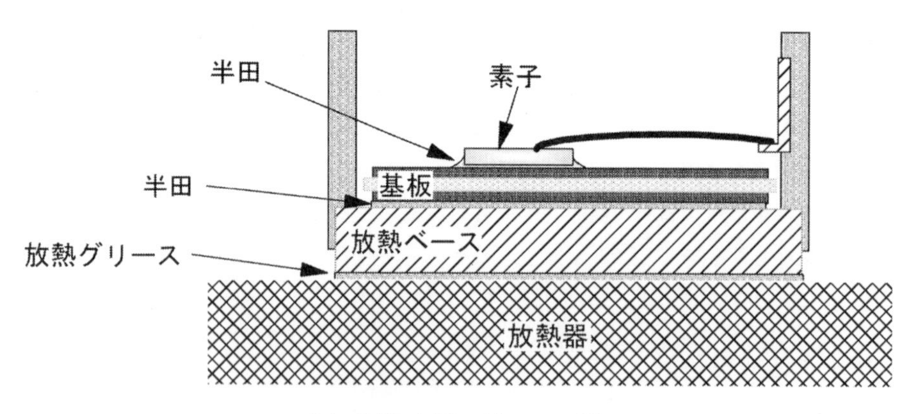

(1) 片面冷却モジュール型

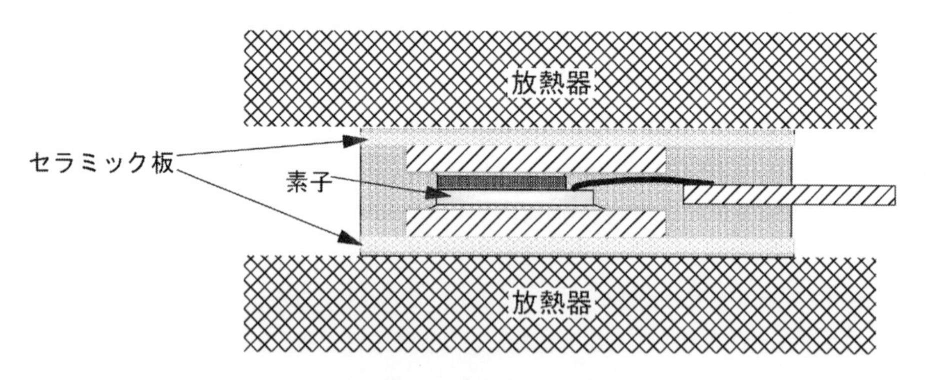

(2) 両面冷却モジュール型

図3　インバータの実装構造[7,13]

表3　放熱部材と要求特性

	部　材	材　料	要求特性
導電性	電極	Cu, Au, Al, Mo, Ni	低熱膨張，安定
	放熱ベース	Cu, Al-SiC, Al-C	低熱膨張，高熱伝導
	半田	Sn 合金	低プロセス温度，低熱膨張，高融点
	導電性接着剤	導電フィラー，樹脂	耐熱，低プロセス温度
	導電性グリース	導電フィラー，樹脂	耐熱，耐ポンプアウト
絶縁性	基板	AlN, Si_3N_4, 樹脂複合体	耐電圧，高熱伝導，耐熱
	絶縁シート	樹脂複合体	耐電圧，高熱伝導，耐熱，柔軟，粘接着
	封止樹脂	樹脂複合体	耐電圧，耐熱，高熱伝導，低熱膨張
	接着剤	樹脂複合体	高熱伝導，耐熱
	グリース	樹脂複合体	高熱伝導，耐ポンプアウト

樹脂複合体：セラミックスフィラーと樹脂の複合体

前者は主に金属あるいは金属を含む複合体であり，金属が自由電子により電気同様熱の良導体なので，電流経路を放熱経路としても使う場合と絶縁性を要求されないあるいは絶縁性を別の部位で持たせるなどして高い熱伝導性を使う場合がある。半田や導電性接着剤など接合に用いるものは，各部の残留応力を抑えるために接合プロセスの温度は低い方が望ましい。また，被接合材と熱膨張差が小さければ，熱による応力を低減できる。

後者は電気絶縁性を要求される部位に用いられ，高熱伝導性を持たせるためにセラミックスが使われる場合が多く，取扱い易さやコストなどの要求により，セラミックスフィラーと樹脂との複合材も使用されている。電気絶縁性，耐電圧性，高熱伝導性とともに耐熱性，低熱膨張性，柔軟性や粘接着性などが求められる場合がある。低熱膨張性は，温度をかけた場合に接触部材との熱膨張差により生じる応力を低減するために求められる。粘接着性は熱抵抗になるグリース等を使用しないために求められる場合もある。

特に高い熱伝導性が必要で絶縁性を要求されない部位に用いられるグリースでは，熱伝導率の高いAgやCuなどの金属粉あるいはカーボンなどの導電性フィラーを用いているものもあり，導電性グリースとして示してある。

Siパワー素子のTjmaxは，150～200℃であり，Tjは125℃程度である。そのため，実装材料の耐熱温度も200℃以下で設計されている。パワー素子を連続的に動作させれば，損失により温度が上昇する。放熱をせずに動作を続けさせれば，さらに温度上昇が起こり，ついには破壊に至る。パワー素子の動作をTjmax以下の温度で維持させるために放熱部材や放熱部品が用いられる。図4に示すようにパワーモジュールでは，素子の熱を熱伝導によりモジュール表面に伝え，そこから放熱フィン等の放熱器を用いて系外へ放熱する。モジュール内の部材の熱伝導率を大き

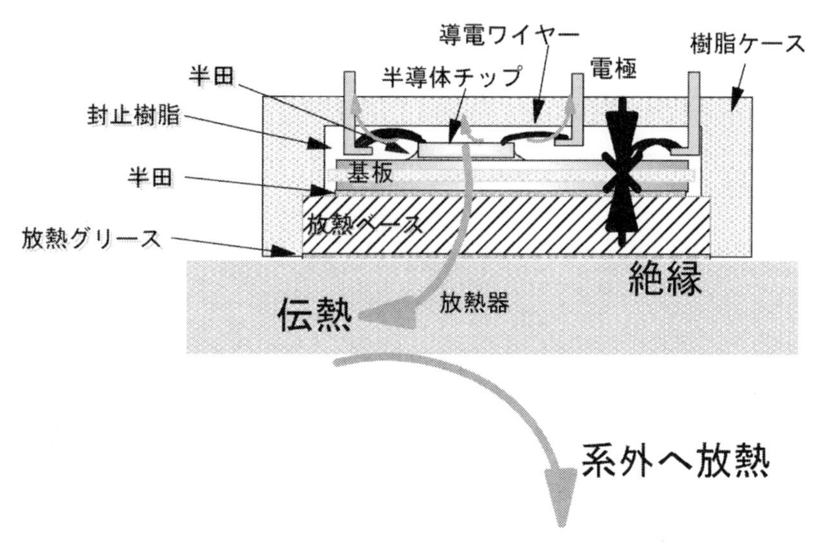

図4　チップ発熱の系外への放熱

くしても，系外に放熱できなければ，モジュール全体の温度が上昇してしまう。パワー素子の発熱密度が大きくなれば，放熱フィンを大きくするあるいは冷媒を変えて空冷を水冷にするなどして，系外への放熱量を増やす必要がある。このように，放熱系全体によって Tj は決まるといえる。

図 5 に，SiC の物性値を Si と比較して示した[10]。SiC は，Si に比べてバンドギャップが 2～3 倍ある。このため，SiC では絶縁破壊電界強度が約 10 倍大きくなるとともに，飽和電子速度が 2 倍，熱伝導度も 3 倍大きい値を有し，次世代のパワー素子として注目されている。これらの優れた物性値から，SiC パワー素子のオン状態での抵抗値は Si パワー素子よりも約 2 桁低くなる。さらに，SiC パワー素子はバンドギャップが大きいため，Tjmax が 500～600℃にも達するうえに，熱伝導率が大きいことから伝熱面積を小さくできる。これらの利点の結果，SiC パワー素子を用いれば，HEV に好適な高耐圧・低損失・大容量の小型パワーモジュールを実現できると期待されている。既に一部のメーカーでは試験的に電源に組み込まれ始めており，スイッチング素子の研究開発も多くの研究機関や企業で活発に行われている。

SiC パワー素子はオン抵抗値が低いために，電力変換効率は低くなる。電力変換器の損失は，Si パワー素子が 10％であるのに対し，SiC パワー素子は 1～5％に過ぎない。つまり，Si ではエネルギーの 10％が熱として逃げてしまうが，SiC ではその 10 分の 1 から半分の損失で済むことになる。損失低下により温度上昇が小さいために，放熱器を簡便にできる。

また，温度上昇が小さいために小型化することもできるが，小型化することにより発熱密度は上昇するため Tj は高くなる。Tj が高くなりすぎると，放熱器に高い冷却性能が要求されてくるため，逆に小型化が阻害され，さらにはコスト高になってくると考えられる。そこで，現在 Si パワー素子を用いて冷却系統に水冷を使用しているパワーモジュールのパワー素子を SiC に置き換えることにより，冷却系統を空冷にできれば，冷却器を簡略化して小型化できる。このような放熱系を設計できる Tj で使用するのが一つの適正な使い方と考えられる。

物性	物性比較（SiC／Si）
融点（K）	～2倍（3,070／1,670）
エネルギギャップ（eV）	～3倍（3.2／1.1）
絶縁破壊電圧（V/cm）	10倍（3×10^6／3×10^5）
熱伝導率（W/cm・K）	～3倍（5.0／1.5）
飽和速度（cm/s）	～3倍（2.7×10^7／1.0×10^7）

SiCデバイスの性能（Si比）
高温動作化（3倍）
高耐圧化（10倍）
大電流（100倍）・低損失化
広安全動作（30倍）・領域化
高周波化（10倍）

図 5　SiC と Si の物性比較とデバイス性能[14]

現在のHEVのインバータは大型で電力変換効率が低く，エンジン用のラジエータの他に，エンジン用よりも低い温度の冷媒を使用しているインバータ用にラジエータがもう一つ必要であり，冷却系を2系統使用している[7]。電力変換効率の高く，高いTjで使用できるSiCパワー素子を用いたインバータにすることで，インバータを小型にするとともに，インバータ用のラジエータをエンジン用のラジエータと共用にして，冷却系を1系統にできる可能性がある。

4　求められる樹脂材料

SiCパワー素子を用いたパワーモジュールを空冷で使用する場合，図4に示す封止樹脂の熱伝導率を大きくすれば，Tjを小さくできる可能性があり，封止樹脂の耐熱温度は低く抑えられると考えられる。そこで，封止樹脂の熱伝導率とTjの関係を検討した。結果を図6に示す。封止樹脂の熱伝導率5W/mK程度まではTjは低下するが，それ以上熱伝導率を大きくしてもあまり変わらないことが分かる。これは，封止樹脂の開発目標を示している。また，熱伝導率5W/mKの封止樹脂を開発できれば耐熱温度を220℃程度に緩和できることを示している。

耐熱温度220℃程度であれば，エポキシ樹脂の主骨格にナフタレンやアントラセンのような多環芳香族構造を導入する，あるいはビフェニルのような液晶構造を導入する方法を用いることにより，エポキシ樹脂でも達成可能である[11]。さらに裕度を持たせるのであれば，ベンゾオキサジン変性ビスマレイミド樹脂やシアネート樹脂を活用することができる。

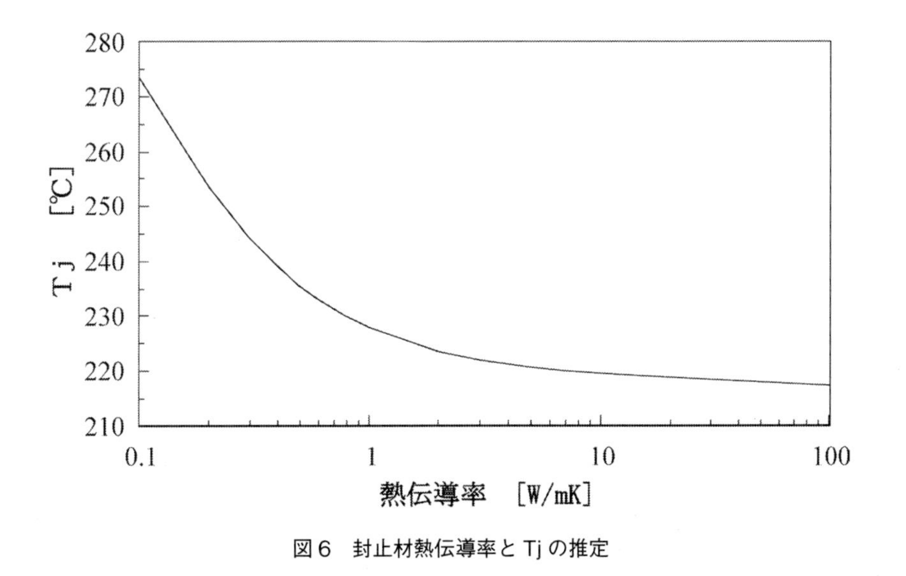

図6　封止材熱伝導率とTjの推定

5　おわりに

HEV や PHEV に用いられるモータやインバータを概観し，それらの放熱設計について述べた。モータとインバータは密接に関連しており，個々の機能向上はもちろん，放熱設計を含めシステムとして設計することが重要となってくる。HEV や PHEV などモータで動く自動車の普及を促進することにより，環境対策，省エネ対策を図っていけるであろう。温室効果ガス排出量削減をさらに，確実に進めるためには，高温対応，高効率，小型のインバータを実現することが必須であり，将来的には，SiC パワー素子と放熱部材を含めた実装技術を確立し，実用化することが必要である。折しも，2014 年 2 月，三菱電機は新開発の EV 駆動用フル SiC インバータとモータを一体化することで，小型化を実現した EV 用モータドライブシステムを発表した。また，同年 5 月には，トヨタ自動車がデンソーと豊田中央研究所と共同で SiC 材料から作るパワー半導体を開発し，2020 年までに SiC パワー半導体を使った車両の量産を目指すと発表した。さらに，2015 年 9 月には，日立製作所が両面冷却型フル SiC パワーモジュールを適用した環境対応自動車向けインバータの開発を発表した。これら技術を活用した製品の今後の普及に期待したい。

文　　献

1)　IPCC（気候変動に関する政府間パネル）第 5 次評価報告書 第 3 作業部会報告書（2014）
2)　環境省 環境対応車普及方策検討会資料（2012）
3)　経済産業省 製造産業局 自動車課，自動車産業戦略 2014（2014）
4)　一般社団法人日本自動車販売協会連合会統計データ（2015）
5)　2016 年版 HEV，EV 関連市場徹底分析調査，富士経済（2016）
6)　西尾章ほか，三菱重工技報，**40**（5），266（2003）
7)　モーターファン別冊「新型プリウスのすべて」，三栄書房（2015）
8)　モーターファン別冊「モータファンイラストレーテッド」，**37**，三栄書房（2009）
9)　平野尚彦ほか，デンソーテクニカルレビュー，**16**，30（2011）
10)　SiC 半導体／デバイス事業化・普及戦略に係わる調査研究，NEDO 調査研究報告書（2004）
11)　高橋昭雄，ネットワークポリマー，**33**（1），34（2012）

第3章　LED照明の放熱設計と求められる樹脂材料

安田丈夫[*1]，蒲倉貴耶[*2]

1　白色LED照明と放熱技術

日亜化学工業㈱が1993年にInGaN結晶を利用した青色LEDを製品化し，また1996年にはYAG：Ce黄色蛍光体を組み合わせた白色LEDの開発に成功した。当初の白色LEDは砲弾形状で集光のためのレンズ機能が付加された透明エポキシ樹脂付きのものが一般的であり，消費電力が0.1 W未満で発光効率（投入1 Wあたりの光束値）も10 lm/W程度の表示などに使われる小さな光源であった。しかしながらLEDの発光効率は急速な勢いで向上し，現在では蛍光ランプや高輝度放電ランプの代表的な値である100 lm/Wを越えており，様々な形態のLED光源・照明器具が実用化されている。日本照明工業会の統計データによると，2015年の国内照明器具出荷におけるLED照明器具の割合は数量・金額ベース共に既に80%を超えている[1)]。

発光効率の向上によって，LED光源・照明器具における必要放熱量は年々小さくなってきている。一例として，60 Wの白熱電球と同じ810 lmの全光束を得るために必要な消費電力と発熱量が光源の発光効率の向上によって低下する様子を図1に示す。光源の全光束は，可視域となる380～780 nmの分光放射強度と視感度曲線を積分して計算されるが，明所視下で最も人間の眼の

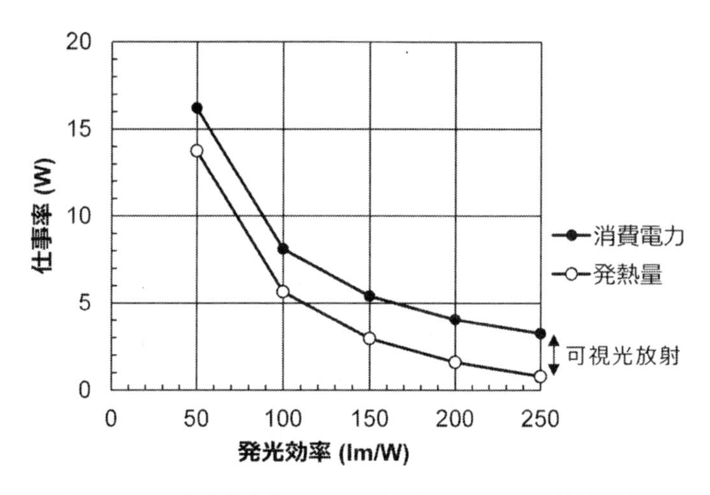

図1　LEDの発光効率向上による消費電力と発熱量の低減の様子

＊1　Takeo Yasuda　東芝ライテック㈱　技術・品質統括部　技監

＊2　Takaya Kamakura　東芝ライテック㈱　技術・品質統括部　信頼性評価センター　主務

感度が高くなる555 nm緑色単一光1 Wの放射を683 lmと定義している。したがって，エネルギー利用効率が100%の光源であっても発光効率が683 lm/Wを越えることはない。また一般照明用の光源の光は視感度の低い青色光や赤色光を含むことで白色を実現しており，一般的な照明用LED光の放射の効率は300〜350 lm/W程度である。図1の例では，LEDによる放射の発光効率を330 lm/Wと仮定したが，その場合810 lmの光は直ちに約2.5 Wと分かる。一方，LED電球などの製品の発光効率は，LEDのエネルギー効率，点灯電源のロス，拡散カバーなどの部材による光学ロスなどを全て考慮する必要がある。LED単体の発光効率は200 lm/Wを超えるものが製品化されているが（200 lm/WのLEDで投入電力の約60%が光に変換されている），LED電球製品では100〜150 lm/W程度のものが多い。全光束を一定とすれば，消費電力は単純に発光効率の逆数となるが，光に変換されたエネルギーは熱の系から逃れるため，発熱量の低下はさらに大きくなる。ただし，照明空間の冷房負荷計算では光源から放たれた光も結局は部屋内の壁や床などのどこかで吸収されるため，単純に消費電力で考えれば良い。

従来光源である白熱電球，蛍光ランプ，高輝度放電ランプなどの外郭部材にはガラスを用いている（注：高輝度放電ランプの内管では透光性セラミックも使う）。これは製作時の真空工程で数百℃に加熱されても耐えられるためである。そのためか，品種にも依るが完成品ランプの表面温度が動作中に例えば100℃程度まで上昇しても驚くことはなく，逆にランプ近傍の器具部材に樹脂を使う場合は常に耐熱性が十分であるかの検証に腐心した。LEDの場合，ベアチップ完成後は，蛍光体を混ぜたシリコーン封止樹脂や反射機能を含めたパッケージ用にセラミックスもしくはポリアミド系，シリコーン系の白色樹脂などが使われる。先に必要放熱量は年々減少していると書いたが，発光効率が上がればその分だけLEDランプや照明器具の小形化および大光量化が進むのに対して，LEDは温度が上がるほど発光効率や寿命信頼性が低下するので設計動作温度はあまり変わらない。したがって放熱技術の理解とその重要性は常について回る。また周辺部材として使われる樹脂の耐熱性，耐光性の観点から，材料選択も安全性能確保のため依然その重要性は変わっていない。

一例として図2にスタジオ用LEDスポットライト照明器具の外観を，図3にその放熱フィン部分の熱解析結果を示す[2)]。本照明器具の消費電力は237 Wであり，LED電球などと比べて桁違いに大きい。スポットライトのような狭角のビームを実現するためには光学系との兼ね合いで小面積の発光体とすることが好ましい。野球場などで使用される屋外投光器も小面積の光源から大光量を取り出す熱的に厳しい照明器具の範疇に入る。本紹介例の構造ではスポットライトのビームを上方に飛ばす時にフィンが下向きとなり放熱面では一番厳しくなり，図3はその状態での熱解析例である。不要な音を出さないためファンを使用した強制空冷方式は採用せず，ヒートパイプを用いることでフィン内の温度分布の均一化を図り，放熱効果の低減を最小限に抑える設計としている。

図2　1kWハロゲンランプ代替スタジオ用LED照明器具

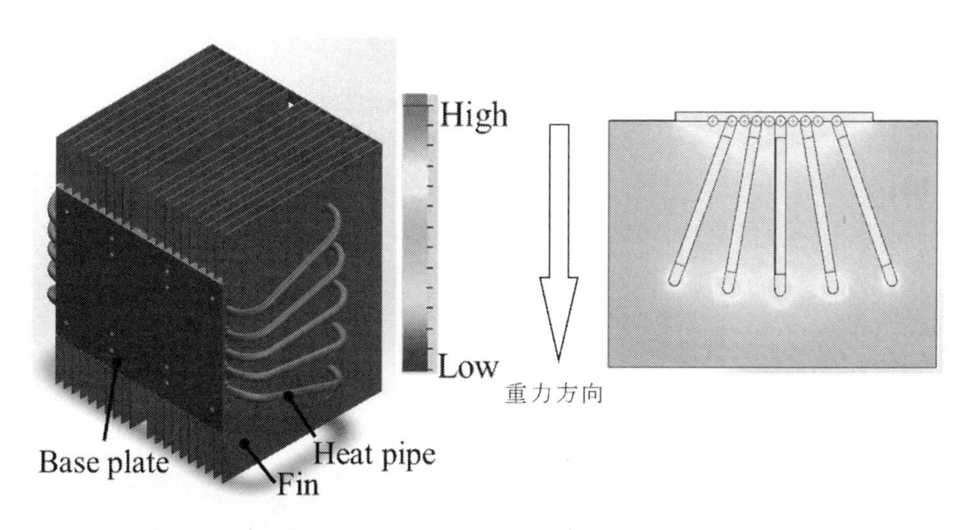

図3　LED光源背面に取り付けるヒートパイプ付き放熱フィンと熱解析の例

2　LED照明に用いられる樹脂材料

一般的な白色LEDは紫外線を発しないことから，LEDの周辺をはじめとして照明製品では様々な種類の樹脂が利用されている。図4にプラスチックの分類を示した。プラスチックを大きく分けると熱可塑性樹脂と熱硬化性樹脂の2種類に分けられる。熱可塑性プラスチックは耐熱性（連続使用温度）の度合いで，耐熱性100℃未満の汎用プラスチックと耐熱性100℃以上の汎用エンジニアリングプラスチック（エンプラ），耐熱性150℃以上のスーパーエンジニアリングプラスチック（スーパーエンプラ）の3つに分類される。

照明製品に使用されている代表的な樹脂を図5に示した。透光性が必要な部分には非結晶性樹脂が使用され，シーリングライトのセードにはポリメチルメタアクリレート（PMMA），LED

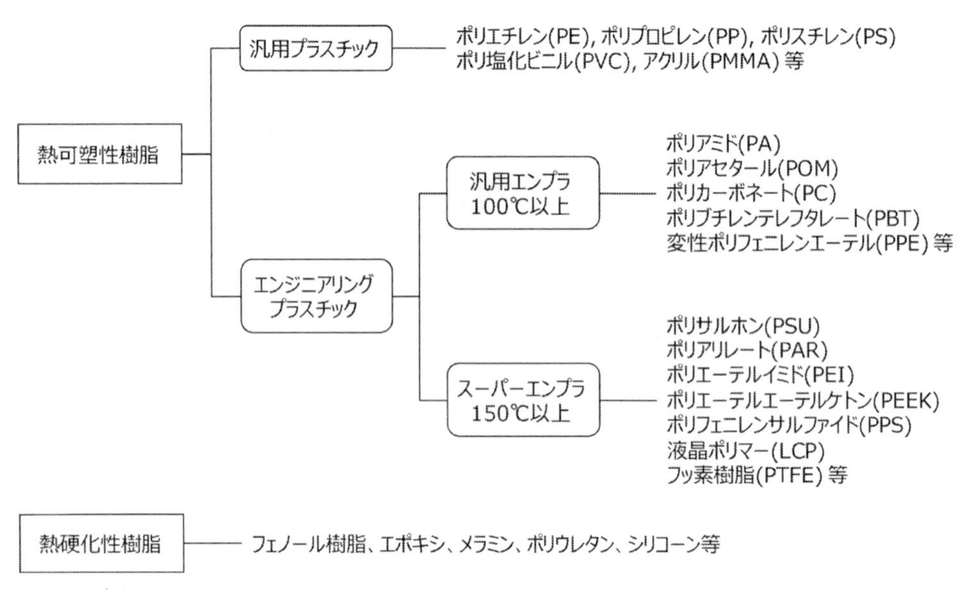

図4 プラスチックの分類

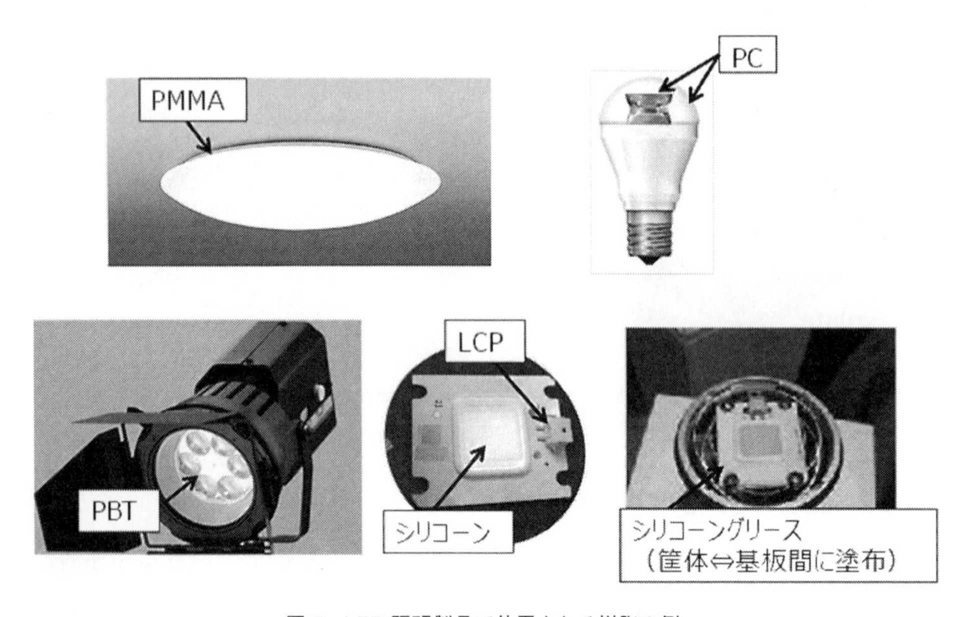

図5 LED照明製品で使用される樹脂の例

電球のレンズやグローブの部位にはポリカーボネート（PC）が透明もしくは乳白色に調色された状態で用いられている。リフレクターのような反射部材としては結晶性樹脂のポリブチレンテレフタレート（PBT）が使用可能であるほか，反射特性を高めるために酸化チタン含有量が適正化されたPCなどが用いられ，場合によっては樹脂の表面にアルミ蒸着膜が成膜された状態でも使用される。また，光源として使用されるLED基板の固定にはシリコーングリース，LED素子の封止材としてはシリコーン樹脂が用いられ，LEDが実装された基板への電気的接続部には液晶ポリマー（LCP）が用いられるように，使用される部位に応じて樹脂の材質が異なる。この主な理由は使われる場所ごとの樹脂の耐熱性に関係している。セードに使用されているPMMAのように，照明器具動作時の温度が比較的低い部位には汎用樹脂が使われ，動作時に高温となるようなレンズや反射板ではPCやPBTのようなエンプラが使われ，LED光源近傍ではスーパーエンプラやシリコーン樹脂が一般的に使用されている。

LED光源は紫外線を発しない代わりに，発光時に生じる熱をいかに効率よく放熱するかがLED製品の信頼性を高めるために重要な設計要素となる。一般的なサイズの0.35 mm角の青色LEDチップに20 mAの電流を印加したときの電力密度は47 W/cm^{2}となり，発熱量を仮に1/3としてもホットプレートの熱密度（約10 W/cm^2）を上回る値となり[3]，青色LEDチップ周辺の材料に対しての熱の影響は小さくない。発光時の熱を逃がすため，LED電球では筐体部分をアルミダイキャスト（ADC）として，放熱性を向上させるために表面にフィンを設ける構造としたものがある。図6にその断面図を示す。ADCを用いる際は，内部に搭載された回路基板やLED発光モジュールと電気的な絶縁を保つために中間部品が必要となる。したがって，筐体自体の樹脂化が実現できれば，構造の簡素化や組み立て性の向上が期待できる。ここでは，LED電球の筐体部分に放熱性樹脂を採用した場合の基礎検討結果を一例として紹介する。

検討対象とした樹脂は，ポリフェニレンサルファイド（PPS）を母材とした高耐熱・放熱性材料である。ADCと同様な形状に成形した樹脂を用い，入力電圧100 V，消費電力6.8 Wの点灯

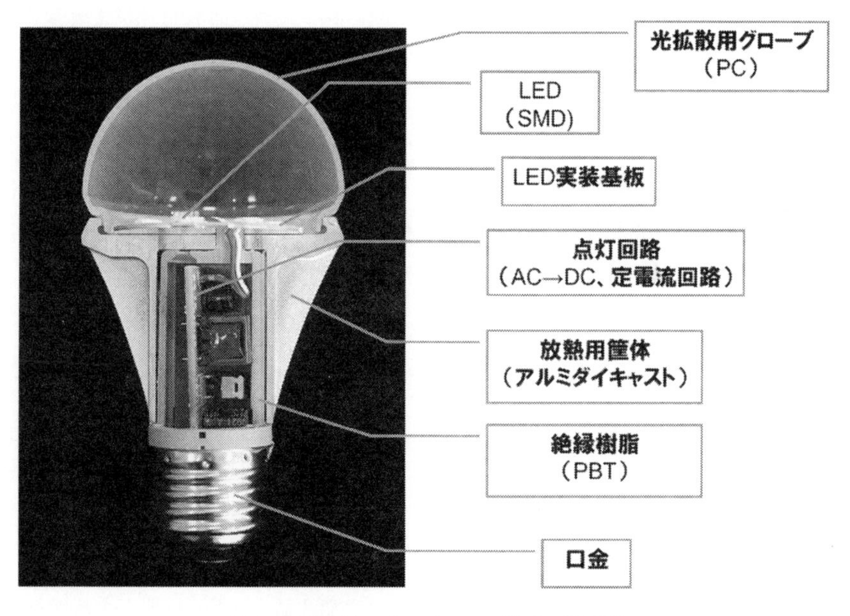

図6　温度測定を行ったLED電球の断面図

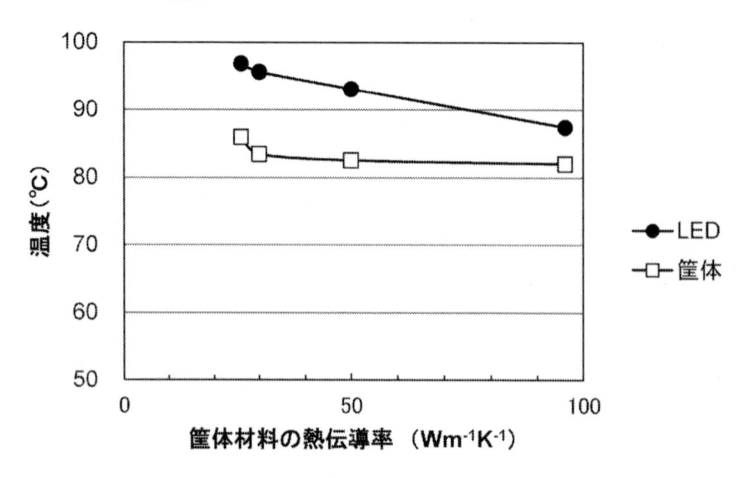

図7　筐体材料の熱伝導率とLED電球の部品温度の関係

条件で，周囲温度35℃における主要部品の温度を測定した結果を図7に示す。比較対照とした ADCの熱伝導率が96 W/(mK) に対して，試験に用いた樹脂材料の熱伝導率は50，30，26 W/(mK) の3種類である。温度を測定した箇所は，使用したSMDタイプLEDのはんだ部および放熱用筐体の高温部である。一般的な樹脂の熱伝導率は1 W/(mK) 未満であるので，今回の試験材料は2桁高い材料である。この実験では測定サンプル数が少ないため数値精度は高くないが，ADCには及ばないものの熱伝導率の増加による温度低減効果が得られている。

上記の検討結果において，PPSを母材とした高耐熱・放熱性材料はその熱伝導率を高めることで部品温度の低減が図れるが，実は残念ながら今回試験を行った材料自体は十分な絶縁機能を有していない。電気絶縁性を確保するためには樹脂の放熱性向上のために加えられている金属繊維フィラーを金属酸化物フィラーに代えたものを使用する必要があるが，その場合は肝心の熱伝導率が低くなり十分な放熱特性が得られないというトレードオフの関係となりやすい。また熱伝導率が高く絶縁材である酸化物や窒化物のセラミックスと比較してコスト優位性と利便性が得られなければ高熱伝導性樹脂を使用するメリット自体がなくなってしまう。一般的には二律背反となる電気絶縁性の確保と放熱性能の向上を両立した樹脂材料の開発に今後も期待するところは大きい。

文　　献

1)　日本照明工業会報，No. 20, p. 118 (2016)
2)　T. Oono *et al., Proc. 8th Lighting Conference of CJK*, p. 43 (2015)
3)　LED照明技術推進協議会，LED照明ハンドブック第1版，p. 59, 日刊工業新聞社 (2008)

高熱伝導樹脂の設計・開発《普及版》 (B1421)

2016年12月22日 初　版 第1刷発行
2023年11月10日 普及版 第1刷発行

監　修　伊藤雄三　Printed in Japan
発行者　辻　賢司
発行所　株式会社シーエムシー出版
東京都千代田区神田錦町 1-17-1
電話 03（3293）2065
大阪市中央区内平野町 1-3-12
電話 06（4794）8234
https://www.cmcbooks.co.jp/

〔印刷　柴川美術印刷株式会社〕

ISBN978-4-7813-1712-0 C3043 ¥3200E